Hans-Jörg Bullinger, Brigitte Röthlein

Morgenstadt

Die Metropolen der Welt wachsen mit atemberaubender Geschwindigkeit. Sie sind schon heute Heimat für 7 Milliarden Weltbürger, mit steigender Tendenz. Unsere Städte verbrauchen drei Viertel aller Ressourcen, stoßen gigantische Wolken von Treibhausgasen aus und produzieren Milliarden Tonnen Müll. Ein Gegenentwurf zu diesen Fehlentwicklungen ist dringend nötig. Deutsche Forscher haben dazu die Ideen und das Know-how.

In der Morgenstadt erzeugen die Stadtviertel Strom und Wärme selbst, dienen saubere Elektroautos gleichzeitig als Stromspeicher und wohnen Menschen in intelligenten Häusern, die für Komfort und Sicherheit garantieren.

Professor Hans-Jörg Bullinger, Präsident der Fraunhofer-Gesellschaft — der größten Organisation für angewandte Forschung in Europa — und Wissenschaftsautorin Brigitte Röthlein präsentieren Denkanstöße für alle, die sich auf den Weg machen möchten, um solche Visionen in die Tat umzusetzen.

Professor Hans-Jörg Bullinger ist Präsident der Fraunhofer-Gesellschaft in München. 2009 wurde er vom *manager magazin* zum Manager des Jahres gekürt.

Brigitte Röthlein ist Physikerin und Sozialwissenschaftlerin. Als Journalistin und Buchautorin schreibt sie über viele Themen aus Wissenschaft und Technik. Brigitte Röthlein lebt in München.

Weitere Informationen zum Thema auf www.morgenstadt.de

Unser gesamtes lieferbares Programm und viele andere Informationen finden Sie unter www.hanser-literaturverlage.de

Hans-Jörg Bullinger, Brigitte Röthlein

MORGENSTADT

Wie wir morgen leben:
Lösungen für das urbane Leben der Zukunft

HANSER

Bibliografische Information der Deutschen Nationalbibliothek
Die Deutsche Nationalbibliothek verzeichnet diese Publikation in der
Deutschen Nationalbibliografie; detaillierte bibliografische Daten
sind im Internet über http://dnb.d-nb.de abrufbar.

1   2   3   4   5   16   15   14   13   12

© 2012 Carl Hanser Verlag München
Internet: http://www.hanser-literaturverlage.de

Herstellung: Thomas Gerhardy
Umschlaggestaltung und -illustration: Hauptmann & Kompanie Werbeagentur, Zürich, Anja Filler
Illustrationen: Christian Sommer, unter Verwendung von Fotografien von Caro Fotoagentur, corbisimages,
mauritius images, panthermedia
Redaktion: Franz Miller, Marion Horn
Bildredaktion: Christa Schraivogel
Satz: Kösel, Krugzell
Druck und Bindung: Firmengruppe APPL, aprinta druck, Wemding
Printed in Germany

ISBN 978-3-446-43203-1
E-Book ISBN 978-3-446-43283-3

INHALT

Kapitel 2
Wasser

Kapitel 3
Bauen und Wohnen

Kapitel 4

Ernährung und Gesundheit

Kapitel 5

Mobilität

Kapitel 10
Auf dem Weg zur Morgenstadt

Anhang

MORGENSTADT ZWISCHEN VISION UND NOTWENDIGKEIT

Alles kommt auf die Perspektive an: Aus der Luft, vom Helikopter aus, wirken die künstlich aufgeschütteten Inseln von Dubai World erst einmal spektakulär. Schaut man genauer hin, kann man jedoch ermessen, welche Probleme sich auftürmen, wenn es darum geht, diese Inseln bewohnbar zu machen. Wie versorgt man sie mit Strom, Wasser, Baumaterial und Konsumgütern, wie schützt man sie vor dem Verlanden? Alles ist möglich, aber unsagbar teuer. So ist es kein Wunder, dass momentan die Bauarbeiten ruhen. Die Stadt von morgen dürfte hier wohl kaum entstehen. Dennoch gibt „The World" wertvolle Denkanstöße: Welche Herausforderungen technischer und gesellschaftspolitischer Art müssen wir annehmen, um lebenswerte Städte zu bauen? Was wird künftig neu, was anders sein? Welche Visionen können wir verwirklichen und in welcher Zeit? So schließt sich letztlich der Kreis vom Morgenland zur Morgenstadt.

An irgendeinem Tag im Jahr 2007 war der Punkt erreicht, an dem weltweit mehr Menschen in Städten wohnten als auf dem Land. Das haben Experten der Vereinten Nationen ermittelt. Gleichzeitig sagt die Statistik: Etwa jeder zehnte Stadtbewohner lebt schon heute in einer Megacity mit mehr als 10 Millionen Einwohnern.

1851 war London laut einer Volkszählung[1] mit 2 651 939 Einwohnern die größte Stadt der Welt. Gegen das heutige Tokio mit seinen schon über 36 Millionen Menschen erscheint das geradezu provinziell. Ein Drittel der japanischen Bevölkerung wohnt hier. Die Menschen in dieser Stadt erwirtschaften 31 Prozent des japanischen Bruttoinlandsprodukts, etwa so viel wie Spanien und Portugal zusammen.

Die Städte der Welt wachsen mit atemberaubender Geschwindigkeit: Jährlich ziehen etwa 60 Millionen Menschen vom Land in die urbanen Zentren, weil sie dort bessere Lebensbedingungen erwarten. Sie hoffen auf Arbeit und bessere Bildungs- und Wohnmöglichkeiten. Metropolen bleiben auch künftig Fluchtpunkt für Aufsteiger und Habenichtse, denn in vielen Teilen der Welt wird das Leben auf dem Land zunehmend schwieriger: Die Weltmarktpreise für Agrarprodukte sinken, viele Kleinbauern fühlen sich durch Großgrundbesitzer unterdrückt und ausgebeutet, und die ländliche Infrastruktur entspricht oft nicht den Erwartungen. So scheint das Abwandern in die Großstädte häufig die einzige Option zu sein, sie sind die Lokomotiven der globalen Wirtschaft. Gleichzeitig sinkt dank guter medizinischer Versorgung die Säuglingssterblichkeit in den Zentren: Deren Einwohnerzahl wächst so auch von innen heraus.[2] Durch die Verschiebung des Stadt-Land-Gefälles zusammen mit dem Gesamtbevölkerungswachstum auf 9,2 Milliarden[3] im Jahr 2050 wird sich der Bedarf an Stadtraum in den nächsten Jahrzehnten gegenüber heute verdoppeln.

Gerade die Distrikte, in denen sich die Neuankömmlinge ansiedeln und ein eigenes Netzwerk bilden, sollten besonders im Fokus stehen. „Wir müssen diesen Orten sehr viel mehr Aufmerksamkeit widmen", meint Doug Sanders in seinem Buch „Arrival City"[4], denn sie sind nicht nur die Schauplätze potenzieller Konflikte und Gewalttaten, sondern auch die Gebiete, in denen sich der Abschied von der Armut vollzieht, in denen sich die nächste Mittelschicht herausbildet und die Träume, Bewegungen und Regierungen der nächsten Generation entstehen." Ein Ort, an dem sich die Zukunft unseres Globus entscheiden kann: Bühne für soziale Hoffnungen und Enttäuschungen ebenso wie Experimentierfeld für Neuerungen, Chance für unkonventionelle Lösungen in vielen Bereichen.

STADTENTWICKLUNG DARF MAN NICHT DEM ZUFALL ÜBERLASSEN

Das Bild der Stadt hat sich gewandelt, seit Mitte des 19. Jahrhunderts in Deutschland die Urbanisierung begann: Was vorher noch ein durch eine Stadtmauer eng umgrenztes Gemeinwesen war — oft sogar mit eigenen Zollschranken — wuchs nun darüber hinaus und gewann immer mehr an Diversität. Zunächst vielleicht nur ein Marktort, also eine Schaltstelle für den regionalen Handel, wurde die Stadt unaufhaltsam zum Kristallisationspunkt für die unterschiedlichsten Funktionen: Produzierendes Gewerbe und Handel, neu entstehende Industrie, Militär, religiöse Versammlungsorte, aufkommender Massenverkehr prägten nach und nach die Zentren. Je mehr Menschen sich hier konzentrierten, desto mehr Infrastruktur wurde gebraucht, von der Wasserversorgung bis hin zur Unterhaltung für die Massen. Das bedeutete auch, dass sich die politischen Verhältnisse auf kommunaler Ebene weiter entwickeln mussten, zumal sich die soziale Schichtung der Stadtbürger von der auf dem Land unterscheidet: Sie ist weitaus stärker ausgeprägt und kann sich in den einzelnen Wohnquartieren deutlich unterscheiden — nicht nur in den ehemaligen Kolonialstädten Asiens und Afrikas, sondern auch in den modernen Metropolen. Keiner kennt mehr den anderen, die Anonymität nimmt zu; damit gehen nicht nur Traditionen, sondern auch viele soziale Kontrollmechanismen verloren.

Die Stadt lebt vom Aufbruchsgeist ihrer neu Zugezogenen, von ihren Bedürfnissen und Phantasien. Sie bringen frische kulturelle Impulse, oft auch innovatives technisches Know-how mit. Betrachtet man die Entwicklung der Städte, wird die Veränderung deutlich: Wo früher Kirchtürme und Rathäuser die Stadt dominierten, fallen heute Hochhäuser, Bahnhöfe, Bankpaläste, Kaufhäuser, Industrieanlagen und Fernsehtürme ins Auge. Neben der Infrastruktur wird deshalb zunehmend auch die architektonische und stadtplanerische Gesamtsicht wichtig: Ästhetik, Lebensqualität und Erholungswert prägen das Bild von Städten oft mehr als ihre wirtschaftliche Potenz.

War 1950 noch New York die einzige Stadt der Welt mit einer Einwohnerzahl von über 10 Millionen, so existierten 20 Jahre später weltweit drei solcher Megastädte; 1985 waren es neun, 2004 zählten die Geographen bereits 19, und heute sind es 25. Die Zahl der Superstädte wächst also immer schneller. Dieser Trend ist vor allem in den Schwellen- und Entwicklungsländern sehr stark, während sich das Wachstum in den Industrieländern allmählich abflacht. Als Extrembeispiele für diese Entwicklung gelten im pazifischen Asien die Megastädte Osaka (Japan) und Yangon (Myanmar): Während im Ballungsraum von Osaka-Kobe das Bevölkerungswachstum zum Stillstand gekommen ist, wird die Einwohnerzahl der Hauptstadt von Myanmar voraussichtlich innerhalb der nächsten drei Dekaden von heute rund 4,5 Millionen Einwohnern um mehr als das Zweieinhalbfache zunehmen. Aber nicht nur in Asien entstehen Superstädte, sondern auch in Afrika und Südamerika, sogar in Saudi-Arabien: „Riad wächst in 15 Jahren von jetzt 1,5 Millionen auf über 10 Millionen Einwohner. Mitten in der Wüste!", prognostiziert der international angesehene Stadtplaner Professor Albert Speer im Jahr 2006.[5]

Das Leben in diesen Molochen ist keineswegs nur angenehm, wie schon 1971 der Psychoanalytiker und Schriftsteller Alexander Mitscherlich konstatierte: „Umrauscht umbrüllt von Lärm, im Schlaf wie bei der Arbeit, leben wir in ihnen, leben unter der Dunstglocke von Abgasen, pendeln über verstopfte Straßen in unsere Städte hinein und abends wieder aus ihnen heraus. Es ist ein geringer Trost zu wissen, dass man in den alten Städten bis zu den Knöcheln im Schmutz versank, dass die Häuser der engen Gassen auch kein idealer Wohnplatz waren." Manches hat sich seither verbessert, aber die Grunddiagnosen bleiben bestehen — und wenn alles weitergeht wie bisher, werden sich die Probleme noch verschärfen.

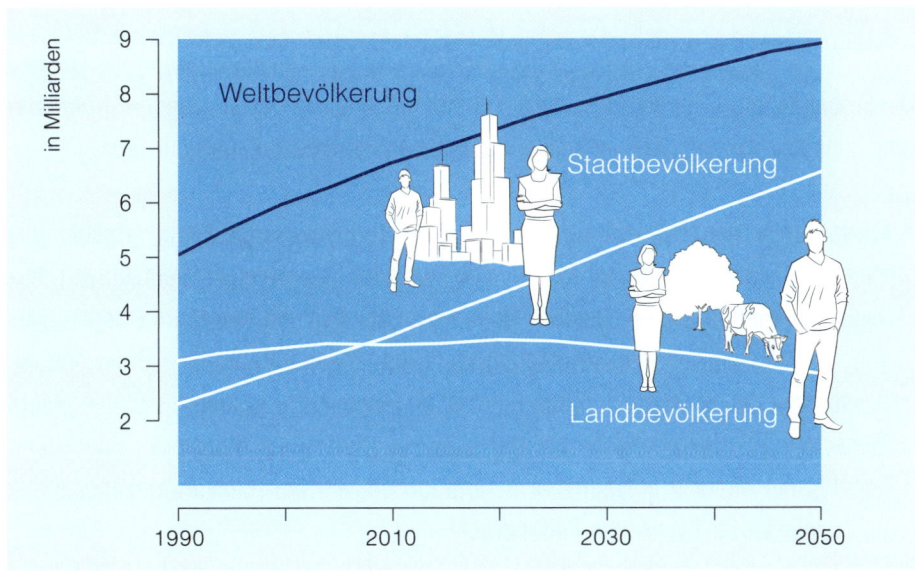

In Zukunft leben mehr Menschen in der Stadt als auf dem Land. Quelle: Vereinte Nationen

Städte belegen nur rund 2 Prozent der Erdoberfläche, verbrauchen aber drei Viertel aller Ressourcen und stoßen dabei gigantische Wolken von Treibhausgasen aus, Milliarden Tonnen Müll und ganze Ströme giftiger Abwässer. Ihre Bewohner beanspruchen ungeheure Flächen für Wasser- und Nahrungsversorgung: So braucht beispielsweise London 125-mal die Fläche seines Stadtgebiets, um seine Bewohner mit allem Nötigen zu versorgen, berichtet der britische Umweltberater und Autor Fred Pearce im *New Scientist*.

Die Frage ist also: Kann dieses Wachstum ungebremst weitergehen? Wo liegen die Grenzen für eine funktionierende Stadt? Forscher glauben, dass in Städten, die sich um ein einziges Zentrum gruppieren, bei 10 bis 15 Millionen Einwohnern die Schmerzgrenze erreicht ist. Dann nehmen Verkehrsstaus und Luftverschmutzung so überhand, dass Menschen und vor allem die Wirtschaft wieder aus den Innenstädten fliehen. Beispiele hierfür sind Mexico City, das seit Mitte der 80er Jahre kaum mehr gewachsen ist, sondern heute bei 20 Millionen stagniert, oder Kalkutta in Indien, dem man ein Wachstum auf 40 Millionen vorhergesagt hatte. Heute liegt es stabil bei 13 Millionen.

DIE HAUPT-HANDLUNGSFELDER

Die Probleme und Chancen, die wir in Zusammenhang mit der steigenden Urbanisierung beachten müssen, lassen sich grob in sieben Punkten zusammenfassen:

- **Ressourcenverbrauch:** Unsere auf Wachstum ausgelegte Marktwirtschaft wie auch die Siedlungspolitik stoßen an ihre Grenzen. So werden in Deutschland beispielsweise jeden Tag 130 Hektar Fläche für Siedlungs- und Verkehrsflächen versiegelt, und das, obwohl die Bevölkerungszahl mittlerweile abnimmt. Würde man die Ressourcen der Erde gleichmäßig unter allen Bewohnern aufteilen, stünden jedem Menschen 1,8 Hektar Fläche zur Befriedigung seiner Bedürfnisse zu. Heute aber benötigt ein Mensch in Shanghai bereits sieben, ein typischer Amerikaner sogar 9,7 Hektar als „ökologischen Fußabdruck".

- **Energiewende:** Im Jahr 2011 beschloss die deutsche Bundesregierung den Ausstieg aus der Kernenergie und einen langfristigen Umstieg auf eine hauptsächlich erneuerbare Energieversorgung. Diese Energiewende wird massiven Einfluss auf deutsche Städte und Kommunen haben, vor allem, weil damit in großen Teilen Abschied genommen wird von den großen, zentralen Strukturen der Energieversorgung. Was hier vorgelebt wird, dürfte in wenigen Jahren auch im Rest der Welt das Ziel sein: Regenerative Energien nutzen, dezentral verteilen und sparsam damit wirtschaften.

- **Mobilität:** Die Zeit ist reif für elektrische Antriebe. Nachdem das mit fossilen Kraftstoffen betriebene Automobil die Stadtentwicklung des letzten Jahrhunderts dominiert hat, gilt es nun, Technologie und Infrastruktur so umzubauen und bestehende Möglichkeiten so zu erweitern, dass eine nachhaltige Mobilität mit mehr Lebensqualität für die Menschen möglich wird. Denn der Verkehr in den Millionenstädten nimmt rasant zu, manche stehen kurz vor dem Kollaps. Das liegt auch an der unvorstellbar hohen Bevölkerungsdichte mancher Cities: So lebten in Hongkong im Jahr 2006 im Durchschnitt 15 920 Personen auf einem Quadratkilometer, in ihrem Stadtteil Kowloon sogar 43 030 Personen. Zum Vergleich: In Berlin wohnen etwa 2000 Menschen pro Quadratkilometer.

- **Demographie:** Das Durchschnittsalter der Bevölkerung nimmt hierzulande und in anderen Industrieländern immer weiter zu, das heißt, immer mehr alte Menschen werden weniger jungen gegenüberstehen. Diese Entwicklung zwingt zu innovativen Versorgungskonzepten gerade für ältere Mitbürger sowie zu neuen und umfassenderen Dienstleistungen, auch im Gesundheitsbereich.

- **Klimawandel:** Städte sind heute für etwa 80 Prozent aller CO_2-Emissionen verantwortlich.[6] Hier liegen noch große Potenziale zur Verbesserung der Nachhaltigkeit und damit zur Klimabilanz. Erste Ansätze zu einer Verbesserung lassen sich in stark urbanisierten Ländern bereits ablesen.

- **Bürgerbeteiligung:** Die Proteste um Stuttgart 21 haben die Politik wachgerüttelt: Sie haben gezeigt, dass klassische Planungsmechanismen und -instrumente oft nicht mehr gesellschaftsfähig sind und an den Bedürfnissen der Menschen vorbeigehen. Zur künftigen Konsensbildung in der Bevölkerung sind neue Partizipationsprozesse und Beteiligungsverfahren notwendig.

- **Information und Kommunikation:** In den rasanten Fortschritten der Telekommunikation und des Internets liegt ein riesiges Potenzial verborgen, das es sinnvoll zu nutzen gilt. In „Smart Cities" sollten die vorhandenen Möglichkeiten im Sinne einer nachhaltigen Stadtentwicklung ausgebaut werden.

PLANUNG FÜR DEUTSCHLAND, VORBILD FÜR ANDERE

Die Stadtstrukturen in Mitteleuropa sind bereits so weit ausgebaut und verdichtet, dass sie bis zum Jahr 2050 höchstens noch schrumpfen. In Deutschland lebten 2011 knapp 75 Prozent der Bevölkerung in Städten, wovon allein die 14 größten Städte und Stadtregionen gut 13,1 Millionen Einwohner aufweisen.[7] Hier geht es also in erster Linie darum, die vorhandenen Systeme zu optimieren bzw. sinnvoll zu erneuern. In anderen

Teilen der Welt gibt es hingegen immer noch extremes Wachstum: Dort wird neuer Stadt-raum für bis zu 3,4 Milliarden weitere Menschen entstehen müssen.

Dieser Kontrast zwischen weitgehend abgeschlossener und immer noch anhaltender Urbanisierung wird maßgeblich die Entwicklung in den nächsten Jahrzehnten beein-flussen. Hier liegt für Deutschland eine Chance als Leitanbieter im Bereich nachhaltiger Entwicklung. Sowohl im politischen als auch im technischen und wissenschaftlichen Bereich gibt es viele erfolgversprechende Ansätze, Visionen für die Stadt von morgen zu entwickeln und die nötigen Forschungsarbeiten dafür anzustoßen.

Die Fraunhofer-Gesellschaft als größte europäische Organisation für anwendungsorien-tierte Forschung hat in diesem Zusammenhang nicht nur die Verpflichtung, sondern auch das Know-how, um wesentliche Beiträge zu leisten. Zum einen organisiert sie schon heute an leitender Stelle Konzepte, in denen viele Beteiligte zusammenwirken und Gesamtsysteme erforschen und entwickeln. Zum anderen nehmen Fraunhofer-Forscher mit detaillierten Beiträgen an umfassenden Vorhaben teil und bringen ihr Wissen mit ein. So verfügt Fraunhofer inzwischen über eine Vielzahl von Kompetenzen, die für die Morgenstadt hilfreich, ja überlebenswichtig sein werden. In diesem Buch sollen einige davon vorgestellt werden.

„Wir schaffen neue Welten, in denen man sich wohl fühlt und produktiv arbeiten kann"[8], fasst Prof. Wilhelm Bauer vom Fraunhofer-Institut für Arbeitswirtschaft und Orga-nisation IAO in Stuttgart das Ziel zusammen. Dieser hohe Anspruch lässt sich am besten in neuen Städten verwirklichen, wo nicht erst alte Strukturen eliminiert werden müssen. In solch durchgeplanten Pioniersiedlungen kann alles ineinander greifen, was Hightech zu bieten hat: „grüne" Gebäude, sauberer Verkehr, regenerative Energien – und umweltbewusste Menschen. Solche nachhaltigen Quartiere – Experten sprechen von „Sustainable Cities" – entstehen derzeit in kleinerem Rahmen an mehreren Stellen der Welt. Aber es geht eben nicht nur darum, neue Städte aus dem Boden zu stampfen, sondern mehr noch um die Restrukturierung und den Umbau der bereits bestehenden Metropolen.

Aber was erwartet die neuen Stadtbewohner? Wie schaffen es die Megastädte, die Bedürfnisse ihrer Einwohner zu befriedigen? Wie kommen die Menschen an genügend Essen, Konsumgüter und frische Luft, wie schaffen sie sich ihren Müll vom Hals? Wie gelangen sie zur Arbeit oder zu ihren Freizeitaktivitäten? Was sich in einer 10 000-Einwohner-Stadt noch mehr oder weniger von selbst ergibt, bedarf in einer 10-Millionen-Stadt genauer Planung. So stehen in den Megacities die Stadtregierungen und Behörden unter großem Erwartungsdruck, denn wenn die Leidensfähigkeit der Menschen überstrapaziert wird, verwandeln sich schnell soziale Problemzonen in gefährliche politische Brennpunkte.

DIE ROLLE DER WISSENSCHAFT

Bei all diesen Problemen ist die Wissenschaft gefragt. Sei es die Versorgung künftiger Städte mit Energie und Trinkwasser, sei es die Beschaffung von Nahrung, Bildung und Mobilität, sei es die Gesundheit der Bewohner: Es genügt längst nicht mehr, alles dem Zufall zu überlassen und auf Selbstregulierungskräfte zu vertrauen. Angesichts der technischen Möglichkeiten, die uns heute zur Verfügung stehen, wäre es zynisch, Millionen von Menschen mit Krankheiten, Umweltbelastungen, versiegenden Ressourcen und Sicherheitsproblemen alleinzulassen.

Über eines sind sich alle Experten einig: Damit die Megastädte nicht die Verschwender der Menschheit werden, ist in vielen Aspekten ein Umdenken zur Nachhaltigkeit nötig. Im Vordergrund stehen dabei drei Forderungen: So viel wie möglich wiederverwenden, Energie sparen und den Autoverkehr auf ein Minimum reduzieren. Vor allem das Verkehrsproblem treibt Städteplaner, Kommunalpolitiker und Wirtschaftslenker um. Dies bestätigt auch die von der Firma Siemens finanzierte Studie „Megacities und ihre Herausforderungen", die von den Forschern der Institute GlobeScan und MRC McLean Hazel durchgeführt wurde.[9] Die Befragten sind der Ansicht, dass die Verkehrsinfrastruktur der wichtigste Faktor ist, damit eine Stadt konkurrenzfähig bleibt. Vor allem in Europa stehen Verkehrsprobleme ganz oben in der öffentlichen Wahrnehmung. Kein Wunder, sagen die Verfasser der Studie, „schließlich wuchs in der EU die Zahl der PKW in den letzten zehn Jahren zehnmal schneller als die Einwohnerzahl". Und während manche Infrastrukturprobleme – wie etwa mangelhafte Wasserversorgung – hauptsächlich ärmere Stadtteile betreffen, beeinträchtigen verstopfte Straßen, überfüllte Züge und Luftverschmutzung alle, egal ob arm oder reich.

Auch die Versorgung mit Energie macht den Bürgern Sorgen. Sie wollen gern mehr erneuerbare Energien haben, aber in der Realität werden die großen Städte in erster Linie aus fossilen Quellen versorgt. Obwohl Wasser und Abwasser bei Städtebauern als eines der Schlüsselthemen gilt, haben es die Befragten der Studie nicht in den Vordergrund gerückt. Weitere Punkte sind ein funktionierendes Gesundheitswesen und die Sorge um Sicherheit. Dabei steht die Bekämpfung des organisierten Verbrechens noch vor der Angst vor Terror. Das Ergebnis der Befragung zeigt, dass die Bürger vor allem die Unannehmlichkeiten hervorheben, die sie am eigenen Leib unmittelbar erfahren, etwa Verkehrsstaus oder Angst vor Kriminalität.

Politik, Wirtschaft und Forschung haben Instrumente in der Hand, um für die Zukunft vorzusorgen. Albert Speer hat dafür den Begriff der „intelligenten Stadt" geprägt. Er meint damit eine Stadt, die sich jeweils den sich ändernden Bedingungen anpasst. Dies erfordert Weitsicht, über viele Jahre hinaus. „Dabei müssen wir sowohl Chancen und Möglichkeiten als auch die Probleme, die in den nächsten Jahrzehnten auf uns zukommen, wegen der langen Reaktionszeiten bei der Veränderung gebauter Strukturen frühzeitig erkennen", betont der Stadtplaner und beklagt, dass durch die Schnelligkeit der technischen Kommunikations- und Planungsprozesse oft die Zeit für gründliches Nachdenken verlorengeht.[10]

Denn trotz aller Fachkenntnis können Forscher natürlich nicht hellsehen. Sie können jedoch Wege aufzeigen, Trends abschätzen, Optionen anbieten. Im Vordergrund aller Maßnahmen für eine lebenswerte Stadt der Zukunft muss der Mensch stehen: seine Zuversicht, seine Teilhabe und vor allem sein Wohlbefinden. Darauf ist auch die Arbeit der Fraunhofer-Institute ausgelegt.

„Die Lebenskraft eines Zeitalters liegt nicht in seiner Ernte, sondern in seiner Aussaat", wie Ludwig Börne, deutscher politischer Schriftsteller und Kritiker, sagte. Professor Dieter Spath, Institutsleiter am IAO, meint dazu: „Wir brauchen gemeinsame Zielsetzungen, Leitbilder und Wertvorstellungen, wie die Städte, in denen wir morgen leben und arbeiten werden, aussehen werden – das heißt, wir müssen alle technologischen, organisatorischen und bedarfsbezogenen Faktoren, die in Städten morgen eine Rolle spielen, erforschen und daraus langfristige Handlungsmaximen für die Umwandlung heutiger Städte in Morgenstädte ableiten."

So soll dieses Buch eine Orientierung sein für alle, die sich auf den Weg machen wollen, die Zukunft unserer Städte lebenswert und nachhaltig zu gestalten – damit die Morgenstadt zur Heutestadt wird.

KAPITEL 1
ENERGIE

Der Blick aus der Peak Lounge des Park Hyatt Tokyo Hotels im 48. Stock war berauschend. In dem von Stararchitekt Kenzo Tange entworfenen Wolkenkratzer aus Stahl und Glas liegt dem Besucher Tokio zu Füßen: ein Lichtermeer, das die Augen beinahe blendete. Rund um den Bahnhof Shibuya wetteiferten die Straßen mit ihren Lichtreklamen darum, wer mehr Menschen anzieht. Seit der Katastrophe von Fukushima hat sich das geändert: Die Beleuchtung ist nun spärlicher geworden, der fast aufdringliche Neonglanz früherer Jahre ist verblasst. Tokio spart Strom. Vielleicht ein erster Schritt zu einer nachhaltigeren Energieversorgung in Japan?

Seoul hat rund 10 Millionen Einwohner, das 9000 Kilometer entfernte Freiburg im Breisgau nur knapp 225 000 – im Vergleich zur südkoreanischen Hauptstadt ist es also ein Zwerg. Umso erstaunter war der Freiburger Oberbürgermeister Dr. Dieter Salomon im Jahr 2009, als er zufällig erfuhr, dass sich sein Amtskollege Oh Se Hoon aus Seoul zusammen mit 15 Fachleuten und Journalisten sowie drei Fernsehteams für mehrere Tage im Colombi, dem besten Hotel Freiburgs, eingemietet hatte, weil er mal aus nächster Nähe anschauen wollte, wie eine ökologisch vorbildliche Stadt funktioniert. „Ich lud meinen Amtskollegen natürlich zum Essen ein, und so entstand eine enge Partnerschaft zwischen unseren beiden Städten", erzählt Salomon. Durch die Fernsehberichte über die Reise und einige Interviews, die er den fernöstlichen Sendern geben musste, verbreitete sich der Ruhm Freiburgs schnell in Korea. „Heute kennt uns dort jeder", freut sich der OB.

Beide Amtsträger engagieren sich für den ökologischen Umbau der Städte – Salomon als Politiker der Grünen, Oh lange Zeit als Ökoanwalt und Mitglied einer Umweltinitiative. Als der Freiburger Oberbürgermeister einige Zeit später der Einladung seines Amtskollegen nach Seoul folgte, wurde man sich schnell einig, dass das gemeinsame Ziel auch einen praktischen Ausdruck finden sollte. So verabredeten die beiden Stadtväter unter anderem ein ambitioniertes Projekt: Experten des Fraunhofer-Instituts für Solare Energiesysteme ISE in Freiburg sollten in der südkoreanischen Hauptstadt ein Ausstellungszentrum für erneuerbare Energien planen und bauen. 18 Millionen Dollar würde das Vorhaben kosten und den Bürgern demonstrieren, dass ein Gebäude genauso viel Energie erzeugen kann, wie es verbraucht.

Inzwischen ist der Rohbau des strahlend weißen Bauwerks zwischen World-Cup-Stadion und Han-Fluss fertiggestellt, auch wenn Oh Se Hoon selbst gar nicht mehr im Amt ist. Er hatte im August 2011 nach einem gescheiterten Bürgerentscheid den Rücktritt erklärt. Sein Energieprojekt geht jedoch weiter: In dem parkartigen Areal sind koreanische Handwerker mittlerweile dabei, die Glasscheiben in die Fassaden des „kristallinen Baus" einzufügen. So beschreibt Arnulf Dinkel vom ISE das Gebäude, dessen Planung und Ausführung er und seine Kollegen von Anfang an überwacht haben. Ein technologisches Wahrzeichen soll hier entstehen. Deshalb war ein auffallendes und hochwertiges ästhetisches Erscheinungsbild wichtig.

EIN VORBILD FÜR ENERGIE-EFFIZIENTES BAUEN

In diesem Ausstellungszentrum will die Stadtregierung ihre ehrgeizigen Energiespar-ziele unters Volk bringen. Beispielsweise läuft derzeit die Planung für einen ökologisch vorbildlichen Musterstadtteil namens Archipelago 21 in Yongsan, der von Stararchitekt Daniel Libeskind entworfen wurde. Er soll aus einem Wohn- und Geschäftsviertel, Grünanlagen und kulturellen Einrichtungen bestehen. Als Mittelpunkt ist ein 665 Meter hoher Wolkenkratzer geplant, einer der höchsten der Welt. Im Jahr 2016 soll alles fertig sein.

Aber auch die weniger spektakulären Bauprojekte sollen nachhaltiger werden: Ab dem Jahr 2025 sollen alle in Südkorea neugebauten Häuser Nullenergiehäuser sein, also übers Jahr gerechnet nicht mehr Energie benötigen, als sie selbst mit Sonne oder Wind erzeugen. Das „Energy Dream Center" soll dafür Vorbild sein und gleichzeitig durch reale Anschauung und Ausstellungen Anleitung bieten.

„Wir haben dieses Gebäude so konzipiert, dass es extrem wenig Energie verbraucht", sagt Arnulf Dinkel. „Es beginnt schon bei der Außenhaut: Sie ist sehr gut wärmege-dämmt, damit man im Winter wenig heizen muss. Um im Sommer zwar Licht einzulas-sen, aber den Wärmeeintrag durch die Sonne gering zu halten, haben wir das Gebäude entsprechend orientiert, mehrere Wände nach außen geneigt, damit sie sich selbst verschatten, und Dreifachverglasung vorgesehen." Dies hilft, den Kühlaufwand in der warmen Jahreszeit zu reduzieren — denn Seoul hat zwar kalte Winter, aber im Sommer ist es sehr schwül und heiß. Während konventionelle Häuser üblicherweise durch eine große Lüftungsanlage gekühlt werden, hat das Ausstellungszentrum Innenwände bekommen, die von Wasserrohren durchzogen sind. Die kühlen und heizen, je nach Bedarf.

Die nötige Heizenergie holt sich das Gebäude mit Hilfe von Wärmepumpen aus dem Grundwasser. „Die Energie, die wir dem Boden im Winter entnehmen, speisen wir im

Sommer wieder zurück", erklärt Dinkel. „Würde man das nicht tun, würde der Unter-grund irgendwann einfrieren." Den Strom für die Wärmepumpen erzeugen Solarzellen auf dem Dach und auf Schattendächern über dem Parkplatz. Obwohl eine ausgefeilte Gebäudetechnik dafür sorgen wird, dass alle Komponenten optimal zusammenspielen, gibt es Zeiten, in denen Strom aus dem Netz zugekauft werden muss. Dafür speist das Gebäude elektrische Energie zurück, sobald es einen Überschuss erwirtschaftet. „Übers Jahr gesehen gleicht sich das aus", so der Architekt. „In der Gesamtbilanz ist dies ein Nullenergiehaus."

Nicht immer war die Kooperation mit den koreanischen Partnern leicht, berichtet Din-kel: „Wir hier in Deutschland hatten nun schon 20 Jahre lang Zeit, den Bau energiespa-render Häuser zu üben. Bei uns sind inzwischen Planer, Firmen und Handwerker darauf trainiert, und das Zusammenspiel funktioniert. In Südkorea steht man da noch ganz am Anfang." Die Unterschiede in Sprache und Mentalität taten ein Übriges. Bisher gelang es jedoch noch immer, das Projekt weiter voranzubringen, auch wenn „jede Schraube dreimal hinterfragt wird".

Hilfreich war auf jeden Fall, dass die Stadtoberen voll hinter der Zusammenarbeit stehen. Schon vor einigen Jahren hatten Oberbürgermeister Oh und sein Vorgänger erste Schritte unternommen, um die 10-Millionen-Stadt Seoul lebenswerter zu gestal-ten. „Wir müssen eine neue Balance finden", hatte Oh gemahnt. Die Stadt solle wieder zu einem „harmonischen Raum" für Arbeit, Menschen und Natur werden. Viel zu lange sei die Umwelt den wirtschaftlichen Interessen geopfert worden.[11] Denn seit Jahren erlebt die südkoreanische Stadt einen gigantischen Bauboom. Wolkenkratzer schießen aus dem Boden, um der stetig wachsenden Bevölkerung Wohnraum zu bieten. So ent-standen ganze Stadtviertel aus tristen Wohntürmen, schnell und billig errichtet. Da blieben weder Zeit noch Geld für nachhaltiges Bauen. Das hat aber zur Folge, dass Seoul heute zu den Städten der Welt gehört, die besonders viel Energie für ihre Gebäude aufwenden müssen: 57 Prozent des gesamten Energiebedarfs werden dafür benötigt, mehr als dreimal so viel wie für die Industrie und mehr als doppelt so viel wie für den Verkehr.[12]

BALLUNGSZENTREN ALS ENERGIEFRESSER

Generell wird in den Städten der meiste Strom verbraucht und das meiste Kohlendioxid ausgestoßen. Asiatische und US-amerikanische Städte sind dabei gleichermaßen verschwenderisch. Den Weltrekord für den höchsten Stromverbrauch pro Einwohner dürfte Las Vegas mit seinen Casinos halten.[13] Die Stadt verbraucht über 20 Millionen Megawattstunden im Jahr, was rund einem Drittel des gesamten österreichischen Stromverbrauchs im Jahr 2008 entspricht.[14] Auch New York steht mit an der Spitze der Energiefresser: Seine Einwohner haben 2008 allein von Dezember bis Februar 14,7 Millionen Megawattstunden Strom benötigt.[15]

Will man den Energieverbrauch reduzieren, ist es sinnvoll, mit Sparmaßnahmen dort zu beginnen, wo am meisten zu holen ist: bei den Gebäuden. Gerade in hochindustrialisierten Ländern verschlingt der Gebäudebestand große Mengen an Energie: in London rekordverdächtige 68, in Berlin 56, in Tokio 53 und in Singapur 54 Prozent[16] des gesamten Energieeinsatzes.

Bisher wird die Energieversorgung unserer Städte von fossilen Quellen wie Erdgas und Erdöl dominiert. Wärme entsteht daraus meist durch Verbrennung am Ort. Strom hingegen erzeugen im Allgemeinen getrennt davon zentrale Großkraftwerke, wobei knapp zwei Drittel der Energie in Form von Wärme ungenutzt in die Umwelt entweicht. Zusammen mit dem CO_2-Ausstoß sorgt dies für eine unerwünschte Erwärmung der Atmosphäre. Zieht man ferner in Betracht, dass die fossilen Ressourcen wohl in einigen Jahrzehnten zu Ende gehen und Öl, Gas und Kohle deshalb in naher Zukunft immer teurer werden, wird schnell klar, dass sich das bestehende System der Energieversorgung der Ballungsräume ändern muss. Die Nutzung von Kernenergie scheidet aus, weil sie nicht sicher genug ist und die Entsorgung der nuklearen Abfälle künftigen Generationen ein gefährliches Erbe aufbürdet. In der Morgenstadt wird die Energie aus regenerativen Quellen kommen, die Umwelt und Ressourcen schonen.

Deutschland soll Vorreiter sein: „Wir müssen das Gesamtsystem hierzulande komplett umstellen", sagt Professor Gerd Hauser, Leiter des Fraunhofer-Instituts für Bauphysik

IBP in Stuttgart. Seine Vision, die auch in das Energieprogramm der Bundesregierung eingeflossen ist, lautet: „Im Jahr 2050 kann Deutschland ohne fossile Energieträger und Kernkraft auskommen. Erneuerbare Energien können 40 Prozent dieser Herausforderung leisten. In erster Linie ist der Umbau aber durch Energieeffizienzmaßnahmen möglich. Nur mit Energieeinsparungen im Bausektor und erneuerbaren Energien gemeinsam ist die Umstellung möglich."[17]

Das Gesamtpaket für die nachhaltige Stadt der Zukunft muss lauten: Energie sparsam nutzen, regenerativ erzeugen und intelligent verteilen. All dies ist möglich, und zwar ohne Einbußen an Komfort. Fraunhofer-Forscher tragen mit einer Vielzahl von Projekten und technischen Entwicklungen, aber auch mit ganzheitlicher Systemforschung dazu bei. Allein in der Fraunhofer-Allianz Energie befassen sich rund 2000 Wissenschaftler aus 16 Einrichtungen schwerpunktmäßig mit diesem Thema. Sie entwickeln Systemtechnologien wie Energienetze und -speicher und erforschen, wie man die Energieeffizienz steigern kann. Dazu kommen noch weitere Forscherteams aus den Allianzen Bau und Verkehr, die ebenfalls einen wesentlichen Anteil ihrer Arbeit dem Thema Energie widmen.

Damit die Morgenstadt auf fossile Brennstoffe verzichten und ihren Energiehunger aus nachhaltigen Quellen decken kann, müssen zunächst einmal bestehende Gebäude ertüchtigt und neue mit einem höheren Standard gebaut werden. Ist der Energiebedarf damit auf einen Bruchteil des heutigen Wertes gesenkt, wird es möglich, die verbleibende Versorgung durch erneuerbare Energien zu schaffen.

EIN PLATTENBAU WIRD ZUM MUSTERHAUS

Die ISE-Experten beraten natürlich nicht nur Bauherren im fernen Korea, sondern bringen ihr Know-how vor allem auch im heimischen Umfeld ein. So betreuten sie beispielsweise die energetische Sanierung eines 16-stöckigen Hochhauses im Freiburger Stadtteil Weingarten West. In diesem Areal wohnen auf einer Fläche von etwa 30 Hektar rund 5800 Menschen. Die 1214 Wohnungen sind zum größten Teil im Besitz der kommunalen

Wohnungsgesellschaft der Stadt Freiburg, der Freiburger Stadtbau (FSB). Diese beschloss 2007, das Quartier aus den 60er Jahren bis ca. 2018 zu modernisieren.

Im Sanierungsgebiet gibt es vier Gebäudetypen: 16-geschossige Hochhäuser, acht- und viergeschossige Mehrfamilienhäuser sowie die Evangelische Hochschule für Sozialwesen, die Kirche und das Gemeindezentrum, den Einzelhandel und einen Lebensmittelmarkt. Die Sanierung wird mit Zuschüssen von Bund, Land und der Stadt Freiburg unterstützt. Als Erstes kam das 16-stöckige Wohnhaus Bugginger Straße 50 an die Reihe.

Seit es im April 2011 nach dem Umbau neu eingeweiht wurde, ist es das weltweit erste Hochhaus, das nicht mehr Energie verbraucht, als es erzeugt. Gleichsam symbolisch ist es in frischen Grüntönen gestrichen und wird als Vorbild für eine gelungene Sanierung häufig von Architekten und Nachahmern besucht und bewundert. Wenn Renate Bräu von der FSB die wärmegedämmten Technikräume im 16. Stockwerk aufschließt, kann man erkennen, was sich im Hintergrund, für die Bewohner unsichtbar, alles verändert hat: „Eine Lüftungsanlage mit Wärmerückgewinnung versorgt das Haus kontinuierlich mit frischer Luft", sagt Frau Bräu und zeigt auf die meterdicken, silberfarbig isolierten Rohre und Wärmetauscher. „Dabei wird im Winter die Abluft dazu verwendet, die kalte Frischluft vorzuwärmen, im Sommer dient sie zur Kühlung, weil sie dann kälter ist als die Außenluft. Um den Strombedarf für die elektrischen Systeme zu decken, wurde auf dem Dach eine Photovoltaikanlage mit einer Leistung von knapp 24 Kilowatt installiert."

Auf den ersten Blick sichtbar hingegen ist die Veränderung, die mit der Außenhaut des Gebäudes vor sich gegangen ist. Alle Außenwände wurden mit einer 20 Zentimeter dicken Wärmedämmung versehen, die alten Balkone der Wohnfläche zugeschlagen und dafür neue Außenbalkone angebracht. Die Fenster wurden dreifach verglast, neue Heizkörper installiert, Aufzüge und Beleuchtung sind nun energiesparend. „Man hat auch besonders darauf geachtet, dass keine Wärmebrücken entstehen, weder bei den Rollladenkästen noch bei der Anbringung der neuen Balkone", sagt Florian Kagerer, der am ISE das Projekt begleitet hat. „Es wurden teilweise ganz neuartige Werkstoffe dafür eingesetzt, etwa Matten aus Aerogel, die eine hohe Dämmwirkung bei geringer Dicke haben." Die Sorgfalt auch im Detail hat sich gelohnt: Die gesamte Gebäudehülle ist nun luftdicht, Wärmeverluste sind extrem gering. Erste Messungen ergaben, dass die Heiz-energie – die nach wie vor aus einem Blockheizkraftwerk für das ganze Viertel stammt – um 78 Prozent gesenkt werden konnte, der Primärenergiebedarf für Heizung, Warm-wasser und Strom fiel um 40 Prozent. „Die Ergebnisse haben wie das gesamte Projekt Modellcharakter und sollen zukünftig in vergleichbare energetische Sanierungsvor-haben einfließen", so Kagerer.

Bei der Sanierung hatten die Bürger ein Wörtchen mitzureden: Die FSB bezog alle Betrof-fenen aktiv mit ein, es gab Bürgerbeteiligung während der Planungs- und Bauphase und eine ausführliche Energieberatung für die neu eingezogenen Bewohner. Heute sind die meisten Mieter mit ihrer neuen Wohnung sehr zufrieden, auch wenn die Grundflächen jetzt kleiner sind als zuvor. Die Architekten haben pro Stockwerk neun Wohnungen kon-zipiert, wo vorher nur sechs waren. „Man hat ja nun die Balkonflächen mit einbezogen. Und früher waren die Familien größer", sagt Kagerer, „da benötigte man mehr Wohn-fläche. Heute leben viele Mieter allein oder zu zweit in dem Haus, und generell sind die Familien kleiner. Da reichen Wohnflächen von 50 bis 70 Quadratmetern aus." Um die Sanierungskosten aufzubringen, mussten unter anderem die Mieten erhöht werden. Dies wirkt sich aber wegen der kleineren Zuschnitte für die Bewohner kaum aus.

Hinzu kommt, dass sie künftig wesentlich geringere Heizkosten haben und die Wohnun-gen völlig modernisiert wurden, was Bäder, Küchen, Türen und Böden betrifft. „Mir gefällt der Schnitt der neuen Wohnung", sagt Anita Rieser, die nach der Sanierung wieder im 15. Stock eingezogen ist. „Ich liebe die Aussicht von meinem Balkon auf den Schwarzwald, und die Zimmer sind angenehm hell und freundlich." Den Auslass für die automatische Lüftung, unter dem ein Porträt ihrer Tochter hängt, hat sie noch gar nicht richtig wahrgenommen, so unauffällig ist er. Auch an kalten Wintertagen ist ihre Woh-nung gemütlich warm.

„Wohnungsgesellschaften, die in Deutschland viele Tausend Häuser betreiben, spielen eine wichtige Rolle bei der energetischen Modernisierung des Landes", sagt ISE-For-scher Sebastian Herkel. „Sie sind in der Lage, längerfristige Investitionen zu tätigen, und sie sind inzwischen aufgeschlossen für Sanierungsmaßnahmen an ihrem Gebäudebestand." Entsprechende Projekte entstehen seit einigen Jahren in München, Heidelberg, Mannheim, Karlsruhe und vielen anderen Städten. Wesentlich schwieriger gestaltet sich die Aufgabe, Besitzer von Einfamilienhäusern dazu zu motivieren, ihr Haus energetisch auf Vordermann zu bringen. Viele scheuen noch die Investitionen. „Wir müssten etwas Ähnliches ins Leben rufen wie den Wettbewerb ‚Unser Dorf soll schöner werden', der ja seit 1961 äußerst erfolgreich läuft", sagt ISE-Chef und Sprecher der Fraunhofer-Allianz Energie Professor Eicke Weber. „Vielleicht könnte man eine gut sichtbare Plakette für erfolgreich sanierte Häuser vergeben. Nach dem Motto: ‚Unsere Stadt soll Morgenstadt werden'!" Und sein Kollege Hauser vom IBP ergänzt: „So eine Plakette – einen Energiepass – haben wir schon 1989 eingeführt. Es gibt sehr viele Beispiele für energieeffizientes Bauen bei Neubauten und bei modernisierten Häusern. Das IBP koordiniert seit vielen Jahren das vom Bundesministerium für Wirtschaft und Technologie finanzierte Gebäudesanierungsprogramm EnOB und viele weitere internationale Programme. Ab 2020 werden wir einen Plusenergiehausstandard haben."

SONNE UND WIND VERSORGEN DIE MORGENSTADT

Sonne, Wind und Wasserkraft werden die wichtigsten Pfeiler der künftigen Energieversorgung sein. Dadurch ergibt sich eine große Reduktion des Primärenergiebedarfs. Denn jede Kilowattstunde Strom aus Wind-, Solar- oder Wasserkraftwerken vermindert im Vergleich zum heutigen Kraftwerksmix den Bedarf an fossiler oder nuklearer Primärenergie um etwa 2,5 Kilowattstunden, da keine Abwärme entsteht.[18]

Solarzellen übernehmen in Deutschland bereits heute einen steigenden Anteil an der Stromversorgung: Im Jahr 2011 betrug der Anteil der photovoltaischen Stromerzeugung rund 3,2 Prozent des Strombedarfs in Deutschland.[19] Alle erneuerbaren Energien zusammengenommen lieferten 19,9 Prozent des Strombedarfs. An sonnigen Tagen deckt Strom aus Solarzellen mittlerweile bis zu 25 Prozent des aktuellen Strombedarfs und damit einen Großteil der Tagesspitze im Verbrauch.

Gleichzeitig gilt: Die Kosten für regenerative Energien werden fallen. „Wir erwarten, dass beispielsweise die Preisentwicklung der Solarmodule in den kommenden Jahren weiter der Preis-Lernkurve folgen wird", so Eicke Weber. Das heißt, bei Verdopplung der gesamt installierten Leistung sinken die Preise um immer denselben Faktor. Experten erwarten, dass sie auch künftig entsprechend dieser Gesetzmäßigkeit weiter fallen. Demnach könnten sich die Modulpreise bis 2020 nochmals halbieren, was Stromgestehungskosten in einer Bandbreite zwischen 11 bis 14 Cent pro Kilowattstunde in Deutschland ermöglichen dürfte. Voraussetzungen hierfür sind der weitere Ausbau der Fertigung, eine gute Auslastung der Produktionskapazitäten durch eine entsprechende PV-Weltmarktentwicklung, die kontinuierliche Umsetzung technologischer Innovationen in der Produktion und eine Minimierung der Produktionsabläufe und -kosten.

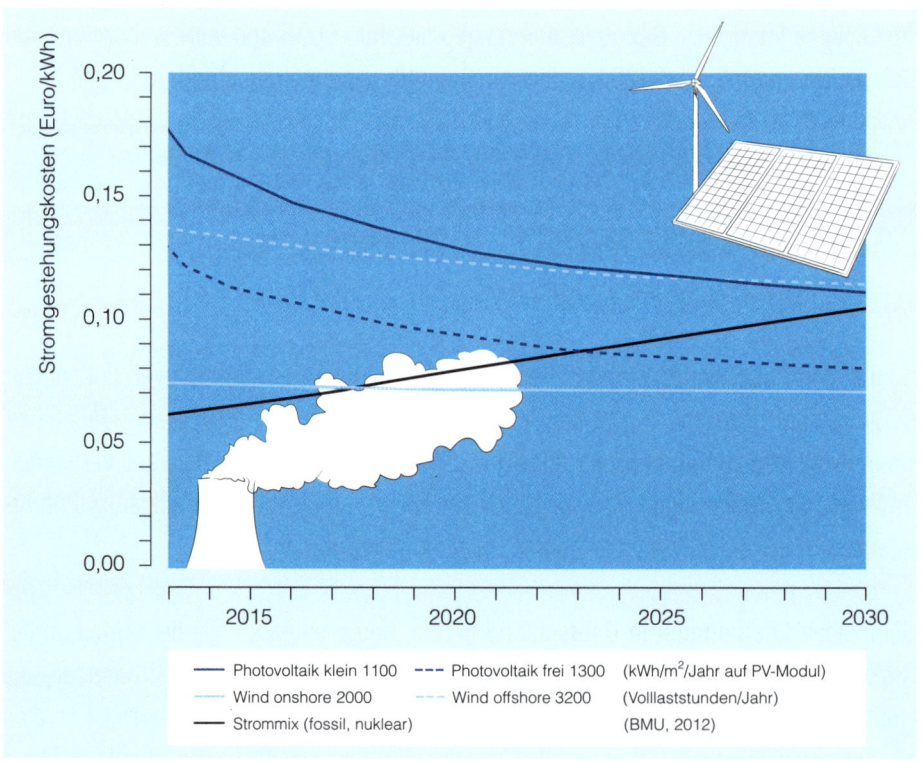

Die Stromgestehungskosten aller erneuerbaren Energien werden weiterhin kontinuierlich sinken. Quelle: Fraunhofer ISE

Je preisgünstiger Solarstrom wird, desto größer wird sein Anteil am Strommix – teurere Erzeugungsformen lohnen sich dann immer weniger. Das hat große Vorteile: Die PV-Technologie ist emissions- und lärmfrei und ermöglicht eine dezentrale Struktur: Jeder Hausbesitzer kann selbst zum Stromerzeuger werden.

Dazu trägt die enorme Verbesserung sowohl der PV-Module selbst als auch ihrer Herstellungsbedingungen bei: In mühsamer Kleinarbeit verbesserten beispielsweise die ISE-Forscher jeden einzelnen Aspekt der Solarzellen, stets in enger Kooperation mit der Industrie. So entstand eine Vielzahl technischer Fortschritte sowohl bei den Eigenschaften des Materials als auch beim Aufbau der Zellen. Das führte im Lauf der Zeit zu einer stetigen Erhöhung des Wirkungsgrades, bei kristallinen Solarzellen von anfangs sechs auf heute rund 24 Prozent im Labor und 18 Prozent bei industrieller Fertigung. Sogar mehrere Weltrekorde erzielten die Experten des ISE. Der Wirkungsgrad von Dünnschicht-Modulen lag im Jahr 2011 bei 6 bis 11 Prozent, mit Spitzenwerten von 12 bis 13 Prozent.[20] „Und wir erwarten, dass die durchschnittliche Moduleffizienz kontinuierlich weiter steigen wird", sagt Dr. Harry Wirth vom ISE. Der von den Modulen gelieferte Gleichstrom wird von Wechselrichtern für die Einspeisung ins öffentliche Stromnetz angepasst. Der Wirkungsgrad neuer PV-Wechselrichter liegt – unabhängig von der eingesetzten Modultechnologie – aktuell bei rund 98 Prozent.[21]

Solarstromanlagen sind sehr effizient: Ein 2011 installiertes PV-System erreicht über das Jahr im Ganzen eine Verfügbarkeit von 80 bis 90 Prozent bezogen auf die Nennleistung der Module, inklusive aller Verluste durch die tatsächliche Betriebstemperatur, die variablen Einstrahlungsbedingungen, Verschmutzung und Leitungswiderstände sowie Wandlungsverluste des Wechselrichters.

So kommt es, dass die Dachfläche eines Einfamilienhauses ausreicht, um den Jahresstrombedarf einer Familie in Summe über Solarzellen zu erzeugen. Bei Wohnanlagen oder Hochhäusern reicht die Dachfläche für die Versorgung mit Solarstrom meist nicht mehr aus: „Bei vier Geschossen liegt heute die Grenze", sagt Sebastian Herkel. Dann muss der zusätzliche Strom aus anderen Quellen kommen, insbesondere aus Blockheizkraftwerken im Haus oder Quartier und zum Teil aus Kraftwerken außerhalb der

Stadt. In der Morgenstadt werden dies neben Wind in erster Linie Gas-und-Dampfkraft-
werke mit sehr hohem Wirkungsgrad sein; sie arbeiten mit Erd- oder Biogas und lassen
sich schnell und flexibel regeln, also dem Strombedarf anpassen. Allen Lösungen ist
gemeinsam, dass sie auf die nicht gleichmäßig verfügbaren erneuerbaren Energiequellen reagieren können und auch Wärme für warmes Wasser und zum Heizen bereitstellen.

Gerade in Großstädten können die PV-Module neben der Erzeugung von Solarstrom
auch noch andere Aufgaben wahrnehmen: Sie können die Fassade vor Regen und Wind
schützen und als hochwertige Bauelemente das ästhetische Erscheinungsbild prägen.
In heißen Klimata kann man sie zusätzlich als Schattenspender benutzen, um die
Erwärmung der Innenräume zu mindern. Auch halbtransparente Solarzellen können
dabei eine Rolle spielen. PV-Fassaden- bzw. Dachelemente, die in Mehrscheiben-Iso-
lierglastechnik aufgebaut sind, besitzen sogar schalldämmende Eigenschaften, die
jedoch nicht vom PV-Modul herrühren, sondern von den Trägerelementen.

Derartige multifunktionale Solarzellen, die sich ins Gebäude integrieren lassen, erfor-
schen und bewerten Ingenieure am Fraunhofer-Institut für Windenergie und Energie-
systemtechnik IWES in Kassel. „Es lassen sich sogar noch weitere Funktionen mit
Solarzellen verbinden", sagt Dr. Norbert Henze. „So können geeignet gestaltete PV-
Module vor elektromagnetischer Strahlung schützen. Das ist beispielsweise wichtig zur
Abschirmung besonders elektrosensibler Bereiche in Krankenhäusern, Computerzent-
ralen von Banken, Polizei, Forschungseinrichtungen sowie Flughafengebäuden." Selbst
Aufgaben, die man normalerweise nicht mit Solarzellen in Verbindung bringt, ließen
sich damit koppeln: So könnten entsprechend konstruierte Module als flächige Antennen für Handynetze dienen.

„Bislang ist vielen Herstellern nicht bewusst, dass solche zusätzlichen Möglichkeiten
die Akzeptanz und Verbreitung von PV-Modulen erhöhen können", sagt Henze. „Damit
man in der Morgenstadt alle Optionen ausnutzen kann, müssten allerdings Architekten
bzw. Bautechniker und Energiespezialisten besser zusammenarbeiten."

VON ÖLPLATTFORMEN LERNEN

Was die Versorgung der Morgenstadt mit Windstrom betrifft, ist die Lage nicht so vorteilhaft wie bei der Sonne: „In Städten gibt es in der Regel keine ausreichenden Windverhältnisse, die man dafür ausnutzen kann", sagt Dr. Kurt Rohrig vom IWES. „Neben zu niedrigen Windgeschwindigkeiten herrschen dort auch Turbulenzen, die sich zum Antrieb von Windrädern nicht eignen. Hinzu kommt, dass gerade Standorte in Städten für eventuelle Belästigungen durch Geräusche, Schwingungen oder Schattenwurf besonders sensibel sind." So wird Windstrom heute wie in Zukunft von außen in die Städte geliefert.

2011 lag die Windkraft in Deutschland bei einem Anteil von 6,4 Prozent an erster Stelle bei der Stromerzeugung aus erneuerbaren Energien. „Windenergie ist schon heute relativ günstig. Je nach Standort kostete der Strom im Jahr 2011 zwischen drei und sechs Cent je Kilowattstunde", erklärt der IWES-Leiter Prof. Jürgen Schmid.

In einer Studie für den Bundesverband Windenergie haben IWES-Experten belegt: „In Deutschland stehen auf Basis von Geodaten knapp 8 Prozent der Landfläche außerhalb von Wäldern und Schutzgebieten für die Windenergienutzung zur Verfügung. Bei Nutzung von nur 2 Prozent der Fläche jedes Bundeslands ergäben sich 198 Gigawatt installierbare Leistung. Damit könnte die Windenergie an Land rein rechnerisch mit etwa 390 Terawattstunden[22] zum Jahresstromverbrauch in Deutschland beitragen, der bei ca. 600 Terawattstunden liegt." Die Studie verdeutlicht, dass das Potenzial der Windenergie an Land bei weitem noch nicht ausgeschöpft ist; aktuell sind gerade 28 Gigawatt Windenergieleistung aufgebaut.[23]

Niemand soll durch Windräder gestört werden. Dazu tragen vor allem zwei Neuentwicklungen bei: „Die Masten für Windkraftanlagen werden immer höher", sagt Schmid. „Das ist vorteilhaft, weil der Wind in höheren Luftschichten stärker bläst, und man kann die hohen Windräder auch in Wäldern aufstellen. Die Rotoren bewegen sich über die Baumwipfel hinweg und stören kaum." Die zweite Entwicklung betrifft Offshore-Windkraftwerke: „Wir werden uns die Techniken der Öl- und Gasbohrinseln zunutze machen, damit wir Windräder auch weiter draußen auf dem Meer verankern können, dort, wo das Wasser tiefer ist als 50 Meter", so Schmid. „Über dem Meer bläst der Wind wesentlich gleichmäßiger. Dort läuft eine Anlage rund 4000 Stunden im Jahr mit voller Kraft; an Land bringt sie nur etwa die Hälfte davon." Gerade für Großstädte, die an der Küste liegen, könnte Windstrom aus solchen Kraftwerken die Energieversorgung zu großen Teilen übernehmen. „Man muss sich immer den Gegebenheiten anpassen; Windenergie aus Offshore-Anlagen ist jedenfalls eine großartige Option für viele Megastädte in den Tropen oder in Fernost, die direkt am Meer liegen."

Für manche Anwendungen braucht man nur sehr wenig Energie. Da lohnt es kaum, extra Leitungen zu verlegen. Wie man Kleinstgeräte oder Sensoren mit Strom versorgt, damit beschäftigt sich das noch junge Gebiet des Micro Energy Harvesting, also das Ernten von Energie, wo immer sie auftritt. Für die Morgenstadt tun sich hier interessante Aspekte auf, denn gerade dort sollen ja viele Dinge automatisch von Sensoren gesteuert werden.

Winzige Energiebeträge kann man an vielen Stellen ernten, vor allem mit thermoelektrischer und piezoelektrischer Energiewandlung. Erstere setzt einen Temperaturunterschied, beispielsweise den zwischen dem menschlichen Körper und seiner Umgebung, in elektrische Energie um, beispielsweise, um eine Armbanduhr zu betreiben. Die piezoelektrische Energiewandlung beruht auf der Erzeugung elektrischer Spannungen durch Druck oder Vibrationen. Forscher der Fraunhofer-Allianz Energie entwickeln Systeme, die zum Beispiel mobile oder abgelegene Anlagen überwachen. Energy Harvesting liefert hier die Energie für die Funkübermittlung von Sensorsignalen.

SYSTEME, DIE PERFEKT INEINANDERGREIFEN

Für die Stromerzeugung gibt es also unterschiedliche Optionen. Wie aber wird in der Morgenstadt geheizt? Vielleicht ebenfalls mit Strom, so wie es derzeit in Frankreich üblich ist und wo im Winter schnell die Kernkraftwerke überlastet sind? „Nein", sagt Jürgen Schmid, „dort wird der aufwendig erzeugte Strom direkt in Radiatoren verbraten. Doch es geht auch anders." Er zeichnet ein faszinierendes Bild, in dem viele Details intelligent zusammenspielen und künftig unsere Städte mit Wärme und Strom versorgen. Zusammen mit den meisten seiner Fachkollegen setzt er für die Wärmeversorgung vor allem auf zwei Systeme, die sich künftig perfekt ergänzen: auf elektrische Wärmepumpen und Blockheizkraftwerke.

Eine elektrische Wärmepumpe, die beispielsweise dem Grundwasser Wärme entzieht, kann – grob gesagt – aus einem Teil Strom drei Teile Wärme erzeugen. „Solange diesen Strom Kohlekraftwerke liefern, die bei der Produktion von einem Teil Strom zwei Teile Wärme in die Umwelt ablassen, ist das natürlich nicht sinnvoll", rechnet Schmid vor. „Da kann man genauso gut gleich die Kohle verheizen." Alles ändert sich aber, „wenn man neu denkt": Regenerativ erzeugter Strom entsteht ohne Abwärme, so ergeben sich dann auch in der Endabrechnung der Wärmepumpe für einen Teil Strom drei Teile Wärme.

Im Sommer, wenn Gebäude gekühlt werden müssen, lässt man die Wärmepumpen einfach umgekehrt laufen. Sie funktionieren dann wie ein Kühlschrank, kühlen die Räume und leiten die entstehende Wärme ins Erdreich ab. So könnte man sich gerade in heißen Gegenden die vielen kleinen Klimageräte sparen, die heute in den Fenstern hängen und zusätzlich heiße Luft auf die Straßen pusten. „Ich stelle mir die Morgenstadt wesentlich kühler vor als heutige Metropolen", sagt Schmid. „Die Elektroautos, die dann in den Straßen fahren werden, erzeugen kaum Wärme, außerdem sind nicht mehr so viele Klimaanlagen nötig. All das trägt zu einem angenehmeren Stadtklima bei."

Das zweite große Standbein der Wärmeversorgung in der Morgenstadt werden Blockheizkraftwerke (BHKW) sein. Es handelt sich dabei um Verbrennungsmotoren auf Erdgas-, Biogas- oder Dieselbasis, wie man sie auch in Autos und Lkws findet. Stellt man sie in Siedlungen auf und verbindet sie mit einem Generator, erzeugen sie rund ein Drittel Strom und zwei Drittel Wärme. Fachleute nennen das Kraft-Wärme-Kopplung (KWK). Mit Biogas betrieben belastet sie die CO_2-Bilanz nicht. Heute werden die Geräte im Allgemeinen so gesteuert, dass sie ausreichend Wärme erzeugen. Der dabei gleichzeitig entstehende Strom genügt jedoch nicht, um den Verbraucher vollständig zu versorgen, dieser holt sich den Rest aus dem öffentlichen Netz.

In der Morgenstadt hingegen könnten die BHKW neben der Erzeugung einer gewissen Wärmegrundlast vor allem dann laufen, wenn Wind und Sonne gerade nicht ausreichen, um den nötigen Strom zu beschaffen: Sie füllen zu diesen Zeiten die entstehende Stromlücke. Die dabei automatisch parallel anfallende Überschusswärme wird entweder per Nahwärme an Verbraucher verteilt, die gerade Bedarf haben, oder gespeichert. Im umgekehrten Fall, nämlich dann, wenn momentan zu viel Strom im Netz angeboten wird, kann man die BHKW abschalten und elektrische Wärmepumpen anwerfen, die den Strom verbrauchen, Wärme erzeugen und ebenfalls Speicher aufheizen. „Die Kombination aus Blockheizkraftwerken und elektrischen Wärmepumpen hat also zwei Vorteile", sagt Schmid: „Sie stabilisiert die Stromnetze und sorgt für die nötige Wärme."

Wenn es darum geht, Wärme nachhaltig zu erzeugen und geschickt zu verteilen, ist Dänemark ein Vorreiter. Es hat sich noch ehrgeiziger als Deutschland das Ziel gesetzt, bis zum Jahr 2050 seinen gesamten Strom aus erneuerbaren Quellen zu erzeugen. Außerdem soll zu diesem Zeitpunkt die solare Wärme 40 Prozent des Gesamtbedarfs decken. Zu diesem Zweck sind seit 2003 im ganzen Land 22 kleine und mittlere Sonnenkollektor-Felder entstanden, mindestens ebenso viele sind in Planung. Sie versorgen Haushalte und Industrie mit Warmwasser zu einem relativ günstigen Preis.

Überschüsse speichert man in saisonalen Speichern, die Wärme vom Sommer in die kalte Jahreszeit retten. Dabei handelt es sich häufig um einfache Wasserbecken, die ohne Isolation zum Erdreich angelegt sind und einige Tausend Kubikmeter fassen. Eine etwa 10 Meter tiefe, flache Grube wird mit Folie nach unten abgedichtet, erhält einen Zu- und einen Ablauf und wird nach oben mit einer rund 50 Zentimeter dicken Gasbetonschicht und diversen Folien isoliert. Die Investitionskosten liegen bei rund 20 Euro pro Kubikmeter.[24]

Die Wasserbecken werden immer dann direkt aufgeheizt, wenn Sonnenwärme zur Verfügung steht, außerdem mit einer elektrischen Wärmepumpe, wenn Überschüsse aus Windstrom vorhanden sind. Reicht beides nicht aus, kann mit Bioenergie nachgeheizt werden.[25]

In der Morgenstadt wären derartige Wärmespeicher wohl zu flächenintensiv. Dort wird man sie eher in Form von Tanks unter der Erde anlegen. Bei der intelligenten Kombination von Sonnenwärme, Windstrom und Biomasse für städtische Quartiere lässt sich aber durchaus von den dänischen Erfahrungen profitieren. So wurde 2007 die Münchner Neubausiedlung „Am Ackermannbogen", die 320 Wohnungen umfasst, mit 2900 Quadratmetern Sonnenkollektoren, einer 560-Kilowatt-Wärmepumpe und einem unterirdischen Wärmespeicher von 5700 Kubikmetern Wasser ausgerüstet. Die Heizung des Quartiers wird über ein Leitungsnetz aus dem großem Saisonalspeicher gespeist, dessen Wasserinhalt sich im Sommer auf ca. 90 Grad aufheizt. Im Winter wird dann umgekehrt die Wärme aus dem Becken entnommen und in die Wohngebäude transportiert. Bis in den Januar hinein kann die Siedlung komplett aus dem Speicher versorgt werden. Dann übernimmt die Fernwärme der Stadtwerke die Versorgung, die auch eine Reservefunktion gewährleistet[26].

Das Speichermedium muss aber nicht unbedingt Wasser sein. Auch andere Arten von Wärmespeichern werden derzeit erforscht. Welche Art sich letztlich durchsetzen wird, lässt sich heute noch nicht sagen. In Frage kommen sowohl Latentwärmespeicher als auch chemische oder thermochemische Speicher. Sie haben zum Teil wesentlich höhere Speicherkapazitäten als Wasser, sind aber heute noch sehr teuer. Auch viele technische Probleme der Be- und Entladung sind heute noch nicht gelöst. Für die Zukunft bieten sie jedoch vielfältige Optionen. IBP-Leiter Gerd Hauser glaubt, dass auch hinsichtlich der Energiespeicherung dem Gebäudesektor eine große Bedeutung zukommt, da hier große Mengen elektrischer Energie thermisch gespeichert werden können. Biomaterialien wie zum Beispiel Holz sollten wegen ihrer Speicherfähigkeit nicht zur Wärmegrundversorgung beitragen. Sie sollten nur dann verbrannt werden, wenn Wind und Sonne nicht die nötige Energie liefern können.

DAS INTERNET DER ENERGIE

Egal ob Wärme oder Strom – es ist nicht allein damit getan, möglichst viele Solarzellen, -kollektoren oder Windräder zu installieren, um die Städte der Zukunft mit erneuerbaren Energien zu versorgen. Ganz im Gegenteil: „Die Umstellung auf regenerative Energien ist eine gewaltige Herausforderung, aber sie ist zu schaffen", sagt ISE-Chef Eicke Weber. Das Problem ist, dass Sonne und Wind nicht ständig Energie liefern, sondern eben nur dann, wenn die Sonne scheint und wenn der Wind weht. So kann es passieren, dass vielleicht an einem windigen Sommertag zu viel Strom angeboten wird, während in einer windstillen Winternacht das Stromangebot aus Erneuerbaren viel zu gering ist für den Bedarf.

Damit die Stadt der Zukunft auch mit vielen kleinen und kleinsten Energieerzeugern immer ausreichend Strom und Wärme zur Verfügung hat, sind intelligente Verteilsysteme notwendig – Fachleute nennen das ein Smart Grid, ein intelligentes Netz. Es ist eine Art von Infrastruktur, die bisher für die Versorgung durch zentrale Großkraftwerke nicht nötig war und deshalb erst ganz neu aufgebaut werden muss. Sie vereinigt die Energienetze mit Kommunikationsnetzen, das heißt, intelligente Sensorik und vorausschauende Algorithmen sorgen automatisch dafür, dass die Morgenstadt ausreichend versorgt wird.

Grundsätzlich folgt dort der Energieverbrauch dem Angebot, nicht so wie derzeit das Angebot dem Verbrauch. Heute fahren die Energieversorger ihre Kraftwerke hoch, oder sie importieren Strom, wenn die Last im Netz ansteigt. Mit einem Smart Grid wird sich die Situation allmählich umkehren: Dann werden die Verbraucher in den Zeiten Strom abrufen, in denen er reichlich vorhanden ist, und entbehrliche Geräte abschalten, wenn er gerade knapp ist. „Dieser Paradigmenwechsel stellt uns vor die größten Herausforderungen und ist im Wesentlichen ein Managementproblem", ergänzt Hauser.

Gesteuert wird das über den Preis. Schon heute gibt es unterschiedliche Preise an der Strombörse, die sich nach dem Angebot richten. Bläst manchmal der Wind besonders stark, kann sogar die absurde Situation eintreten, dass derjenige noch Geld bekommt, der in diesem Augenblick den überschüssigen Strom abnimmt. Der einzelne Verbraucher hat davon heute noch nichts, denn er muss ja an seinen Versorger einen Einheitstarif bezahlen. Damit man die Nachfrage aber dem Angebot anpassen kann, muss der Kunde wissen, wie viel sein Strom gerade kostet. Erst dann kann er sich der Marktlage anpassen. Dazu braucht der Verbraucher intelligente Stromzähler, sogenannte Smart Meters. Denn keiner kann den ganzen Tag auf den Zähler achten, um nachzusehen, wie teuer der Strom gerade ist.

Laut einer Studie[27] der Unternehmensberatung Frost & Sullivan befindet sich der Europamarkt für Smart Meters in einer Wachstumsphase. Während Länder wie Dänemark, Finnland und Norwegen Anfang 2012 bereits signifikante Entwicklungen vorzuweisen hatten, ist in Großbritannien, Frankreich, Spanien und Portugal eine großangelegte Einführung der Smart Meters geplant, um die von der Europäischen Union festgelegten Energieziele und Umweltregelungen zu erreichen. In Deutschland muss der rechtliche Rahmen noch geschaffen werden, um die bisher verhältnismäßig geringe Zahl installierter Smart Meters zu erhöhen.

Gemäß dieser Studie erwirtschaftete der europäische Smart-Meter-Markt im Jahr 2010 Umsätze von 318,4 Millionen US-Dollar, die bis zum Jahr 2017 auf knapp 2 Milliarden US-Dollar bei einer durchschnittlichen jährlichen Wachstumsrate von etwa 30 Prozent anwachsen könnten. Im selben Zeitraum soll die installierte Kapazität von Smart Meters in Europa von 43,90 Millionen (2010) auf 200,43 Millionen (2017) anwachsen.

Dass allein schon die Visualisierung des Stromverbrauchs und des aktuellen Preises durch intelligente Zähler die Verbraucher zu sparsamerem Verhalten motiviert, zeigten die Ergebnisse des vom Bundesforschungsministerium geförderten Projekts „Intelliekon – Nachhaltiger Energiekonsum von Haushalten durch intelligente Zähler-, Kommunikations- und Tarifsysteme", an dem unter anderem das ISE und das Fraunhofer-Institut für System- und Innovationsforschung ISI beteiligt waren. Privathaushalte sparten durchschnittlich 3,7 Prozent Strom ein, bei zeitvariablen Tarifen lag die Einsparung sogar bei 9,5 Prozent.

Mehr als 2000 Haushalte in Deutschland und Österreich nahmen an der 18-monatigen Feldphase des Projekts teil. Sie konnten auf einem Internetportal oder durch eine monatliche schriftliche Information beispielsweise ihren Stromverbrauch stundenweise analysieren und erhielten für alle gängigen Geräte im Haushalt mehr als 40 Energiespartipps.

„Smart Metering ist in der aktuellen Energiedebatte ein wichtiges Thema, da von dieser Technologie eine Effizienzsteigerung in deutschen Haushalten erwartet wird. Jetzt haben wir erstmals mit einer großangelegten und sozialwissenschaftlich fundierten Studie gezeigt, welches Potenzial sich dahinter verbirgt", sagt Sebastian Gölz vom ISE.

Das ISI wertete die Verbrauchsdaten aus und stellte fest, dass die Haushalte eine durchschnittliche Verbrauchseinsparung von 3,7 Prozent erzielen konnten. Als Vergleichsgröße dienten dabei Haushalte, die keine Verbrauchsrückmeldung zu ihrem Stromverbrauch erhielten. Umgerechnet auf den bundesdeutschen Stromverbrauch entspricht dies einer jährlichen Einsparung von etwa fünf Terawattstunden Strom und 1 Milliarde Euro vermiedener Stromkosten in den Haushalten. Das Projekt hatte auch eine langfristige Wirkung: „In unseren Untersuchungen haben wir gezeigt, dass der Einspareffekt auch mehrere Monate nach Beginn des Feldtests noch nachweisbar ist", sagt Dr. Marian Klobasa vom ISI.

Zusätzlich zu den Smart Meters ist eine neue, intelligente Technik nötig, die den Verbrauch in Industrie, bei Großkunden und im Haushalt abhängig vom Strompreis automatisch steuert. In der Morgenstadt wird es eine Art „Internet der Energie" geben. Denn auch beim Internet kümmert sich der Nutzer in keiner Weise darum, wie und woher seine Daten zu ihm geleitet werden. Technologien und Dienste im Hintergrund sorgen dafür, dass der Datenstrom nie abreißt. Nur manchmal, wenn etwa ein Tiefseekabel beschädigt wird oder ein Staat den Internetzugang einschränkt, bemerkt der Einzelne, dass die Datenflut auf seinem Computer keine Selbstverständlichkeit ist.

Am SmartEnergyLab des ISE simulieren Dr. Christof Wittwer und sein Team den Ernstfall und entwickeln Computerprogramme, die in Häusern oder Siedlungen das Zusammenspiel der Energieversorger und -verbraucher optimal steuern. Ausgestattet ist das Testlabor mit einem Fünf-Kilowatt-Blockheizkraftwerk, einem zwei Kubikmeter großen Wasserspeicher, einem Photovoltaik-Simulator, verschiedenen Wechselrichtern, einem Lithium-Ionen-Akku, einer Bleibatteriebank, einer Ladeinfrastruktur für Elektrofahrzeuge sowie weiteren Apparaturen. Durch die Kombination virtueller und realer Komponenten können die Forscher nahezu jedes Energiesystem künstlich nachstellen. So ermitteln sie die günstigste Konstellation für die Betriebsführung.

Die Forscher haben mittlerweile ein kleines Gerät entwickelt, das es in sich hat: Das Smart Energy Gateway organisiert den Datenaustausch zwischen Energieversorger und Endverbraucher. Der kluge Kasten vernetzt — im Wohngebäude installiert — die Energiezähler für Wärme, Wasser und Strom und sorgt dafür, dass aus dem aktuellen Verbrauch und den Tarifinformationen die richtige Steuerung zur Effizienzsteigerung eingeleitet wird. Aber das Gateway ist nicht nur Messgerät und Betriebsoptimierer: Mit ihm lassen sich Haushalts- oder Heizgeräte steuern und Eingabezeiten definieren. Wann soll die Wärmepumpe, die Waschmaschine oder die Geschirrspülmaschine laufen? Und künftig muss auf dem Weg in den Urlaub keiner mehr bangen, ob er den Herd auch tatsächlich ausgeschaltet hat.

TESTFALL CUXHAVEN

Dass die Vernetzung und der bewusste Stromverbrauch eine Menge bewirken können, zeigt sich in Feldtests, an denen inzwischen mehrere deutsche Städte teilnehmen. Einer davon läuft ganz im Norden der Republik, und die ISE-Forscher sind daran beteiligt: 650 ausgewählte Haushalte in Cuxhaven machen seit Mitte 2011 beim Forschungsprojekt eTelligence mit. Über das Internet oder einen Apple iPod touch ist der individuelle Stromverbrauch für die Testkunden jederzeit einsehbar. So kann man zum Beispiel Verbrauch, Kosten und CO_2-Emissionen der letzten sieben Tage ablesen. Auch die Anzeige der Momentanlast im Haushalt ist möglich.

„Wasch- oder Spülmaschinen könnten in Zukunft also genau dann anlaufen, wenn der Wind weht oder die Sonne scheint. Dann wird der Strompreis nämlich niedriger sein, und für den Kunden wird effizientes Verbrauchsmanagement auch einen finanziellen Anreiz haben", wirbt die Betreiberfirma EWE für das Projekt.[28] „Auch viele Großverbraucher passen ihren Verbrauch in Cuxhaven flexibel an. So können etwa Kühlhäuser – ihnen kommt in Cuxhaven durch die Fischindustrie eine besondere Bedeutung zu – die Kühlung genau dann aktivieren, wenn der Strom reichlich vorhanden und damit besonders günstig ist. In Engpasszeiten, wenn der Strom teurer ist, bleiben die Kompressoren ausgeschaltet. Der bislang kaum speicherbare Strom kann damit also flexibler genutzt werden."

Die Strompreise im eTelligence-Projekt wechseln im Lauf des Tages: Am billigsten ist der Strom zwischen 20.00 und 8.00 Uhr, untertags kostet er mehr als das Dreifache. Zusätzlich kann der Energieversorger tagsüber sogenannte Bonusevents oder Malusevents schalten. Wenn besonders viel Energie zur Verfügung steht – etwa bei starkem Wind und der damit verbundenen hohen Energieproduktion in den Windparks, kostet der Strom sehr wenig, manchmal ist er sogar ganz umsonst. Umgekehrt steigt der Preis für die Kilowattstunde auf bis zu 80 Cent an, wenn der Stromverbrauch außergewöhnlich hoch ist und wenig Energie zur Verfügung steht.

Ein intelligentes Verteil- und Schaltsystem in der Leitwarte und in einigen dezentralen Steuerboxen sorgt dafür, dass das Netz auf die unterschiedlichen Anforderungen schnell reagieren kann und trotzdem stabil bleibt. Es beruht auf Tagesplänen, in die die Vorhersagen für Wetter und Temperatur einfließen. Das gesamte Geflecht kann Strom auf dem Markt anbieten und notfalls Leistung dazukaufen.

Grundlage für die Vorgänge im Verteilnetz sind die Messwerte, die 100 Ortsnetzstationen im Fünf-Minuten-Takt erfassen: Wirkleistung, Blindleistung, Spannung, Strom sowie die Frequenz. Forscher des Fraunhofer-Anwendungszentrums Systemtechnik verwenden diese Daten, um den Zustand des Netzes für die nächsten Stunden oder den nächsten Tag vorauszusagen. Darauf aufbauend werden anschließend die optimalen Fahrpläne für dezentrale Anlagen ermittelt, die durch die Bereitstellung von Blindleistung die Spannungshaltung unterstützen und Netzverluste minimieren helfen. Diese verteilten Systemdienstleistungen sind in einem Smart Grid unverzichtbar.

Eine weitere Herausforderung war die möglichst intelligente Integration der Wärmeproduktion. Das ahoi!-Bad Cuxhaven, die Abwasserreinigungsanlagen ARA (Entwässerungsgesellschaft Cuxhaven) und eine weitere kleinere BHKW-Anlage in einem EWE-Geschäftsgebäude in Cuxhaven machen hierbei mit. Ist der Strom gerade teuer, produziert man mit Hilfe der BHKW möglichst viel davon und liefert die gleichzeitig anfallende Wärme an die Verbraucher, die sie benötigen. „So hat beispielsweise das BHKW des ahoi!-Bades Cuxhaven während der Feldtestphase im Jahr 2011 etwa 2600 Megawattstunden Strom produziert und an andere Teilnehmer am regionalen Markt verkauft", sagt Dr. Thomas Erge vom ISE, „was gute Einnahmen erbrachte. Gleichzeitig wurden 4043 Megawattstunden Wärme zur Versorgung des Bads produziert."[29] Erfreulich war zudem, dass sich das Gesamtsystem auch unerwarteten Ereignissen wie größeren Abweichungen beim prognostizierten Wärmebedarf kurzfristig anpassen konnte.

Auch die teilnehmenden Haushalte gaben schon nach einem halben Jahr positives Feedback: Sie konnten bis zu 13 Prozent Energie einsparen: „Ganz entscheidend für diesen Einspareffekt ist der bewusste Umgang mit Strom, den wir ermöglichen, indem wir Transparenz beim Stromverbrauch zum Beispiel über Internet und iPod herstellen", sagt eTelligence-Projektleiterin Dr. Tanja Schmedes. „Mittels unterschiedlicher Tarife optimieren wir die Auslastung des Stromnetzes. Strom ist dann besonders preiswert, wenn viel davon im Netz zur Verfügung steht, zum Beispiel an windreichen oder sonnigen Tagen. Rund 70 Prozent der Teilnehmer reagieren auf diese sogenannten Tarifevents und helfen damit, Strom aus erneuerbaren Quellen besser ins Netz zu integrieren." Knapp 90 Prozent der befragten Testhaushalte gaben an, Strom sparen zu wollen, immerhin mehr als die Hälfte möchte etwas für die Umwelt tun[30].

EIN VIRTUELLES KRAFTWERK

Dass sich viele kleine Energieerzeuger wie ein größeres – virtuelles – Kraftwerk benehmen, wenn man sie intelligent miteinander vernetzt, hat das IWES bereits im Jahr 2009 bewiesen. Dr. Kurt Rohrig hat im Auftrag und in Zusammenarbeit mit den Unternehmen Enercon, Schmack Biogas und Solar World ein solches virtuelles Kombikraftwerk entwickelt. „Jede Energiequelle – sei es Wind, Sonne oder Biogas – hat ihre Stärken und Schwächen. Wenn wir die unterschiedlichen Charaktere der regenerativen Energien geschickt kombinieren, können wir die Stromversorgung in Deutschland sicherstellen", freut sich Rohrig. „Wir haben die für die Steuerung nötige Soft- und Hardware realisiert. In dem Modellprojekt wurden beispielhaft drei Windparks, vier Biogas- und 20 Solaranlagen sowie ein ‚virtuelles' Pumpspeicherwerk über eine Leitzentrale bei uns am Institut zusammengeschaltet. Mit dieser koordinierten Steuerung kann das virtuelle Kraftwerk in Echtzeit Tag und Nacht bei jedem Wetter ein Zehntausendstel des deutschen Strombedarfs decken."

Den Wissenschaftlern ist es durch die Vernetzung gelungen, die insgesamt 28 Anlagen wie ein herkömmliches Großkraftwerk zu steuern. Was im Kleinen möglich ist, lasse sich auf ganz Deutschland übertragen, betont der Energieexperte. „Um eine flächendeckende Versorgung zukünftig sichern zu können, muss man jedoch viele weitere Anlagen bauen, das Netz erweitern und die Speichertechnologie vorantreiben."[31]

Heute steht die Forschung zum Smart-Grid-Konzept noch ganz am Anfang. In der Morgenstadt soll es nicht nur im Strombereich, sondern auch im Wärme- und Kältebereich Anwendung finden. Ein weiteres Element dieses Konzeptes ist die Umwandlung der Energieträger ineinander, um die Energie jeweils in der Form anzubieten, die gebraucht wird.

SPEICHER UND PUFFER FÜRS ENERGIENETZ

Im Rahmen eines Smart Grids gleichen sich Schwankungen in Angebot und Nachfrage teilweise, aber nicht vollständig aus. Die Verbraucher benötigen immer Strom, egal, ob gerade ein Sturmtief im Anmarsch ist und die Windkraftanlagen auf Hochtouren laufen oder Flaute herrscht, egal, ob die Sonne scheint oder nicht, ob Sommer oder Winter ist. Heute werfen die Versorger zusätzliche Kraftwerke an, wenn die Nachfrage steigt. Ist das Angebot an Windstrom zu hoch, schalten sie Windräder einfach ab. Die Energie, die man damit erzeugen könnte, wird also einfach weggeworfen – Verschwendung, die nicht sein muss.

Forscher vom Zentrum für Sonnenenergie- und Wasserstoff-Forschung Baden-Württemberg (ZSW) haben in Kooperation mit dem IWES ein pfiffiges Verfahren entwickelt, das diesem Missstand abhilft: Sie verwandeln den überschüssigen Strom in Methan: „Unsere Stuttgarter Demonstrationsanlage spaltet aus überschüssigem erneuerbarem Strom Wasser per Elektrolyse. Dabei entstehen Wasserstoff und Sauerstoff", erklärt Dr. Michael Specht vom ZSW. „Durch eine chemische Reaktion des Wasserstoffs mit Kohlendioxid produzieren wir dann Methan – und das ist nichts anderes als Erdgas, nur eben synthetisch erzeugt."

Das so erzeugte Erdgas kann man in das öffentliche Gasnetz einspeisen und dieses somit als Zwischenspeicher nutzen. „Bei der Entwicklung der Technik hat sich das ZSW von zwei Kernfragen leiten lassen", erklärt Michael Specht: „Welche Speicher bieten eine ausreichende Kapazität für die je nach Wind und Wetter unterschiedlich stark anfallenden erneuerbaren Energien? Und welche Speicher lassen sich am einfachsten in die bestehende Infrastruktur integrieren?"

Das deutsche Erdgasnetz als Speicher zu nutzen ist eine geniale Idee. Seine Kapazität – also das gesamte Gas, das im Netz unterwegs ist – beträgt über 200 Terawattstunden, das entspricht dem landesweiten Verbrauch von mehreren Monaten. „Die neuentwickelte Technik lässt sich problemlos in die vorhandene Infrastruktur eingliedern: Das künstlich erzeugte Erdgas kann in Versorgungsnetz, Pipelines und Speicher eingespeist werden, um dann Heizungen oder Gaskraftwerke zu versorgen", sagt Professor Michael Sterner vom IWES, an dem die systemtechnischen Aspekte des Verfahrens erforscht werden. Eine im Auftrag von Solar Fuel in Stuttgart errichtete Demonstrationsanlage läuft bereits erfolgreich. Ab 2012 soll eine deutlich größere Anlage mit rund 10 Megawatt Leistung entstehen.

„In der Morgenstadt ließe sich Wasserstoff auch direkt als Ergänzung zum Erdgas nutzen", meint Dr. Christopher Hebling vom ISE. Ebenfalls mit Hilfe von Überschussstrom, elektrolytisch aus Wasser erzeugt, kann es schon heute bis zu 5 Prozent dem Erdgas beigemischt werden. Dieser Prozentsatz ließe sich erhöhen. „Nicht nur wir im ISE, sondern auch Experten in der Politik sind der Meinung, dass die Energiewende ohne Wasserstoff nicht zu machen ist", so der Physiker.

Das superleichte Gas wäre ein Energieträger mit vielen Vorteilen. Es ist als Bestandteil des Wassers in beliebiger Menge vorhanden, in vielfältiger Form Teil des biologischen Kreislaufs und damit umweltverträglich. Es lässt sich als komprimiertes Gas, als tiefgekühlte Flüssigkeit oder eingelagert in Metallhydriden transportieren und speichern. Bei seiner Verbrennung oder bei der Verstromung in Brennstoffzellen entsteht wieder reines Wasser; damit trägt Wasserstoff – da er kein Kohlendioxid erzeugt – nicht zum Treibhauseffekt bei. Außerdem hat er einen recht hohen Energieinhalt.

Würde man ihn in großen Mengen erzeugen, könnte man Wasserstoff nicht nur dem Erdgas beimischen, sondern auch unterirdisch speichern. Schon heute sorgen die großen Gaslieferanten mit solchen Speichern vor, damit sie den erhöhten Energiebedarf im Winter decken können: Im Sommer pumpen sie überschüssiges Gas in unterirdische Lager, die dann in der kalten Jahreszeit wieder entleert werden. In ähnlicher Weise könnte man auch Zwischenspeicher für den kurzfristigeren Ausgleich des Stromangebots betreiben. Kavernen, die mehr als 1000 Meter tief in Salzformationen künstlich ausgespült werden, eignen sich dafür, aber auch Felskavernen oder aufgelassene Bergwerke, sofern sie gasdicht sind.

Dort ließe sich — wie heute schon — Erdgas speichern, aber auch Wasserstoff oder Druckluft. Mit überschüssigem Strom aus Windkraftwerken können Kompressoren betrieben werden, die Luft in die Hohlräume pressen. Wenn man später Strom braucht, leitet man die Druckluft aus dem Speicher auf eine Turbine, die mit einem Generator verbunden ist. „Natürlich geht bei diesem Verfahren viel Energie verloren, der Wirkungsgrad beträgt bei bisherigen Anlagen weniger als 54 Prozent", sagt Dr. Daniel Wolf vom Fraunhofer-Institut für Umwelt-, Sicherheits- und Energietechnik UMSICHT in Oberhausen.

Um die Ausbeute zu verbessern, ist es sinnvoll, nicht nur die Druckluft, sondern auch die Wärme zu speichern, die bei deren Kompression entsteht. Wolf und sein Team haben zu diesem Zweck ein Verfahren entwickelt, das es erlaubt, mit relativ niedrigen Temperaturen zu arbeiten: „Wir entziehen dem Prozess die Wärme in mehreren Schritten, dafür haben wir ein innovatives Verdichter- und Turbinenkonzept entwickelt." Den Forschern gelingt es so, die Speicher innerhalb von nur fünf Minuten zu aktivieren; bisher benötigte man dafür etwa die dreifache Zeit.

Auch oberirdisch gibt es große Energiespeicher, die sich dem Bedarf anpassen: die sogenannten Pumpspeicher-Kraftwerke. Sie bestehen aus zwei Seen, die auf unterschiedlicher Höhe liegen und mit Rohren verbunden sind. Normalerweise läuft das Wasser aus dem oberen See in den unteren und treibt dabei eine Turbine an, die über einen Generator Strom erzeugt. Wenn beispielsweise nachts kaum Bedarf an Strom herrscht, schalten die Ingenieure den Betrieb um und pumpen mit dem überschüssigen Strom Wasser aus dem unteren in den oberen See hoch. Das größte derartige Kraftwerk ist das Pumpspeicherwerk Goldisthal in Thüringen. Es wurde 2003 in Betrieb genommen und erzeugt eine Leistung von rund 1000 Megawatt. Obwohl es 33 dieser Energiespeicher in Deutschland mit einer Gesamtleistung von gut 6600 Megawatt gibt, reicht ihre Kapazität bei weitem nicht aus, um auch nur einen Teil der Windflauten auszugleichen.

VERNETZTE ENERGIESPEICHER
IM HAUSHALT

Immer, wenn das Stromnetz in der Morgenstadt überquillt, werden Stromspeicher in Aktion treten, zum Teil innerhalb der Stadt, zum Teil außerhalb. Da konventionelle Batterien für größere Speichermengen zu klein und zu teuer sind, werden derzeit höchst unterschiedliche Lösungen diskutiert und erprobt, je nachdem, ob es darum geht, die Energie für Monate, Tage oder nur Stunden zu puffern. Welche sich am Ende durchsetzen werden, lässt sich heute noch nicht absehen. Wahrscheinlich wird es eine Mischung aus verschiedenen Technologien sein.

In den großen Ballungsgebieten können die Netze nebst den Verbrauchern selbst als Stromspeicher wirken. Dabei geht es nicht einfach darum, Klimaanlagen oder Waschmaschinen kurzfristig an- oder abzuschalten. Viel intelligenter ist es, Kühl- und Gefrierschrank oder die Warmwasserbereitung vorausschauend zu nutzen. Meldet das Versorgungsunternehmen, dass in zwei Stunden der Strom knapp und teuer wird, können diese Geräte ihren Inhalt bereits vorkühlen oder vorheizen und so dafür sorgen, dass sie danach über längere Zeit keinen Strom benötigen. Das Gleiche gilt für Elektroautos, deren Batterien als Puffer dienen könnten. Sie alle wirken zusammen wie ein großer, dezentraler Energiespeicher.

Es wird aber auch eigene Stromspeicher geben, die im Bedarfsfall eine Leistung von 100 Kilowatt bis maximal fünf Megawatt abgeben können: Batterien und Akkus aller Arten – die Forschungs- und Entwicklungsarbeiten dazu laufen auf Hochtouren. Ein Beispiel: „Wir entwickeln dezentrale hybride Stadtspeicher. Überschüssiger Strom soll bei den einzelnen Kunden gespeichert und bei Bedarf wieder abgerufen werden", sagt Dr. Christian Dötsch vom UMSICHT in Oberhausen. Zu viel produzierter Strom wird nicht in einem zentralen Speicher gelagert, sondern in vielen kleinen, die bei den Verbrauchern zu Hause untergebracht sind – etwa Lithium-Batterien. Weiterhin können auch Wärmespeicher, die mit Blockheizkraftwerken oder Wärmepumpen gekoppelt sind, indirekt für einen Ausgleich im Stromnetz sorgen: Zentral gesteuert erzeugen sie aus

Netzsicht je nach Bedarf Strom oder verbrauchen ihn. So ergeben viele einzelne kleinere Speicher mit intelligenten Stromerzeugern oder Wärmepumpen im Bereich von fünf bis 50 Kilowatt zusammen einen Gesamtspeicher, der im drei- bis vierstelligen Kilowattbereich liegt.[32]

Ein Beispiel für einen solchen dezentralen Energieerzeuger ist das Blockheizkraftwerk im Keller. Ist es im Haus kalt, springt es an und erzeugt Wärme, die dann durch die Heizungen strömt. Strom entsteht als Nebenprodukt, er wird ins allgemeine Stromnetz eingespeist. Bislang sind diese Heizkraftwerke wärmegesteuert. Künftig könnten sie allerdings auch dann anspringen, wenn Strom gebraucht wird – gesteuert von einem Softwaresystem, dem FlexController. Er soll Blockheizkraftwerke, Wärmepumpen, thermische Speicher oder Brauchwarmwasserspeicher beim Kunden regeln und optimieren, sie je nach Bedarf mit Energie laden oder Strom produzieren lassen. Der Kunde merkt von alldem nichts – außer einer angemessenen Aufwandsentschädigung vom Stromanbieter am Ende des Jahres. „Wie ein solches Modell aussehen könnte und wie die Vergütung erfolgt, wird sich in Zukunft zeigen", sagt Dötsch.

Der Nachteil einiger dieser Speicher: Sie halten nur eine begrenzte Zyklenzahl und müssen üblicherweise nach drei bis fünf Jahren ausgetauscht werden. Eine Alternative beispielsweise zu Bleiakkus sind Redox-Flow-Batterien: „Sie haben eine vergleichbare Energiedichte, ihre Lebensdauer ist jedoch fast 5-mal so hoch wie die der Bleiakkus", sagt Dr. Jens Tübke vom Fraunhofer-Institut für Chemische Technologie ICT in Pfinztal.

Das Verfahren der Redox-Flow-Batterien beruht darauf, dass man Energie in Form von zwei chemischen Reaktionspartnern (Elektrolyten) speichert, die in gelöster Form in einer Flüssigkeit vorliegen. Man kann diese Redox-Paare in externen Tanks beliebiger Größe getrennt voneinander lagern. Sobald man Strom benötigt, führt man sie zusammen: Ähnlich wie bei einer Brennstoffzelle tauschen sie Ladungen aus, es entstehen Strom und Wärme. „Da die Speicherkapazität im Wesentlichen von der Tankgröße für die Elektrolytlösung bestimmt wird und der Wirkungsgrad bei über 80 Prozent liegt, ist dieser Speichertyp auch interessant für die Anwendung im großen Stil", so Tübke.

EIN ENERGETISCHER MASSANZUG FÜR JEDE STADT

Die nachhaltige, CO_2-neutrale Energieversorgung der Stadt von morgen hat also viele Optionen; unzählige Kombinationen von Erzeugung, Verteilung, Speicherung und Verbrauch sind möglich. Welche davon für welche Stadt die beste ist, muss jeweils im Einzelfall geprüft werden. „Immer mehr Kommunen sehen sich in der Verantwortung für ihre Energieversorgung", glaubt Gerhard Stryi-Hipp, Koordinator des Marktbereichs „Smart Energy Cities" am ISE.

In diesem Sinne beginnt die Energiewende auf lokaler Ebene durch die Transformation unserer Städte zu Smart Cities. Schon heute ist das zu spüren: Immer mehr Städte und Kommunen setzen sich Ziele für eine nachhaltige und erneuerbare Energieversorgung und beginnen mit dem Umbau. Unterstützt werden sie von regionalen, bundesweiten und europäischen Förderprogrammen. „Jede Stadt braucht eine Lösung, die genau ihren Bedürfnissen angepasst ist", betont Stryi-Hipp. „Letztlich geht es darum, einen möglichst hohen Anteil des Energiebedarfs aus regionalen regenerativen Energien zu decken. Sich selbst mit Energie versorgen muss jedoch nicht heißen: zu jedem Zeitpunkt des Jahres und nur von eigenen Flächen." So lassen sich viele Abstufungen realisieren: Von der energieautarken Gemeinde, die sich vollkommen selbst versorgen kann, bis hin zur Metropole, die einen Teil der erneuerbaren Energie aus dem Umland bezieht und in Zeiten knapper Ressourcen Strom beispielsweise auch aus entfernt liegenden Windparks importiert. Welches die beste Lösung ist, hängt vor allem auch von der Größe der Stadt ab: „Je kleiner sie ist, desto leichter kann sie sich selbst versorgen", sagt Energieexperte Stryi-Hipp. „Großstädte und Cities mit sehr hoher Bevölkerungsdichte müssen die Region und entfernter liegende Quellen mit einbeziehen."

So versorgt sich beispielsweise die Gemeinde Freiamt im Landkreis Emmendingen im Südschwarzwald schon seit 2007 zu 100 Prozent mit regenerativer Energie. Rund 4200 Einwohner leben in fünf größeren Ortsteilen, kleineren Siedlungen und den zahlreichen verstreuten Bauernhöfen. Sonne, Wind, Wasserkraft und Biogas erzeugen dort jährlich rund 14 Millionen Kilowattstunden Strom. Diese Energiemenge liegt um knapp 2 Millionen Kilowattstunden über dem Gesamtstromverbrauch der Bewohner.[33]

Eine völlig andere Variante praktiziert hingegen die Millionenstadt München: Dort haben die Stadtwerke Anteile an einem Offshore-Windkraftpark in der Nordsee und an solarthermischen Kraftwerken in Spanien gekauft. Das Ziel ist, bis zum Jahr 2025 den gesamten Strombedarf der Stadt mit Ökostrom aus regenerativen Quellen zu decken. Gleichzeitig wird die Solarstromerzeugung auf den Münchner Dächern systematisch ausgebaut. So lässt sich in der Jahresbilanz eine vollständig regenerative Stromerzeugung erreichen.

Auch die Speichergrößen, -arten und -standorte müssen in den Smart Cities entsprechend angepasst sein, nicht nur an die Überbrückungsdauer, sondern auch daran, ob sie ein Auto, ein Gebäude, ein Quartier oder eine ganze Stadt versorgen müssen. Und alle Szenarien sollten offen sein für neue Rahmenbedingungen: Man muss auf unerwartete Ereignisse wie etwa Naturkatastrophen ebenso reagieren können wie auf neue Erfindungen.

Deutsche Städte können in Bezug auf ihr Energiemanagement ein Vorbild sein. „Lösungen, die wir für Megacities in Südamerika, Asien oder Indien anbieten wollen, müssen natürlich an die dort herrschenden Klimabedingungen angepasst sein", sagt ISE-Forscher Stryi-Hipp. „Die Energiebedarfsprofile, die verfügbaren regenerativen Energiequellen und vor allem die jahreszeitlich bedingten Schwankungen führen teilweise zu anderen Konzepten."

KAPITEL 2
WASSER

Ankunft im Hotel in Peking. Im Badezimmer steht eine versiegelte Flasche mit Trinkwasser. Es dient zum Zähneputzen, so viel ist schnell klar. Denn das Wasser, das aus der Leitung sprudelt, ist nicht sicher, manchmal riecht es auch etwas seltsam. Wer also Sorge hat, dass sein Immunsystem nicht allen Schadstoffen gewachsen ist, putzt sich die Zähne mit aufbereitetem Wasser. Manche verlassen sich nicht einmal darauf, sondern benutzen Bier, das ist auf jeden Fall desinfiziert. Dabei ernten sie oft ein verständnisvolles Augenzwinkern anderer Hotelgäste, wenn sie abends ihre Flasche Bier mit aufs Zimmer nehmen.

Ist Peking noch zu retten? In zwei Dekaden wird man Chinas Hauptstadt vielleicht verlegen müssen, weil es dort kein sauberes Wasser mehr gibt. Diese düstere Prognose veröffentlichte der Kolumnist Tom Mackenzie in *China Daily* am 12. März 2007. Sie beruht auf der Einschätzung einheimischer und auswärtiger Umwelt- und Planungsexperten. Die Erkenntnisse, die sie zusammengetragen haben, sind in der Tat alarmierend: Peking ist eine der trockensten Städte der Erde. Sie lebt auf Kosten ihrer Reserven: Für jeden Regentropfen, der dort fällt, verdunstet in manchen Stadtregionen die dreifache Menge. Der Grundwasserspiegel sinkt durchschnittlich um einen Meter pro Jahr, und 90 Prozent des unterirdischen Wassers sind bereits verschmutzt. Manche Schätzungen gehen sogar so weit, dass sie den Mittleren Osten für wasserreicher halten als bestimmte Gebiete Nordchinas. Wenn Pekings soziales und wirtschaftliches Leben nicht innerhalb weniger Jahrzehnte wegen Wassermangels zusammenbrechen soll, sind schnelle und nachhaltige Maßnahmen für eine bessere Wasserwirtschaft nötig.

Professor Hartwig Steusloff ist einer der Experten, die diese Bedenken teilen. Der Exchef des früheren Fraunhofer-Instituts für Informations- und Datenverarbeitung IITB[34] in Karlsruhe hat vor rund zehn Jahren ein Projekt initiiert, das die Wassersituation in Peking so detailliert wie möglich erfassen und daraus die Trends für die Zukunft errechnen und simulieren sollte: Beijing Water.

EIN MÜHSAMES PUZZLESPIEL

Zunächst, so erinnert er sich, war es gar nicht so einfach, die chinesischen Partner von der Wasserbehörde davon zu überzeugen, dass sie ein solches Projekt unterstützen sollten. Erst als die Sinologin Dr. Eva Sternfeld, die an der Pekinger Umweltbehörde Environmental Protection Agency (EPA) arbeitete, Steusloff zu einem Vortrag über das Wasserproblem einlud, begannen sich auch Mitarbeiter der noch ganz jungen Wasserbehörde[35] für seine Ansichten zu interessieren und luden ihn ihrerseits ein. Nach monatelanger Bedenkzeit eröffnete der Pekinger Wasserexperte Professor Anjun Pan seinen Fachkollegen Steusloff und Professor Thomas Rauschenbach, Leiter des Fraunhofer-Anwendungszentrums Systemtechnik AST in Ilmenau, dass man das geplante Computermodell sehen wolle, bevor man sich für eine Finanzierung entscheide. „Das war ein kritischer Augenblick", erzählt Steusloff, „denn ohne die realen Daten, über die wir noch gar nicht verfügten, konnten wir das Modell ja nicht vorführen." Die beiden Forscher entschieden sich aber für eine pragmatische Lösung und verbrachten jene Nacht in Peking damit, ein kleines Modell mit wenigen Daten zum Laufen zu bringen, das demonstrieren konnte, wie alles funktioniert.

Der Aufwand lohnte sich, denn die chinesischen Partner waren spontan begeistert. „Dennoch dauerte es noch fast ein weiteres Jahr, bis der Damm gebrochen war", so Steusloff. „Wie immer in solchen Partnerschaften war es wichtig, einen persönlichen Kontakt herzustellen und etwas Konkretes vorzuzeigen." Im Jahr 2005 konnten die Arbeiten dann endlich beginnen. Das Computermodell sollte alle verfügbaren Daten über die oberirdischen Wasserströme und das Grundwasser kombinieren und auf dieser Basis simulieren, wo wie viel Wasser in Peking heute ist und in der Zukunft sein könnte, wo es herkommt und wohin es verschwindet.

Ein anspruchsvolles Projekt, denn die nötigen Informationen waren nicht ohne weiteres zu erhalten, zumal es sich teilweise um sensible Daten handelte, die die chinesische Seite nicht gerne herausrückte. „Vor allem für das Grundwasser war es schwer, zuverlässige Werte zu bekommen", erinnert sich Dr. Oliver Krol, der für diesen Teil des Projekts zuständig war. „Wir haben erfasst, wo Wasser entnommen wird, wo es abfließt, wie hoch die jeweiligen Pegel waren, wie viel Niederschlag es gab und wo Pflanzen wuchsen. Daraus haben wir dann Wasserbilanzen errechnet und versucht, diese mit den gemessenen Werten in Einklang zu bringen. Dieses Konzept dürfte weltweit einmalig sein." Für ein so großes Gebiet wie die Stadt Peking mit ihren 6300 Quadratkilometern gab es vorher keine Wasserbilanzen in der Form. „Wir haben die Effekte erst grob beschrieben und danach mit Hilfe zusätzlicher Informationen immer mehr verfeinert", schildert Krol das Vorgehen. „Es macht beispielsweise einen großen Unterschied, ob eine Fläche gepflastert ist oder ob dort Reis wächst. Und auch die Böden verhalten sich unterschiedlich. Das haben wir zum Teil durch die Analyse von Bohrkernen und Satellitenfotos ermittelt. All diese Daten haben wir berücksichtigt." Und Rauschenbach ergänzt: „Die Messtechnik, die wir in Peking vorfanden, war recht gut. So konnte man Wasserstandsmessungen durchführen und Fließgeschwindigkeiten ermitteln. Der Austausch mit den chinesischen Kollegen wurde zunehmend besser, wir haben schließlich ein gutes Vertrauensverhältnis aufgebaut." Man kam sich auch menschlich näher, und so lernte Thomas Rauschenbach in Peking sogar seine spätere Ehefrau kennen.

Im Sommer 2008, nachdem das Modell voll ausgearbeitet und erfolgreich an die Realität angepasst war, übergaben es die deutschen Wissenschaftler an ihre chinesischen Kollegen. Diese können es nun nutzen, um optimale Strategien zur Wasserverteilung zu ermitteln: „Mit unserem System kann die Pekinger Wasserbehörde jederzeit die Wasserentnahme und -verteilung für unterschiedliche Zeithorizonte planen", sagt Rauschenbach.

PEKING – EINE DER TROCKENSTEN STÄDTE DER WELT

Das hat die Wasserbehörde wohl mittlerweile auch getan. Neue Wasserwerke werden gebaut, alte erweitert, um den Durst der Stadt zu stillen. Dennoch steht viel zu wenig Wasser für die rund 20 Millionen Einwohner zur Verfügung: nur etwa 100 Kubikmeter pro Person und Jahr.[36] Die Stadt erhält zwar pro Jahr durchschnittlich 585 Millimeter Niederschlag[37], aber dieser fällt hauptsächlich in den Monaten Juni bis September. Zurzeit importiert Peking etwa ein Drittel seines Trinkwassers aus den benachbarten Provinzen Hebei und Shanxi. Aber auch dort wird das Wasser knapp, und es drohen bereits Konflikte mit den lokalen Behörden. Deshalb setzt man nun auf einen Kanal, der zusätzlich Wasser aus dem Yangtze-Fluss von Süden nach Norden in die Hauptstadt bringen soll. Auch diese Variante haben die Fraunhofer-Forscher in ihre Computersimulation eingearbeitet. Das Modell zeigt, wie problematisch eine solche Lösung ist: „Der Kanal hat eine Länge von rund 1200 Kilometern, über große Strecken läuft er offen durchs Gelände." „Man weiß nicht, wie viel Wasser unterwegs verdampft; es könnte sein, dass am Ende nur noch Schlamm übrig bleibt", gibt Steusloff zu bedenken. In der Tat haben technische Schwierigkeiten und Verteilungsfragen das Projekt bisher verzögert.

Wo aber kann die Lösung für eine künftige nachhaltige Wasserversorgung einer Megastadt wie Peking liegen? Wissenschaft, Industrie und Politik müssen sich schnell etwas einfallen lassen, denn die chinesische Hauptstadt ist keineswegs die einzige Metropole, die mit derartigen Problemen zu kämpfen hat.

Obwohl Wasser die am häufigsten vorkommende Substanz auf der Erde ist, ist von dem vorhandenen Volumen nur 2,5 Prozent Süßwasser, der Rest ist Salzwasser. Etwa zwei Drittel der Süßwasservorräte sind zudem in Gletschern und ständigen Schneedecken gebunden.[38]

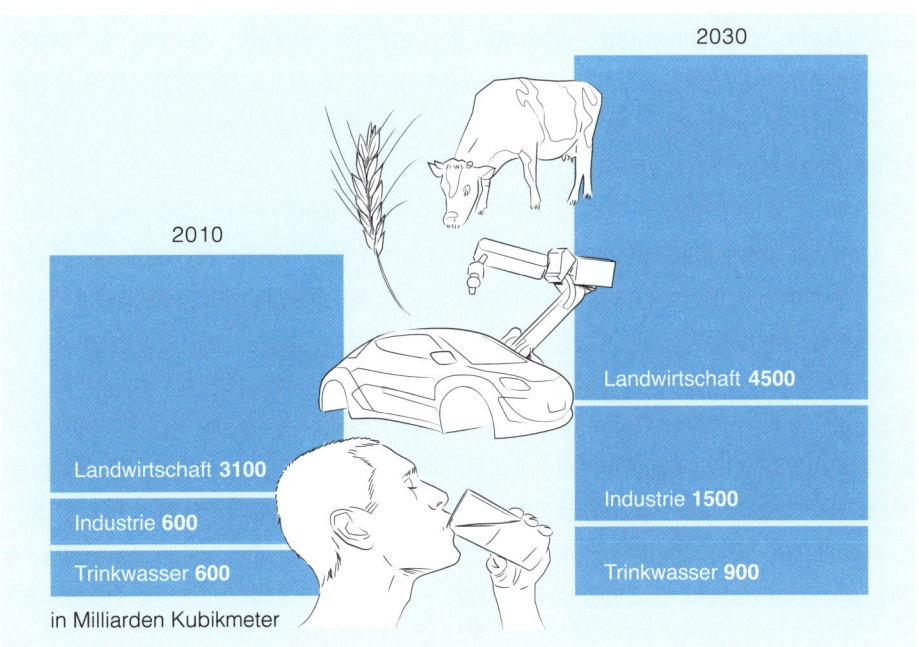

2030

2010

Landwirtschaft **4500**

Landwirtschaft **3100**

Industrie **1500**

Industrie **600**

Trinkwasser **600**

Trinkwasser **900**

in Milliarden Kubikmeter

2030 wird der weltweite Wasserverbrauch um 40 Prozent auf 6900 Milliarden Kubikmeter wachsen. Davon benötigt die Landwirtschaft den größten Anteil. Damit wird Wasser zum Thema des 21. Jahrhunderts. Quelle: Water Resources Group

Der Umweltbericht der Vereinten Nationen verweist darauf, dass im Jahr 2025 etwa 1,8 Milliarden Menschen in Regionen mit großer Wasserknappheit leben werden. Gegenwärtig sind bereits mehr als 60 Prozent der Ökosysteme geschädigt. Durch verschmutztes Wasser sterben in den Entwicklungsländern rund 3 Millionen Menschen pro Jahr, ein großer Anteil davon sind Kinder unter fünf Jahren.[39] Besonders der asiatische Kontinent leidet unter Wassermangel. Hier lebt mehr als die Hälfte der Weltbevölkerung; er verfügt jedoch lediglich über 36 Prozent der weltweiten Wasserressourcen.[40] Wally N'Dow, Generalsekretär des UN-Städtegipfels Habitat II, befürchtet sogar, dass in Zukunft Kriege ums Wasser ausbrechen könnten: „Früher war Öl der am meisten umkämpfte Rohstoff, bald wird es das Wasser sein", meint er.

Dies gilt natürlich besonders für die Ballungsgebiete, denn dort herrscht oft schon heute große Knappheit. Zu diesem Schluss kommt die WWF-Studie „Big Cities. Big Water. Big Challenges"[41], die im August 2011 anlässlich der Internationalen Weltwasserwoche in Stockholm veröffentlicht wurde.[42] Urbanen Großregionen und Metropolen auf dem gesamten Globus drohe demnach eine Zuspitzung der „Wasserkrise". Bereits heute sei die Situation in den sogenannten Megacities beängstigend und in vielen Fällen untragbar. So führe etwa in Mexiko-Stadt die Übernutzung der Grundwasserreserven zu einem stetigen Absinken der Metropole um fünf bis 40 Zentimeter im Jahr, in manchen Stadtgebieten sogar noch mehr. Neben der direkten Auswirkung auf den Gebäudebestand steige dadurch das Risiko einer großflächigen Überflutung durch den See in der Stadtmitte.

Die Arbeit stellt in Fallstudien weitere Problemstädte vor: Die Flüsse im argentinischen Buenos Aires könne man nur noch als „öffentliche Kloake" bezeichnen. Kalkutta in Indien habe mit fäkaler Verschmutzung des Abwassers und einer hohen Arsenkonzentration im Grundwasser zu kämpfen. Die Stadtverwaltung sei nicht in der Lage, die alten Wasserleitungen und Abwassersysteme instand zu halten. Da der Wasserverbrauch für städtische Haushalte kostenfrei sei, werde Wasser verschwendet, und die Kostendeckung liege bei nur 15 Prozent.

Shanghai wiederum habe eigentlich genügend Süßwasservorkommen, kämpfe aber trotzdem mit Wasserknappheit. Die Verschmutzung der Gewässer im Einzugsgebiet und das Eindringen von Salzwasser in das Mündungsgebiet des Yangtze, beides verstärkt durch den Klimawandel, erschwerten die Trinkwasserversorgung der 23 Millionen Einwohner.

Der kenianischen Stadt Nairobi wiederum mangele es an Kapazität, um den steigenden Wasserbedarf zu decken. 60 Prozent der Bewohner lebten in Siedlungen mit unzureichendem Zugang zu sauberem Trinkwasser und seien gezwungen, Wasser zu überhöhten Preisen am Kiosk zu kaufen. Der Mangel an sanitären Einrichtungen und Abwasserbehandlung stelle ferner nicht nur eine Gefahr für die menschliche Gesundheit dar, sondern belaste auch die angrenzenden Flusssysteme.

Über 50 Prozent der Einwohner im pakistanischen Karachi lebten in Slums und litten unter Wasserknappheit und mangelhafter Abwasserentsorgung. 80 Prozent des Abwassers würden unbehandelt ins Arabische Meer geleitet. Jährlich stürben dort 30 000 Menschen, infolge von belastetem Trinkwasser.

MANGELWARE SAUBERES WASSER

Die ohnehin schon knappen Süßwasservorkommen werden darüber hinaus durch Verschmutzung weiter verringert. Täglich werden etwa 2 Millionen Tonnen Abfälle einschließlich Industrieabfällen und Chemikalien, Haushaltsmüll und Agrarabfällen (Düngemittel, Pestizide und Pestizidrückstände) in Vorflutern — also in Bächen und Flüssen — abgelagert, berichtet die UNO. Und der Klimawandel trägt zusätzlich zu einer Verschärfung der Probleme bei: „Jüngste Schätzungen lassen darauf schließen, dass Klimaänderungen zu etwa 20 Prozent für die Ausweitung der weltweiten Wasserknappheit verantwortlich sein werden."[43] So kommen die UNO-Experten zu dem Schluss: „Die Bewältigung zunehmender Wasserknappheit und Wasserverschmutzung sind wichtige Aufgaben, die vor uns liegen. Etwa Mitte dieses Jahrhunderts könnten im schlimmsten Fall 7 Milliarden Menschen in 60 Ländern und im besten Fall 2 Milliarden Menschen in 48 Ländern von Wassermangel betroffen sein."[44]

Höchste Zeit also, neue oder andere Wasserkonzepte für die Stadt von morgen zu entwickeln, Konzepte, die nachhaltig, sozial verträglich und bezahlbar sind. Verschiedene Städte haben unterschiedliche Problemlagen. Deshalb stellen die Technologien, die Fraunhofer für die Morgenstadt entwickelt, einen Baukasten dar, der zur Verfügung steht, je nachdem, was die jeweilige Stadt benötigt.

Zunächst einmal muss man die Frage stellen: Woher soll künftig – neben den bisherigen Quellen und deren effizienterer Nutzung – das Wasser für die Menschen kommen, vor allem in dichtbesiedelten Regionen? Drei Alternativen stehen dabei im Vordergrund: aus der Luft, aus dem Abwasser oder aus dem Meer. Letzteres gilt in erster Linie für Großstädte, die direkt in Küstennähe liegen wie etwa Dubai. Dort ist aufgrund des vorhandenen Erdöls noch ausreichend Energie verfügbar, um dem Meerwasser das Salz zu entziehen.

Die erste Option bietet sich vor allem für die Gewinnung von Trinkwasser an. Dieses aus der Luft zu extrahieren klingt zunächst einmal seltsam, vor allem, wenn man bedenkt, dass es in den Regionen mit Wasserknappheit meist trocken und heiß ist. „Das ist kein Hindernis“, sagt Siegfried Egner vom Fraunhofer-Institut für Grenzflächen- und Bioverfahrenstechnik IGB in Stuttgart. „Worauf es ankommt, ist die relative Luftfeuchte, und die ist bei großer Hitze hoch genug.“ Zum Beispiel liegt in Beer Sheva in der israelischen Negev-Wüste die relative Luftfeuchtigkeit im Jahresmittel um die 64 Prozent bei einer Durchschnittstemperatur von 19,5 Grad. Das entspricht 11,5 Milliliter Wasser in jedem Kubikmeter Luft.[45] Im Zuge der globalen Erwärmung ist sogar zu erwarten, dass bei steigenden Temperaturen der relative Wassergehalt weiter zunimmt.

Zur Wassergewinnung aus Luft kann man unterschiedliche Verfahren einsetzen, etwa konventionelle Technik wie die Kühlung von Oberflächen, an denen sich dann die Luftfeuchtigkeit in Form von Wasser niederschlägt – jeder kennt das von einer kühlen Flasche Bier im Sommer. Auf diese Weise beschafft sich beispielsweise das US-Militär Trinkwasser in Wüstengegenden, und in Australien versorgen sich bereits viele abgelegene Farmen über kleine Kühlsäulen, die mit Hilfe eines Ventilators Luft an Kühlpaneelen vorbeiführen und ihr so das Wasser entziehen. Gereinigt dient es als vollwertiges

Trinkwasser. Wenn man die Kühlaggregate mit Solarenergie betreibt, ist dieses Verfahren auch regenerativ, denn die Feuchtigkeit in der Luft geht nicht zur Neige; sie wird durch Verdunstung aus dem Boden und aus den Pflanzen sowie durch Wind vom Meer wieder ersetzt.

Ein anderes Verfahren, das erheblich effizienter arbeiten soll, entwickeln Fraunhofer-Forscher zusammen mit Industriepartnern derzeit am IGB: Eine hochkonzentrierte Salzlösung rinnt an einer turmförmigen Anlage hinunter und nimmt dabei Wasser aus der Luft auf, weil sie hygroskopisch, also wasseranziehend ist. Sobald sie genügend Wasser gespeichert hat, wird die nun verdünnte Salzsole in einen Behälter gepumpt, der in einigen Metern Höhe steht und in dem ein Vakuum herrscht. Energie aus Sonnenkollektoren erwärmt die Sole, dabei verdampft das aufgenommene Wasser. Dieses destillierte, salzfreie Wasser kondensiert man anschließend. Die übrigbleibende, wieder konzentrierte Salzsole fließt dann erneut an der Turmoberfläche hinunter, um Luftfeuchtigkeit aufzunehmen. „Wichtig ist, dass die Salzlösung möglichst langsam über eine möglichst große Oberfläche fließt, damit sie viel Gelegenheit hat, Wasser aufzunehmen", sagt IGB-Forscher Siegfried Egner. „Zurzeit bauen wir eine Pilotanlage in Baden-Württemberg, die rund 200 Liter Wasser pro Stunde produzieren soll." Parallel optimieren die Experten die einzelnen Komponenten und klären beispielsweise, welche Materialien am besten geeignet sind.

Der Prozess benutzt ausschließlich regenerative Energiequellen wie einfache thermische Sonnenkollektoren, Windräder oder Photovoltaikzellen. Das macht diese Methode vollständig energieautark. Sie funktioniert deshalb in Gegenden, in denen es keine elektrische Infrastruktur gibt, aber auch „in einer anderen Art von Wüste", wie Egner sagt, „der Betonwüste". Gerade in Großstädten ließen sich die Hausfassaden sowie die hohe Luftfeuchtigkeit nutzen; auch Kombinationen zwischen Klimaanlagen und Wassergewinnung aus der Luft könnte man entwickeln.

Diese Lösungen dienen in erster Linie zur Versorgung mit Trinkwasser, aber der Mensch muss ja nicht nur trinken. In Deutschland verbraucht der durchschnittliche Bürger pro Tag rund 120 Liter Wasser, maximal drei davon trinkt er. Den Rest verwendet er zum Kochen, Baden oder Duschen, zum Wäschewaschen und für die Toiletten-spülung. Wie selbstverständlich bei uns das frische Wasser ist, das Tag und Nacht aus dem Hahn sprudelt, zeigt eine Umfrage der Gesamthochschule Kassel aus den 90er Jahren: Etwa die Hälfte der Befragten antwortete auf die Frage „Was würden Sie tun, wenn morgens kein Wasser aus der Leitung käme?" mit: „Ich würde nicht zur Arbeit gehen."

ABWASSERROHRE HALTEN 100 JAHRE

„Was wir heute hier in Deutschland mit unserem Wasser machen, ist absolute Ver-schwendung", mahnt Professor Walter Trösch vom IGB. „Wir verbrauchen 120 Liter sauberstes Trinkwasser am Tag und lassen es in den Abwasserkanal laufen, wo es mit Regenwasser, Industrieabwässern und Fäkalien vermischt wird und schließlich in der Kläranlage ankommt. Dort werden mit hohem Aufwand aus der verdünnten Plörre die meisten Stoffe wieder entfernt, bevor das gereinigte Abwasser in die Flüsse geleitet wird. Damit ist es dann jeder weiteren Nutzung entzogen und verschwindet im Meer." Sparen allein ist hier nicht die Lösung, denn Medien berichteten jüngst darüber, dass es die Deutschen mit dem Sparen übertreiben und nun die Stadtwerke mit viel Wasser die Abwasserkanäle durchspülen müssen, weil diese sonst verstopfen.

In der Morgenstadt muss die Wassernutzung deshalb ganz anders, nämlich im Kreis-lauf erfolgen. „Als Grundprinzip gilt: Je höher die Schadstoffkonzentration ist, desto einfacher ist es, das Wasser zu reinigen", sagen alle Experten. Mikroorganismen — etwa in Kläranlagen — benötigen eine Mindestkonzentration, damit sie gedeihen. Und auch physikalisch-chemische Verfahren funktionieren besser, wenn sie nicht am untersten Ende der Konzentrationsskala arbeiten müssen. Das zeigt, wie falsch es ist, unsere Haushaltsabwässer auch noch mit Regenwasser zu verdünnen. Viel besser wäre es, die Wasserströme zu trennen in Schwarzwasser — das die Fäkalien enthält — Grau-wasser — das restliche Haushaltsabwasser — und Regenwasser, das besonders weich ist. „Man kann Regenwasser mit geringem Aufwand so aufbereiten, dass es als Pflege-wasser geeignet ist, also zum Duschen, Waschen, für die Toilette und für den Garten", sagt Dr. Harald Hiessl, stellvertretender Chef des Fraunhofer-Instituts für System- und Innovationsforschung ISI in Karlsruhe. „Und man kann es auch gut zum Kühlen verwenden, da es praktisch keinen Kalk enthält." Gerade der letzte Aspekt wird künftig immer wichtiger, wenn sich die Atmosphäre weiter erwärmt und die Nutzung von Klimaanlagen stark zunimmt.

Dass wir hierzulande so verschwenderisch mit Wasser umgehen und nicht schon längst auf andere, bessere Systeme umgeschwenkt sind, liegt an unserer Historie: Noch im 18. Jahrhundert kippte man Abfälle und Fäkalien einfach auf die Straßen, der Regen wusch sie mit der Zeit weg. Weil das Geruchsproblem zu groß wurde, viele Brunnen verunreinigt waren und Krankheiten sich ausbreiteten, begann man, die Abwässer über Gräben und Rohre in den nächsten Bach oder Flusslauf zu leiten – ein Vorgehen, das auch heute noch in weiten Teilen der Welt üblich ist. Erst als die Gewässer umkippten und das Wasser nicht mehr trinkbar war, baute man Kläranlagen an das Ende der Rohrnetze, und damit war der technologische Pfad vorgegeben. Die Kläranlagen wurden immer leistungsfähiger und erhielten immer mehr Reinigungsstufen.

Heute beruht die deutsche Wasserwirtschaft im Großen und Ganzen darauf, dass Trinkwasser im Übermaß hergestellt – und auch benötigt – wird, weil es in den Haushalten nur eine einzige Art von Wasserleitung gibt: die für Trinkwasser. So kommt es, dass wir sogar unsere Toiletten damit spülen. Das Regenwasser läuft in die Gullys und landet so nicht etwa im Grundwasser, sondern meist ebenfalls direkt in den Abwasserkanälen. Diese bestehen in der Regel aus sehr großen Rohren; drei Meter Durchmesser sind in Großstädten keine Seltenheit. Darin fließt das Abwasser zu den Kläranlagen. Sollte es einmal über längere Zeit nicht regnen und die stinkende Brühe in Gefahr sein, einzutrocknen, spülen die Kommunen mit Trinkwasser nach, bis die Abwässer wieder fließen. Auch dies ist eine unglaubliche Verschwendung.

Im Allgemeinen hat eine Stadt nur eine einzige, weit von Siedlungen entfernt liegende Kläranlage, die entsprechend groß dimensioniert ist, da sie die Abwässer aller Einwohner verarbeiten und alle Arten von Schadstoffen herausfiltern muss. In großen, teils offenen Betonbecken und Faultürmen wird dort das Abwasser von festen Bestandteilen getrennt und danach in mehreren Stufen gereinigt. Anschließend fließt es in den nächstgelegenen Fluss.

Der Wasserverschwendung Herr zu werden wäre unter diesen Umständen ein lohnendes Ziel. Aber in einem Land wie Deutschland, das eine dichte Infrastruktur besitzt, lässt sich trotz aller Nachteile an der jetzigen Wasserversorgung flächendeckend kaum mehr ein Systemwechsel herbeiführen. Heute ein Wasserversorgungs- und Kanalsystem neu aufzubauen wäre auch für uns unbezahlbar, obwohl allein der Sanierungsbedarf für die öffentliche Abwasserentsorgung nach Angaben der Deutschen Vereinigung für Wasserwirtschaft, Abwasser und Abfall bundesweit etwa 4,6 Milliarden Euro jährlich beträgt, der größte Teil hiervon für die Kanalisation.[46] Und die Lebensdauer der Wasser- und Abwasserleitungen beträgt, so hofft man, mehr als 100 Jahre. Dazu kommt, dass Wasser in unseren Breiten reichlich zu haben ist. Änderungen an unseren veralteten Ver- und Entsorgungssystemen sind deshalb wohl nur mittel- bis langfristig möglich. Dazu muss man vorausschauend und langfristig denken, sowie ökologisch und ökonomisch nachhaltige Ansichten entwickeln.

Für die Stadt der Zukunft sind diese alten Systeme jedenfalls nicht geeignet; sie sind zu teuer und nicht nachhaltig. „Dort ist eine grundsätzlich andere Denkweise gefragt", sagt Dr. Ursula Schließmann vom IGB. „Alles ist mit allem vernetzt. Bei der Wasserversorgung muss man die Entsorgung gleich mitplanen, dazu Energie- und Abfallfragen mit einbeziehen." Dieser Meinung sind auch die Experten vom ISI. „Egal, ob man eine neue Stadt auf der grünen Wiese plant oder eine bestehende Stadt modernisiert, wir müssen das Gesamtsystem im Auge behalten", betont Hiessl. „Beginnen müssen wir mit dem nachhaltigen Umgang mit Regenwasser." Eigentlich nichts Neues, denn schon seit Jahrhunderten sammeln Menschen gerade in südlichen Ländern das Regenwasser in Zisternen und kommen damit über die trockene Jahreszeit.

Bei uns ist es für neu errichtete Siedlungen zwar heute schon vorgeschrieben, dass Regenwasser extra abgeleitet werden muss, „aber wo gibt es heute noch Neubaugebiete?", fragt der Wissenschaftler. „Da die deutsche Bevölkerung weiter schrumpft, werden in Zukunft nicht mehr allzu viele davon erschlossen."

ISI-Experte Hiessl kann sich sogar eine Stadt vorstellen, die völlig ohne Wasserleitungen zwischen den Häusern auskommt: „Das Wasser, das der Haushalt benötigt, kann im Kreislauf geführt werden. Man kann sein Trinkwasser beispielsweise aus Regenwasser oder aus der Kondensation von Luftfeuchte selbst herstellen, derartige Anlagen kann man heute schon kaufen. Das Problem ist nicht so sehr die Technologie, sondern die Umsetzung."

NEUE VERFAHREN ZUR WASSERREINIGUNG

Lösungen für eine möglichst effiziente, kostengünstige Art, Wasser zu reinigen, erarbeitet das IGB. Denn nicht nur für die Trinkwasserversorgung benötigt man reines Wasser, sondern auch für viele Prozesse in der Industrie, vor allem zum Reinigen und Kühlen, außerdem als Ausgangspunkt für die Dampferzeugung in Kraftwerken. „Wir haben die Philosophie, den Verunreinigungen im Wasser mit Licht oder Strom – also ohne den Einsatz von Chemikalien – zu Leibe zu rücken", sagt Siegfried Egner. „Physikalisch betrachtet bedeutet das, dass wir durch den Einsatz von Photonen oder Elektronen das Wasser in reaktive Stoffe zerlegen, die dann die Schadstoffe angreifen oder zersetzen." Da gibt es zum Beispiel Flammschutzmittel aus der Kleidung, die beim Waschen ins Abwasser gelangen, oder Medikamente, die Mensch oder Tier ausscheiden. Beides wird in normalen Kläranlagen nicht abgebaut. „Wenn man aber bedenkt, dass zum Beispiel das Wasser des Rheins von der Quelle bis zur Mündung mindestens zwei- bis dreimal getrunken wird, versteht man, dass es wichtig ist, derartige Stoffe zu entfernen", sagt Egner. Bisher müssen die Wasserwerke sie mühsam bei der Trinkwasserbereitung herausfiltern.

Eine Lösung, mit der solche organischen Schadstoffe mittels UV-Licht aus dem Wasser entfernt werden, haben IGB-Forscher in Zusammenarbeit mit Industriepartnern bereits entwickelt. Im Reaktionstank der Anlage strahlt energiereiches UV-Licht in das Abwasser. Treffen die für das Auge unsichtbaren, sehr energiereichen Strahlen auf Wassermoleküle, werden aus diesen hochreaktive Hydroxylradikale abgespalten. In einer Kettenreaktion lösen sie die Bildung weiterer Radikale aus. „Treffen sie dann auf organische

Schadstoffe, zerlegen sie diese in kleinere, biologisch abbaubare Verbindungen wie kurzkettige organische Säuren", erläutert Siegfried Egner die Wirkung der UV-Strahlung.

Um sicherzustellen, dass nur sauberes Wasser die Anlage verlässt, zieht man während der Behandlung kontinuierlich Proben aus dem Reaktionstank und prüft sie auf den Gehalt an organischem Kohlenstoff (total organic carbon, TOC). Ist der zuvor eingestellte Grenzwert erreicht, wird das gereinigte Abwasser automatisch heraus- und weiteres verunreinigtes Wasser in den Reaktionstank hineingepumpt. „100 Liter Abwasser pro Stunde kann der Prototyp auf diese Weise behandeln. Im Praxistest wurde der Farbstoff Methylenblau, mit dem eine Verschmutzung des Wassers simuliert wurde, innerhalb nur weniger Minuten vollständig entfernt. Und selbst bei hochbelastetem Abwasser aus der Papierherstellung konnten wir den TOC auf den erforderlichen Grenzwert reduzieren", sagt Egner.

Ein anderes Verfahren, das im Fraunhofer-Institut für Schicht- und Oberflächentechnik IST in Braunschweig entwickelt wurde, setzt nicht auf Licht, sondern auf Elektroden, also elektrischen Strom. Elektroden, die mit polykristallinen, leitfähigen Diamantfilmen beschichtet sind, ragen ins Wasser. Durch Anlegen einer niedrigen Spannung werden auf elektrochemischem Weg aus dem Wasser hochreaktive chemische Verbindungen erzeugt, etwa Ozon, Wasserstoffperoxid und Hydroxylradikale. Sie sind in der Lage, selbst schwer abbaubare Schadstoffe zu eliminieren und Keime abzutöten. Inzwischen produziert die Itzehoer Firma Condias, eine Ausgründung aus dem Fraunhofer-Institut für Schicht- und Oberflächentechnik IST, derartige Diamantelektroden im industriellen Maßstab.

Wichtig ist natürlich auch die ständige Überwachung der Wasserqualität. Im Projekt AquaBioTox entwickeln Forscher an den Fraunhofer-Instituten für Grenzflächen- und Bioverfahrenstechnik IGB und für Optronik, Systemtechnik und Bildauswertung IOSB gemeinsam mit Projektpartnern eine kontinuierliche Online-Überwachung von Trinkwasserleitungen. Das Ziel ist es, einen biologischen Breitbandsensor zu finden, der auf Gefahrstoffe im Wasser unmittelbar und zuverlässig reagiert und mittels einer automatischen Bildauswertung bei Veränderungen Alarm geben kann.

IGB-Forscher entwickeln auch Methoden, wie man mit industrieller Abwärme, die nur 50 bis 60 Grad erreicht, Abwässer eindicken kann, um dann den Rest effizienter zu behandeln. Die Vakuumdestillation ist eine solche Möglichkeit: Man reduziert den Druck, dann siedet die Flüssigkeit bei niedrigeren Temperaturen. Die zusätzliche Energie für die Pumpen erzeugt man regenerativ, also mit Windrädern oder Solarzellen.

Eine besonders trickreiche und energiesparende Art haben sich IGB-Forscher ausgedacht: Sie erzeugen das nötige Vakuum durch einen Prozess, der die Gravitation des kondensierten Wassers ausnutzt, so wird keine Vakuumpumpe benötigt. Das funktioniert, wenn das Gerät erhöht steht, also beispielsweise auf einem Hausdach. Der entstehende Dampf wird kondensiert, aufgefangen und fließt als Wasser aus der Anlage nach unten. Durch sein Gewicht erzeugt es dabei konstant ein Vakuum.

TRINKWASSER AUS MEERWASSER GEWINNEN

Es kommt immer darauf an, technische Verfahren so zu modifizieren, dass sie für unterschiedliche Bedingungen geeignet sind. Das gilt auch für die Herstellung von Trinkwasser aus Meerwasser. Bereits heute werden weltweit täglich 50 Millionen Kubikmeter Trinkwasser aus Meer- oder Brackwasser gewonnen. Dabei kommen jedoch Anlagen zum Einsatz, die fast ausnahmslos eine gute Infrastruktur benötigen. Sie versorgen deshalb meist gut erschlossene Ballungsräume. Am Fraunhofer-Institut für Solare Energiesysteme ISE in Freiburg arbeiten Forscher hingegen an Entsalzungssystemen, die solarthermisch und photovoltaisch versorgt werden. Damit benötigen sie keine Anbindung an ein Stromnetz und sind auch für Städte und Ballungsräume mit schwacher Infrastruktur oder für städtische Randgebiete geeignet.

Bei solchen kleinen, dezentralen Entsalzungsanlagen kann man die konventionellen Entsalzungsverfahren nicht ohne weiteres anwenden, da diese nur in großem Maßstab funktionieren. Außerdem stehen Sonne und Wind nicht konstant zur Verfügung, man muss sich also auf eine wechselnde Energieversorgung einstellen. Die ISE-Forscher haben deshalb speziell angepasste, solarbetriebene Entsalzungsanlagen entwickelt. Das Spektrum der regenerativ betriebenen Entsalzungstechnologien reicht von einfachen Solardestillen mit einer Kapazität von wenigen Litern pro Tag bis hin zu windbetriebenen Umkehrosmose-Anlagen für bis zu 2000 Kubikmeter täglich. Welche Technologie am besten geeignet ist, hängt vom Salzgehalt des Rohwassers, der örtlichen Infrastruktur und der benötigten Wassermenge ab. „Welche Möglichkeiten es hier gibt, ist den Verantwortlichen häufig gar nicht bewusst. Auch wissen sie nicht, wie zuverlässig und effizient solarbetriebene Entsalzungsanlagen arbeiten oder solche, die Wind und künftig vielleicht auch die Gezeiten nutzen", sagt Marcel Wieghaus vom ISE, der mit seinem Forscherteam unter anderem auf Gran Canaria und Teneriffa solarbetriebene Meerwasserentsalzungs-Pilotanlagen installiert hat.

DEZENTRAL UND MODULAR – DAS IST DAS ZUKUNFTSKONZEPT

Nicht nur das Kanalsystem, sondern auch die heute benutzten zentralen Kläranlagen, die „in Beton gegossen sind", wie sich Wasserexperte Walter Trösch ausdrückt, sind ihrer Entstehungsgeschichte geschuldet. Die Situation wäre besser, wenn Kläranlagen nach modernen verfahrenstechnischen Gesichtspunkten aufgebaut wären. Ein Beispiel: Errichtet eine Stadt mit 100 000 Einwohnern eine Kläranlage, ist diese vielleicht nach wenigen Jahren schon überlastet, weil die Stadt durch Zuzug mehr Einwohner hat. Oder es ziehen viele Bürger weg, wie jetzt im Osten der Bundesrepublik, dann ist die Anlage überdimensioniert und damit unverhältnismäßig teuer. Eine Prognose für die Einwohnerentwicklung zu treffen ist heute sehr schwer. Es wäre also besser, die Kläranlagen so zu bauen, dass sie in der Größe flexibel sind.

„Wir müssen überlegen: Wie würde heute eine Kläranlage aussehen, wenn wir sie nach modernsten Gesichtspunkten bauen würden?", fragt Walter Trösch. „Sie würde aus kleineren Anlagen bestehen, die modular aufgebaut und dezentralisiert sind. Sie

würde verfahrenstechnischen Grundsätzen entsprechen und wäre vom Büro aus fern-
zusteuern."

Dass dies prinzipiell möglich ist, hat das IGB in Heidelberg-Neurott, einer ländlichen
Siedlung ohne Anschluss an die öffentliche Kanalisation, inzwischen unter realen
Bedingungen demonstriert. Gemeinsam mit industriellen Partnern haben die Forscher
dort eine kompakte Membrankläranlage für rund 100 Einwohner installiert, die im
ehemaligen Spritzenhaus der Feuerwehr Platz fand und vom Abwasserzweckverband
Heidelberg betrieben wird. Im Dezember 2005 nahm sie offiziell den Betrieb auf, seither
arbeitet sie zur allseitigen Zufriedenheit. „Man könnte Kläranlagen modular in Containern bauen, von denen man so viele wie nötig kombiniert. Verbunden werden sie dann
mit dem Pumpen- und Steuerungssystem", sagt Ursula Schließmann. „Wird die Stadt
größer, fügt man noch ein Modul an, wird sie kleiner, nimmt man eines weg und verkauft es an andere Städte. So bleibt man flexibel."

Wie ein weiteres Betreibermodell für kleine, dezentrale Kläranlagen aussehen könnte —
als Lösung für Einzelhaushalte in abgelegenen, ländlichen Gebieten —, wird im Rahmen
des Pilotprojekts AKWA Dahler Feld in einem Wohngebiet außerhalb der Stadt Selm in
Nordrhein-Westfalen erprobt.[47] Die Ansiedlung besteht aus 26 Ein- und Mehrfamilien-
häusern in lockerer Bebauung mit knapp 110 Einwohnern. Das Gebiet war vorher nicht
an eine zentrale Abwasserentsorgung angeschlossen, weil dies zu teuer gewesen wäre.
Die Trinkwasserversorgung erfolgt nach wie vor durch Hausbrunnen, die von den Eigen-
tümern betrieben werden. Zur Abwasserentsorgung verfügten die Wohneinheiten vorher
über Klärgruben, die in der Mehrzahl nicht mehr dem heutigen technischen Stand
entsprachen.

Ein interdisziplinär zusammengesetztes Team aus Forschung, Wasserwirtschaftsver-
bänden, Wirtschaft und Kommunen unter Leitung des ISI einigte sich nach diversen
Vorstudien auf eine dezentrale Lösung: Die Wasserentsorgung der Häuser sollte künftig
über hauseigene Kleinkläranlagen mit Membran-Bioreaktor-Technik erfolgen. Der Lippeverband ersetzte anschließend 21 sanierungsbedürftige Altanlagen durch moderne
Geräte und betreibt und wartet diese gegen eine Gebühr zunächst bis zum Jahr 2018.

Danach gehen sie in das Eigentum der Nutzer über, und diese können entscheiden, ob sie sie dann selbst betreiben oder weiter dem Lippeverband den Auftrag überlassen wollen.

„Derartige Kleinkläranlagen mit Membrantechnik haben zwar eine hohe Reinigungsleistung", sagt Hiessl, der das Projekt von Seiten des ISI geleitet hat, „aber es ist wichtig, dass sie fachgerecht betrieben und regelmäßig gewartet werden. Dazu sind Fachleute nötig." Der regionale Wasserdienstleister Lippeverband hat das Know-how, das erklärt auch, warum bisher alle zufrieden sind: „Bei einer ganzen Flotte von Kläranlagen spart man außerdem Geld", so Hiessl. „Man kann günstiger einkaufen, muss nicht so viele Ersatzteile vorhalten und kann die Wartung zentralisieren." Im Dahler Feld werden die Anlagen sogar per Fernüberwachung kontrolliert, Störmeldungen laufen zentral in der Kläranlage Selm ein. Eine Befragung der teilnehmenden Nutzer ergab, dass diese mit dem „Rundum-Sorglos-Paket" sehr zufrieden sind.[48] Zurzeit begleitet das ISI ein ähnliches Projekt in Wangen und Kißlegg im Allgäu. Dort haben sich schon 22 Teilnehmer gemeldet, die mitmachen wollen, „aber wir hoffen, dass es noch mehr werden", sagt ISI-Forscherin Dr. Jutta Niederste-Hollenberg, die das Projekt betreut.[49]

ABWASSER ALS WERTSTOFF

Heutige Kläranlagen arbeiten nach dem Prinzip, dass die im Abwasser enthaltenen organischen Stoffe mithilfe von Bakterien entfernt beziehungsweise letztlich in Kohlendioxid und Stickstoff umgesetzt werden. Da die Bakterien Sauerstoff für ihre Arbeit benötigen, spricht man von einem aeroben Prozess. Dieses Belebtschlammverfahren erfordert eine Menge Energie. Warum, so fragten sich deshalb Experten des IGB, kann man nicht Abwasser als Wertstoff ansehen und seine Inhaltsstoffe herausfiltern und nutzen, anstatt sie in die Luft zu pusten? „Jahr für Jahr werden weltweit zwischen 3 und 5 Prozent des gesamten Erdgasverbrauchs und 1 bis 2 Prozent der Energie dafür aufgewendet, um aus Luftstickstoff und Wasserstoff mit dem Haber-Bosch-Verfahren Ammoniak für die Düngerherstellung zu erzeugen"[50], gibt Ursula Schließmann zu bedenken. „Und auf der anderen Seite wendet man in den Kläranlagen wieder enorme Energie auf, um Nitrat und Ammoniak aus dem Abwasser zu entfernen. Das ist für die Gesellschaft doch unwirtschaftlich." Besser wäre es, die Phosphor- und Stickstoffverbindungen als landwirtschaftliche Nährstoffe direkt im Wasser zu belassen und es komplett als Dünger für die Pflanzen zu verwenden. Den Kohlenstoff aus der Organik hingegen kann man in Methan umwandeln; als Biogas ist er ein wertvoller Energieträger. Eine weitere Option ist es, die Stickstoff- und Phosphorverbindungen auf physikalisch-chemische Weise aus dem Wasser zurückzugewinnen und als chemische Rohstoffe zu verwenden. All dies lässt sich mit Klärverfahren realisieren, die unter Luftabschluss funktionieren, man nennt sie deshalb anaerob.

Man kann die schönsten Ideen haben und sie sogar im Labor ausprobieren, aber Käufer und Investoren für die geplanten Systeme findet man nur dann, wenn man ein funktionierendes Pilotprojekt vorführen kann. Das gilt für den Transrapid ebenso wie für eine effizientere Wasserwirtschaft. Walter Trösch, den das Thema seit Jahren nicht loslässt, hat deshalb auf seiner heimischen Terrasse Versuche mit der Trennung von Regenwasser angestellt. Er machte sich schließlich daran, eine Gemeinde zwischen Karlsruhe und Stuttgart zu finden, die bereit war, in einem Neubaugebiet im Rahmen des Forschungsprojekts DEUS 21 (DEzentrales Urbanes Infrastruktur-System) ein völlig neuartiges Abwassersystem zu installieren.[51] Die Abwasserreinigung sollte anaerob aufgebaut sein und außerdem die enthaltenen Stoffe verwerten, um so einen nachhaltigen Betrieb zu gewährleisten. In Knittlingen, einer 6000-Einwohner-Stadt am Rande des Kraichgaus, wurde Trösch schließlich fündig. Bald war auch der Gemeinderat überzeugt, und so begann man 2004 mit dem Bau einer innovativen Abwasseranlage, die heute von Fachleuten aus der ganzen Welt besucht und nachgeahmt wird. „Knittlingen ist ein regelrechter Wallfahrtsort für Wasserexperten geworden", sagt IGB-Forscher Marius Mohr, der die Anlage betreut hat.

Hier, am Ostrand des Städtchens, im Neubaugebiet zwischen Kalkofenstraße und Römerweg, kann man all das in der Praxis sehen, was eine nachhaltige Wassernutzung ausmacht. Hübsche Einfamilienhäuser säumen die Straßen, dazwischen haben die Familien begonnen, Gärten anzulegen. Am tiefsten Punkt des Gebiets steht ein schicker, grau-rot gestrichener, würfelförmiger Holzbau. In ihm befindet sich das Herz der Anlage, die ansonsten unsichtbar unter der Erde liegt: zum Beispiel die Becken und Rohre zum Reinigen des Regenwassers. Dieses wird in ein unterirdisches System aus Speicherkanälen abgeleitet. Eine moderne Membrananlage bereitet es dann so auf, dass das Regenwasser bezüglich der Inhaltsstoffe und Hygiene den Anforderungen der Trinkwasserverordnung entspricht. Als solches wird es aber nicht verwendet, sondern als sogenanntes Pflegewasser. Für dieses gibt es ein eigenes Leitungsnetz, das parallel zum Trinkwassernetz jeweils bis zu den Grundstücksgrenzen verlegt wurde. Jeder Bauherr konnte nun wählen, welches Wasser innerhalb des Gebäudes aus welchem Hahn sprudeln soll: in der Küche vielleicht Trinkwasser, in Dusche, Badewanne und Toilette jedoch Pflegewasser. Es eignet sich zur Toilettenspülung und Gartenbewässerung, wegen seiner hohen Reinheit aber auch zur Körperpflege und zur Versorgung von Wasch- und Spülmaschine. Da es einen sehr geringen Härtegrad aufweist, benötigt man weniger Wasch- und Spülmittel und muss bei der Warmwasserbereitung kein Entkalkungsmittel zugeben.

Eine Besonderheit ist die Art und Weise, wie im Projekt Knittlingen das Abwasser in den Häusern gesammelt wird: Es wird mit Hilfe eines Vakuumsystems abgepumpt, ähnlich wie dies in einer Flugzeugtoilette oder auf modernen Kreuzfahrtschiffen geschieht; es saugt also die Fäkalien plus ein wenig Spülwasser durch Unterdruck ab. „Eine Vakuumkanalisation hat gegenüber der herkömmlichen Kanalisation, bei der das Abwasser durch die Schwerkraft bewegt wird, große Vorteile", sagt Marius Mohr. „Sie benötigt viel dünnere Rohre, ist luftdicht und lässt also keine Gerüche nach außen dringen, ferner braucht man bei der Toilettenspülung mit gut einem halben Liter Wasser nur einen Bruchteil des Spülwassers und vermindert damit die Menge des Abwassers enorm. Pro Person fallen durchschnittlich nur noch vier bis fünf Liter Toilettenabwasser pro Tag an." Damit ist genau das gegeben, was sich alle Kläranlagenbetreiber wünschen: Das Abwasser ist praktisch unverdünnt und kann viel leichter gereinigt werden.

Eine Flugzeugtoilette im heimischen Bad? Einige Anwohner waren anfangs skeptisch, sie fürchteten Lärm und hygienische Probleme. Inzwischen jedoch sind die Vakuumtoiletten so weit entwickelt, dass sie sich äußerlich kaum mehr von herkömmlichen

Modellen unterscheiden. Das Spülgeräusch ist kaum lauter, aber dafür wesentlich kürzer. Die Vakuumtoiletten haben Porzellanschüsseln, lassen sich mit den gleichen Hilfsmitteln wie andere Toilettenschüsseln reinigen, und zusätzlich vermeiden sie Geruchsprobleme. Dies hat mittlerweile viele potenzielle Nutzer überzeugt.

Pro Haus gibt es einen Übergabeschacht. Er hat die Aufgabe, das Abwasser aus Badewanne, Dusche sowie Wasch- und Spülmaschine aufzunehmen und an die Vakuumkanalisation zu übergeben. Diese Übergabeschächte sind an der Grundstücksgrenze oder im Keller der Wohnhäuser installiert.

Die Vakuumtechnik in Verbindung mit der Kläranlage ermöglicht es auch, dass man Küchenabfälle, nachdem man sie in einer kleinen Anlage unter der Spüle zerkleinert hat, einfach in die Abwasserleitung entsorgen kann. Für die Anwohner hat das den Vorteil, dass es keine Biotonnen gibt, die im Sommer schlecht riechen oder Ungeziefer anziehen. Außerdem steigern die organischen Küchenabfälle die Biogasausbeute der Abwasserreinigungsanlage erheblich.

Das Abwasser gelangt in das Betriebshaus, wird dort zunächst gesammelt, durchmischt und dann verarbeitet. Aus dem Speicherbehälter fließt es in einen großen Tank, in dem sich die Feststoffe allmählich unten absetzen. Sie werden dann in einen Faulreaktor gepumpt, dort ständig durchmischt und auf einer Temperatur von 37 Grad gehalten. Hier werden die organischen Bestandteile nach einem am IGB entwickelten Verfahren zu Biogas umgewandelt. Bis zu 5000 Liter Biogas entstehen so pro Tag. Der ausgefaulte Schlamm wandert in einen eigenen Speicher und wird regelmäßig entsorgt. Das restliche Abwasser fließt in einen unbeheizten Bioreaktor, der bis zu 3000 Liter Biogas pro Tag erzeugt. Die Verfahrenstechnik ist so ausgelegt, dass am Ende nur ein geringer Rest an Feststoffen übrig bleibt, der alle paar Monate abgeholt wird. Der gesamte Prozess wird ständig elektronisch überwacht; Marius Mohr sowie die Mitarbeiter der Gemeinde Knittlingen können an ihren Arbeitsplätzen die Daten jederzeit auslesen.[52]

Der Clou der Anlage ist, dass sie so gut wie alle Teile des Abwassers wieder in nutzbare Produkte verwandelt: Im Bioreaktor entsteht Biogas, das die Anlage mit Wärme versorgt. Die Nährstoffe Stickstoff und Phosphor bleiben im Abwasser, das unmittelbar zum Düngen in der Landwirtschaft eingesetzt werden kann. „Wir gewinnen also aus den Fäkalien und Abfällen der Haushalte wertvolle Dinge wie Energie und Mineralsalze und führen das Wasser in einem Kreislauf als Düngemittel zurück auf die Felder", resümiert Mohr.

Damit das Knittlinger Abwasser keimfrei wird, setzen die Forscher am IGB entwickelte Keramikfilter ein. Sie bestehen aus sehr schnell rotierenden Scheiben aus Aluminiumoxid, die mit einer dünnen keramischen Membran bedeckt sind. Das Abwasser läuft senkrecht zu diesen Filterscheiben, wobei das Wasser durch die Membran hindurchgepresst wird; Feststoffe setzen sich auf der Membran ab. Die Zentrifugalkraft treibt sie nach außen, wo sie regelmäßig abgespült werden, während das gereinigte Wasser innen in der hohlen Achse der Filteranlage abläuft.

HOHE AKZEPTANZ DER NUTZER

Fünf Jahre lang haben alle Beteiligten diese innovative Anlage gebaut, erforscht und erprobt. Das Ergebnis ist rundum positiv: Die Anwohner sind zufrieden, die Forscher haben zahlreiche praktische Erfahrungen machen können und wissen nun, welche Fehler man vermeiden muss und wo noch Optimierungsbedarf besteht, und die Gemeinde Knittlingen kann den Betrieb nach der Forschungsphase nahtlos weiterführen.

Und auch Walter Trösch bleibt weiter dabei: „Es ist schließlich mein Kind", sagt er und engagiert sich auch nach dem offiziellen Ende des Forschungsprojekts 2010 dafür, obwohl er mittlerweile eigentlich schon im Ruhestand ist. Für ihn ist Knittlingen ein Vorzeigeprojekt, das exemplarisch demonstriert, wie man jeden Tropfen Wasser dreimal nutzen kann: erstens als Trinkwasser, zweitens als Quelle für Rohstoffe und Energie und drittens beim Versickern im Boden als Nachschub fürs Grundwasser. „Das", so Trösch, „sollte überall geschehen, dann hätten wir eine nachhaltige Wasserwirtschaft."

Um den Bedürfnissen der Verbraucher auf die Spur zu kommen und ihre Erfahrungen zu nutzen, haben parallel zum technischen Betrieb Forscher des ISI das gesamte Projekt soziologisch begleitet und alle Betroffenen mehrfach befragt.[53] „Als Motive, sich für die neue Technik zu entscheiden, wurden vor allem ökologische Gründe genannt", sagt Dr. Thomas Hillenbrand. „Grundsätzlich zeigten sich die Haushalte nach anfänglicher Skepsis mit der technischen Ausstattung sehr zufrieden, auch wenn verschiedene Probleme auftraten. Vor allem versuchten viele, an der falschen Stelle Kosten zu sparen." Bei einigen Familien spielten die erhöhten Ausgaben zum Beispiel für eine Vakuumtoilette eine Rolle, weshalb die Beteiligung hier nicht so hoch war wie erhofft. Aber vor allem die Nutzung des gereinigten Regenwassers fand breiten Anklang. Das Sparen von Wasser spielt auch im Bewusstsein der Knittlinger Bürger eine große Rolle, und das DEUS 21-Projekt hat gezeigt, dass auch die technischen Voraussetzungen dafür machbar sind.

Walter Trösch ist überzeugt, dass das Knittlinger Modell nicht nur als Vorbild für die Wasserwirtschaft in der Morgenstadt taugt, sondern er sieht sogar großes Potenzial bei der Sanierung von Abwassersystemen in den heutigen Städten: „Das vorhandene Kanalsystem könnte man für das Regenwasser verwenden, das man anschließend versickern lässt, um es dem Grundwasser wieder zuzuführen. In die alten, groß dimensionierten Rohre könnte man aber ein Vakuumsystem einfädeln, da dessen Rohre maximal einen Durchmesser von sechs Zentimetern benötigen." Das wurde bisher noch nirgendwo versucht, aber nach Meinung des Forschers dürfte es auf jeden Fall billiger sein, als ein völlig neues System zu installieren.

Es geht also nicht immer nur darum, neue Erfindungen zu machen, sondern oft ist es das Wichtigste, bereits bekannte Technik intelligent einzusetzen. In den Städten der Zukunft sind so viele Probleme zu lösen. Und es gibt schon Vorreiter: „In Windhoek in Namibia wird bereits seit vielen Jahren Trinkwasser aus Abwasser hergestellt", sagt ISI-Experte Harald Hiessl, „und auch Singapur ist auf diese Linie eingeschwenkt. Dort haben Wasserwerke damit begonnen, Teile des bisher aus Malaysia importierten Trinkwassers für die Industrie durch selbsthergestelltes aufgereinigtes Abwasser zu ersetzen. Dies ist inzwischen so beliebt, dass alle dieses ‚NEWater' wollen, weil es qualitativ besser ist. Singapur hat auf dem Gebiet viel Geld in die Forschung gesteckt und große Kompetenz aufgebaut."

Das Fazit lautet: Die Morgenstadt sollte so wenig Wasser wie möglich verbrauchen, Abwasser als Ressource nutzen und Regenwasser wieder versickern lassen und so dem Grundwasser zuführen. So sinnvoll das aus ökologischer und wirtschaftlicher Sicht sein mag, ein Problem entsteht dadurch neu: Es ist nicht mehr genügend Wasser da, um Brände in der Stadt schnell zu löschen. "Unter diesen Umständen wird nichts anderes übrigbleiben, als die Wasserversorgung von der Löschfunktion zu trennen", sagt ISI-Forscher Harald Hiessl.

UND PEKING?

Dass die einzig wirklich nachhaltige Lösung für die Wasserwirtschaft der Morgenstadt Kreislaufprozesse sind, haben natürlich die Verantwortlichen in Peking längst auch erkannt. Bis derartige Systeme aber implementiert sind, wird noch viel Zeit vergehen. Anjun Pan von der Pekinger Wasserbehörde betont deshalb, dass der sparsame Umgang mit Wasser zurzeit im Vordergrund stehen muss: "90 bis 100 Prozent aller Einwohner und Institutionen sollen Vorrichtungen zum Wassersparen erhalten. Industrieabwässer sollen bis zu 93 Prozent wiederaufbereitet werden, der Gesamtverbrauch darf in diesem Sektor nicht mehr steigen."[54] Und er setzt der Stadt das Ziel, 0,6 Milliarden Kubikmeter gereinigtes Abwasser pro Jahr wiederzuverwenden.

Die Forscher des Beijing-Water-Projekts haben ihren chinesischen Kollegen nicht nur das für Prognosen einsetzbare Simulationsmodell hinterlassen, sondern sie haben auch neue Vorschläge entwickelt, wie die Stadt ihre Wasserknappheit mildern kann, beispielsweise das Projekt Beijing Storm Water: "Das Straßennetz in Peking ist aufgebaut wie ein Rad mit vielen Speichen. Diese verbinden die sechs Ringstraßen miteinander und laufen in großen Unterführungen unter ihnen hindurch", sagt Hartwig Steusloff. "Jedes Mal, wenn es stark regnet – und das passiert in letzter Zeit immer öfter –, laufen die Unterführungen voll, und der Verkehr bricht zusammen." Der Forscher schlägt deshalb vor, an diesen kritischen Punkten das Wasser zu „retten" und es sinnvoll zu nutzen. „Dazu bräuchte man einerseits eine kurzfristige, zuverlässige Niederschlagsvorhersage, damit man die Unterführungen kurz vorher sperren kann, und andererseits Vorrichtungen, die das Wasser abpumpen oder ableiten." Ein entsprechender Projektvorschlag, um Methoden dafür zu erforschen, wurde bereits beim deutschen Forschungsministerium und bei den Pekinger Behörden eingereicht.

Einen positiven Effekt hatte das Projekt schon im vergangenen Jahr: Mit dem Nanjing Hydraulic Research Institute wurde gemeinsam mit Fraunhofer-Forschern aus Ilmenau ein fast 300 Kilometer langer Flussabschnitt des Beijiang River in Südchina untersucht, um die Energieerzeugung in den Wasserkraftwerken unter Einhaltung des Hochwasserschutzes zu optimieren. Dies zeigt, wie eng alles mit allem verwoben ist: So hängt die Wasserwirtschaft aufs engste mit der Energieerzeugung zusammen.

KAPITEL 3
BAUEN UND WOHNEN

Das Sick-Building-Syndrom hat kein klar definiertes medizinisches Krankheitsbild, aber viele Büromenschen leiden darunter. Sie haben das Gefühl, dass ihre Arbeitsumgebung sie krank macht, weil es dort zu trocken oder zu feucht, zu warm oder zu kalt oder irgendwie zugig ist. Die Zentrale der Fraunhofer-Gesellschaft in München ist so gebaut, dass sich alle Mitarbeiter wohl fühlen sollen. Es ist nicht nur ein vorbildliches Gebäude, was die Energieversorgung, Wärmedämmung und Klimatisierung betrifft. Es ermöglicht auch an jedem Arbeitsplatz den direkten Zugang zu Licht und Frischluft von außen, der sich individuell regeln lässt. Dass man als Präsident trotzdem manchmal im Büro leidet, liegt eher daran, dass sich die Arbeitsberge häufen, weil man so selten da ist.

Abu Dhabi im Juli: Es ist unerträglich heiß, die Luftfeuchtigkeit in der Stadt liegt um die 80 Prozent. Wer es vermeiden kann, geht nicht nach draußen. Alle Klimaanlagen in Gebäuden und Autos arbeiten auf Hochtouren, angetrieben vom billigen Strom und noch billigeren Öl, das in der Region reichlich vorhanden ist. In Masdar City soll das jedoch anders werden. Der Stadtteil, der östlich des Zentrums, zwischen Flughafen, dem Al Gazhal Golfclub und dem Al Dana Ladies Beach entsteht, könnte zum Vorbild für die Welt werden: Hier sollen nur erneuerbare Energien zum Einsatz kommen, der Energieverbrauch soll gedrosselt, Produktion und Mobilität nachhaltig werden. Ziel ist es, Forschung und universitärer Bildung hier eine Heimat zu geben.

Die Architekten und Bauingenieure stehen in Masdar vor der entgegengesetzten Aufgabe wie in unseren Breiten, wo man eher heizen muss: Um Energie für die Kühlung zu sparen, müssen die Gebäudehüllen die Hitze draußen halten, das heißt, gegen Wärme dämmen. Abu Dhabi will wie alle modernen Städte Glasfassaden für seine teils spektakulären Bauten, aber das hat den Nachteil, dass Glas das Sonnenlicht durchlässt, das die Innenräume zusätzlich erwärmt. In einem Land, in dem die Sonne wenigstens vier Monate lang extrem intensiv vom Himmel brennt, muss man sich da zum Energiesparen etwas einfallen lassen.

Dies ist nur eine Facette der Probleme, die in den Gebäuden der Morgenstadt gelöst werden müssen. Die Fragestellung heißt: Wie können sich die Menschen in ihrer Stadt wohl fühlen und behaglich wohnen, dabei aber so wenig Energie wie möglich verbrauchen und mit den vorhandenen Ressourcen nachhaltig umgehen? Die Antworten reichen vom Energiesparen und der Nutzung aller Energiequellen über neuartige Baumaterialien und -systeme, intelligente Häuser bis hin zum Wärmetransport in Containern. Egal, welche klimatischen Bedingungen herrschen, die Gebäude der Stadt von morgen sollten optimal an die Gegebenheiten angepasst sein.

So müssen Ingenieure beispielsweise neuartige Fassaden für die Musterstadt Masdar entwickeln und testen, die zwar Licht einlassen, aber die Hitze draußen halten, Architekten müssen sich neue Bauformen einfallen lassen, etwa Büros mit geringer Raumtiefe rund um sonnengeschützte Innenhöfe. Die beiden Fraunhofer-Institute für Bauphysik IBP und für Solare Energiesysteme ISE werden sich auf diesem Gebiet in Masdar City engagieren: „Wir werden ein Fassaden-Testzentrum konzipieren, betreiben und überwachen", sagen ISE-Forscher Arnulf Dinkel und IBP-Forscher Dr. Gunnar Grün. „Dort lässt sich der Einfluss der Fassadengestaltung auf das Wohnklima ermitteln. Die so gewonnenen Messwerte werden dann in elektronische Gebäudesimulationen einfließen." Ziel ist es, mit Hilfe des Fraunhofer Know-how in der Region ein Kompetenzzentrum für Baumaterialien und Fassaden aufzubauen. Im November 2011 wurde dazu ein Rahmenvertrag geschlossen.

ZWEI DRITTEL DER ENERGIE FÜR LICHT EINSPAREN

Der Anteil des Lichts am Weltenergieverbrauch ist substanziell: 19 Prozent gehen für Beleuchtung drauf, da lässt sich noch viel Energie einsparen. „Im Vergleich zur Technik vor 20 Jahren kann man heute die gleiche oder sogar eine bessere Lichtqualität mit einem Drittel der Energie bereitstellen", sagt Dr. Jan de Boer vom IBP. In den Gebäuden der Morgenstadt werden dabei mehrere Faktoren zusammenspielen: Man wird Lampen einsetzen, die bei gleicher Lichtstärke weniger Energie verbrauchen. „Wir müssen das Licht gezielter in die Räume bringen", betont de Boer. „Oft braucht man nur Licht in einer bestimmten Ecke, da kann man den Rest des Raums dimmen." Und neben diesem maßgeschneiderten Lichtmanagement soll Tageslicht genutzt werden, soweit dies nur irgend möglich ist, denn es ist billig und gesund. Allerdings darf die Tageslichtnutzung nicht den visuellen und thermischen Komfort einschränken. Moderne Sonnenschutzsysteme lassen ausreichend Tageslicht in den Raum, schützen aber gleichzeitig vor übermäßiger Erwärmung im Sommer. Darüber hinaus bieten moderne Systeme gleichzeitig auch noch einen guten Blendschutz sowie einen Sichtkontakt nach außen. Wie wichtig diese Aspekte sind, zeigen umfangreiche Nutzeruntersuchungen zum Thema visueller Komfort, die am ISE durchgeführt werden.

Architekten lieben den Baustoff Glas, denn er ist preisgünstig und lässt viel Gestal-
tungsspielraum zu. „Damit das einfallende Sonnenlicht die Räume nicht unerwünscht
erwärmt, muss man die Fassaden so gestalten, dass sie Licht nur dorthin lenken, wo
es gebraucht wird", sagt de Boer. Sie sollten das Zenitlicht, das mittags fast senkrecht
einfällt, einlassen, aber es ist wenig sinnvoll, Brüstungen aus Glas zu fertigen, denn
durch sie wird das Licht auf den Fußboden gelenkt – es fällt im wahrsten Sinne des
Wortes unter den Tisch. Die Forscher am IBP untersuchen auf einer ganzen Reihe von
Prüfständen, wie Fassadenelemente, Jalousien oder andere lichtlenkende Elemente
gestaltet sein müssen, um ihren Zweck möglichst gut zu erfüllen: Tageslicht einlassen,
Wärme zurückhalten.

Es geht aber nicht nur um das echte Tageslicht. Fraunhofer-Forscher lernen auch,
dessen Vorteile künstlich nachzubilden. Denn Weiß ist nicht gleich Weiß, das wissen
Physiker seit langem. Man kann weißes Licht aus farbigen Lichtanteilen zusammenset-
zen, und zwar in unterschiedlicher Weise. Der Fernsehzuschauer kennt das, denn auf
dem TV-Schirm entsteht Weiß durch das Zusammenwirken von roten, grünen und
blauen Punkten; weiße Punkte gibt es auf dem Bildschirm überhaupt nicht. Forscher
am Fraunhofer-Institut für Arbeitswirtschaft und Organisation IAO in Stuttgart haben
nun zusammen mit Kollegen vom Zentrum für Neurowissenschaften und Lernen in Ulm
herausgefunden, dass das unterschiedlich zusammengesetzte weiße Licht auch unterschiedliche Wirkungen auf den Menschen ausübt.[55]

Schon vorher hatten Studien, die gemeinsam mit Chronobiologen an den Psychiatri-
schen Kliniken der Universität Basel durchgeführt wurden, die IAO-Forscher auf diese
Spur gebracht: Probanden mussten nachts an Monitoren arbeiten, die einen unterschiedlich hohen Blauanteil in der Hintergrundbeleuchtung hatten. Sie mussten dabei
Aufmerksamkeits- und Reaktionstests, Denkspiele und Suchaufgaben meistern und
einen Kurzfilm anschauen. Jede Stunde nahmen die Forscher eine Speichelprobe für die
Melatonin-Messung. Außerdem schätzten die Probanden ihre Müdigkeit selbst auf
einem Fragebogen ein. Das Ergebnis: Ein höherer Blauanteil in der Monitorbeleuchtung
machte die Teilnehmer aktiv; sie waren bei den Aufgaben schneller und schnitten
in den kognitiven Tests besser ab. Ihre biologische Uhr verstellte sich, das heißt, die

Probanden waren im Mittel eine Stunde länger wach. Weißes Licht hingegen, das wenig Blau enthielt, machte sie eher müde.[56]

Eine nette Spielerei? Nein, diese Erkenntnis kann das Wohnen und Arbeiten der Zukunft revolutionieren. Denn die IAO-Forscher machen sich die Erkenntnisse zunutze und entwickeln nun Leuchten, bei denen man den Blauanteil ganz nach Wunsch einstellen kann. Damit bieten sie die Möglichkeit, das Licht auf die jeweiligen Bedürfnisse des Nutzers abzustimmen: mit einem höheren Blauanteil, wenn man fit sein will, und mit wenig Blau, wenn es allmählich ans Einschlafen geht.

Angefangen hatte alles, als 2001 bekannt wurde, dass US-Wissenschaftler einen fünften Rezeptor im Auge des Menschen entdeckt hatten[57], der besonders stark auf blaues Licht reagiert und die Produktion des Hormons Melatonin steuert. Dieses ist dafür verantwortlich, wie wach wir sind. „Bisher ließen sich Lichtquellen nur schwer manipulieren, was ihre Farbtemperatur betrifft", sagt Dr. Matthias Bues von dem Team Visual Technologies am IAO. „Seit etwa vier Jahren aber gibt es in der Lichttechnik einen gewaltigen Umbruch." Es geht um die Technologie der 1962 erfundenen Leuchtdioden oder LEDs, wie man die Light Emitting Diodes[58] heute meist nennt. Diese Halbleiterelemente senden Licht aus, je nach Material mit unterschiedlicher Farbe. Intensive Forschungsarbeit in den letzten Jahrzehnten, insbesondere seit Anfang der 90er Jahre, hat dazu geführt, dass LEDs inzwischen in vielen Farben und mit hoher Lichtstärke zur Verfügung stehen. „Die Technologie ist jetzt reif, wird aber noch zu wenig angewandt", findet Ingenieur Bues.

Er und seine Mitarbeiter haben sich deshalb mit großem Engagement auf das Gebiet gestürzt und im IAO in Stuttgart ein LightFusionLab aufgebaut, wo sie neue, revolutionäre Leuchtkonzepte erfinden, technisch umsetzen und demonstrieren. Eines davon ist eine Leuchte mit verstellbarem Blauanteil. Sie besteht aus LEDs mit verschiedenen Farben, deren Licht von der Seite her in eine Plexiglasscheibe gelenkt, dort überlagert und nach unten geführt wird. So entsteht bei der richtigen Farbmischung weißes Licht. Da die Dioden einzeln ansteuerbar sind, lassen sich die Farbanteile variieren, also weißes Licht mit höherem oder niedrigerem Blauanteil herstellen. „Die Kunst dabei ist, den Wechsel möglichst wenig wahrnehmbar zu machen", betont Bues.

KUNSTLICHT, DAS WIE TAGESLICHT WIRKT

Das Ziel ist, für den Wohn- und Arbeitsbereich Kunstlicht zur Verfügung zu stellen, bei dem sich der Mensch besonders wohl fühlt. Tageslicht besitzt diese Eigenschaft, und das liegt womöglich an seinem steten, aber sehr langsamen Wechsel. „Unter natürlichen Bedingungen ändert sich die Lichtfarbe im Laufe des Tages von einem morgendlichen, rötlichen Warmweiß über kalte, bläuliche Töne am Mittag bis hin zum Abendrot, einem warmen Weißton", sagt IAO-Forscher Oliver Stefani, der sowohl Ingenieur als auch Designer ist. „Geht man von der evolutionären Anpassung des Menschen an dieses Farbenspiel aus, so kann man vermuten, dass ein Nachempfinden dieser Abfolge in der künstlichen Raumbeleuchtung positive Auswirkungen auf Befinden und Leistung hat."

Das Team um Matthias Bues entwickelte deshalb eine Software, welche die Lichtmischung der Schreibtischlampe ganz allmählich ändert und so den Tagesablauf nachbildet. „Heliosity" tauften die Forscher die Leuchte: „Für uns bedeutet dieser Begriff dynamisches Licht", so Bues. Oliver Stefani hat inzwischen Tests mit zehn Freiwilligen durchgeführt und bereits festgestellt, dass alle das Wechsellicht als angenehmer empfanden als statisches Licht. Die weitere Auswertung wird zeigen, wie sich die Variation der Lichtzusammensetzung im Detail auf Wachheit, Leistungsfähigkeit, Müdigkeit und Schlafqualität – insgesamt also auf die innere Uhr – auswirkt.

Daraus lassen sich dann optimale Lichtsteuerprogramme für einzelne Situationen ableiten: Denkbar wäre ein verstärkter Blauzyklus nach der Mittagspause, um das dann meist eintretende Leistungstief abzufangen. Oder das Absenken des Blauanteils gegen Abend, damit der Nutzer ganz allmählich müde wird und gut einschlafen kann. Derzeit wird in Basel ein Seniorenheim geplant, in dem das Licht der Aufenthaltsräume so gesteuert werden soll, dass es die innere Uhr der Bewohner im Takt hält und deren Stimmung aufhellt. Das ist wichtig, denn ältere Menschen neigen vermehrt zu Winterdepressionen, und Demenzkranke leiden oft unter einem verschobenen Tag-Nacht-Rhythmus.

Ein nächster Schritt könnte sein, Computermonitore oder Fernsehbildschirme so zu konstruieren, dass deren Lichtspektrum individuell programmiert werden kann. „Wir sind künftig von immer mehr Displays umgeben, und deren Licht macht einen zunehmend größeren Anteil an der Umgebungsbeleuchtung aus", sagt Matthias Bues. „Es wäre also sinnvoll, wenn man sie beispielsweise abends so einstellen kann, dass unser Schlaf-Wach-Rhythmus nicht gestört wird."

Außerdem lassen steuerbare LED-Felder auch ganz neue Gestaltungsmöglichkeiten für das Wohnumfeld zu. Man kann Decken und Wände mit LEDs hinterleuchten, die beispielsweise einen Effekt wie durchziehende Wolken erzeugen können, oder man kann Muster auf Tapeten in unterschiedlicher Darstellung erscheinen lassen. Der Phantasie sind da kaum Grenzen gesetzt.

Noch weiter in der Zukunft liegt die Anwendung von organischen Leuchtdioden, den OLEDs. Auch hier ist Fraunhofer maßgeblich an der Entwicklung beteiligt. Im Dezember 2011 verlieh der frühere Bundespräsident Christian Wulff den Zukunftspreis an drei Forscher in Dresden, die sich um die Weiterentwicklung von OLEDs verdient gemacht haben. Dazu gehört auch Professor Karl Leo vom Fraunhofer COMEDD.

Organische Halbleiter können in sehr dünnen Schichten auf Glas oder Folie aufgedampft werden; so kann man flächige Leuchtmittel erzeugen. Sie werden künftig auf energiesparende Weise Autoinnenräume, Wohnzimmer, Möbel, Fenster und vieles mehr erhellen. Außerdem bilden sie die Basis für neuentwickelte organische Solarzellen, die etwa auf Folien in unterschiedlichen Farben an Außenfassaden Sonnenlicht in Strom umwandeln können.[59]

Von den OLEDs ist noch einiges zu erwarten, und deshalb arbeiten Forscher bereits an Prozessen, die eine kostengünstige Herstellung von OLEDs und organischen Solarzellen auf Kunststoff- oder Metallfolien ermöglichen, oder an großformatigen 3D-Displays, die ohne entsprechende Brille zu betrachten sind. All dies sind Innovationen, die man in der Morgenstadt wiederfinden wird.

„Die Vision einer ‚Elektronik für den Menschen‘, die überall zum Einsatz kommt, kann damit wahr werden", jubelte die Geschäftsstelle Deutscher Zukunftspreis anlässlich der Verleihung. „In Zukunft wird es möglich sein, dass ein Fenster tagsüber transparent ist und als Solarzelle Energie liefert, nachts wird es dann zur Beleuchtung verwendet und lässt den Raum in einem angenehmen weichen Licht erscheinen, als ob draußen die Sonne scheint. Die Dresdner Forscher haben damit die Elektronik für die Menschen vorangebracht und neuartige Bauelemente ermöglicht, die so bisher nicht denkbar waren."[60]

In einem futuristischen Hotelzimmer im Duisburger Forsthausweg kann man ähnliche Dinge bereits hautnah erleben: Im Fraunhofer-inHaus-Zentrum erproben Forscher zusammen mit Herstellern und Betreibern neue Technologien für das Hotel von morgen. Da lassen sich im Zimmer Lichtstimmungen ganz nach Wunsch erzeugen: Morgens kann sich der Gast von einem veritablen Sonnenaufgang wecken lassen, der vor Fenstern stattfindet, die automatisch undurchsichtig werden, sobald es draußen dunkel wird. „Zusätzlich sind all die Dinge vorhanden, die der anspruchsvolle Reisende benötigt: sanfte Musik, Lichtsteuerung auf Zuruf, das Bett ganz nach Wunsch individuell verstellbar", stellt IAO-Forscherin Vanessa Borkmann fest.

INTELLIGENTE WOHNUMGEBUNG FÜR SENIOREN

Was wie das Spielzimmer aus einem James-Bond-Film der 80er Jahre wirkt, mag für manchen überspannter Luxus sein. Zwei Zimmer weiter wird aber schnell klar, dass die hier erprobten Technologien für eine Bevölkerungsgruppe sehr wichtig sein können, die ständig zunimmt: für ältere Leute. Angesichts des demographischen Wandels wird es in der Stadt der Zukunft einen steigenden Anteil älterer Menschen geben, die in ihrer Mobilität eingeschränkt, geistig nicht mehr voll leistungsfähig oder chronisch krank sind. Für sie erproben Forscher aus Fraunhofer-Instituten zusammen mit der Industrie, welche technischen Hilfen und Erleichterungen man ihnen anbieten kann. Und damit sind nicht in erster Linie Dinge wie automatische Staubsauger, Putzroboter oder selbstreinigende Oberflächen mit Lotuseffekt gemeint, so wichtig diese für die Bewohner der Morgenstadt auch sein mögen.

„Unser Ziel sind intelligente Assistenzsysteme in der Wohnung, die die Menschen im täglichen Leben unterstützen. Man nennt das Ambient Assisted Living oder AAL", sagt Dr. Reiner Wichert, Abteilungsleiter am Fraunhofer-Institut für Graphische Datenverarbeitung IGD in Darmstadt und Sprecher der Fraunhofer-Allianz Ambient Assisted Living. „In erster Linie geht es um ältere, behinderte und pflegebedürftige Menschen. Wir wollen ihnen technische Mittel zur Verfügung stellen, damit sie so lange wie möglich in ihrem heimischen Umfeld bleiben können. Gleichzeitig sollen neue Technologien auch die Pflegekräfte unterstützen."

Wer nicht mehr selbständig aus dem Bett aufstehen kann, wird froh sein, wenn er das Licht oder den Fernseher per Zuruf ein- und ausschalten oder das Bett ohne Mühe in eine angenehme Position bringen kann. Und jeder — auch der Gesunde — ist dankbar, wenn das Licht automatisch angeht, sobald man nachts mal raus muss. Ebenso morgens im Badezimmer: Es ist vorgeheizt, die Tür öffnet sich für den Rollstuhlfahrer automatisch, die Toilette fährt auf die richtige Höhe. Der Badezimmerspiegel wird zum intelligenten Gegenüber: Er erinnert beispielsweise an die Einnahme von Medikamenten. Diesem Zweck dient etwa der „intelligente Arzneischrank" des Fraunhofer-Instituts für Mikroelektronische Schaltungen und Systeme IMS in Duisburg.

Das Projekt beginnt schon beim Arzt. Er stellt ein elektronisches Rezept aus, das er direkt an die Apotheke weiterleitet. Diese liefert die Pillenpackung, die mit einem Funkchip ausgerüstet ist, an den Patienten; er legt sie in seinen intelligenten Arzneischrank. Ein Sensor liest dort das Funketikett der Packung, auf dem auch der Einnahmezeitpunkt und die richtige Dosierung vermerkt sind, der Computer verwaltet den Bestand und überwacht die Einnahme. Vergisst der Bewohner, seine Pillen einzunehmen, erinnert der Lautsprecher im Badezimmerspiegel daran, überschreiten die Arzneimittel ihr Haltbarkeitsdatum, warnt er. Ist das Päckchen fast leer, verlangt er Nachschub.

Die Betreuung in einer intelligenten Wohnumgebung geht im Laufe des Tages weiter, das zeigen Modellwohnungen im Fraunhofer-inHaus und im Fraunhofer-Institut für Graphische Datenverarbeitung IGD exemplarisch: Ein Sensornetz im Boden kann den Menschen in der Wohnung lokalisieren und bestimmte Hilfen anbieten, etwa Licht einschalten oder Türen öffnen, und es kann erkennen, wenn der Bewohner stürzt, und dann jemanden alarmieren. „Sicherheitssysteme sorgen auch dafür, dass das Wasser in der Badewanne nicht überläuft oder dass alle Kochplatten ausgeschaltet sind, sobald man den Herd nicht mehr benötigt", sagt Professor Viktor Grinewitschus, inHaus-Leiter Technik und Innovation.

Auch die Kommunikation mit der Außenwelt wird den Bewohnern künftig leicht gemacht: „Damit man keine Telefonnummern wählen oder Menüs durchklicken muss, haben wir Chipkarten entwickelt, die man auf den Tisch legt. Sie sorgen dann dafür, dass der auf der Karte vermerkte Partner automatisch angerufen wird oder per Skype auf dem Fernsehschirm erscheint", so Grinewitschus. Noch einfacher: Fotos von Freunden oder Angehörigen erfüllen die gleiche Funktion wie die Chipkarten. Technisch lässt sich das realisieren über Funknetzwerke, entsprechende Sensoren und eine ausgefeilte Software.

Derartige Einrichtungen machen es in der Morgenstadt möglich, dass alte Menschen länger in ihren vier Wänden leben und mit ihrem Umfeld kommunizieren können, auch wenn sie mit der Organisation ihres Alltags schon etwas überfordert sind. Die Betreuung älterer oder hilfsbedürftiger Bewohner geht aber noch wesentlich weiter: „Im Pflegeheim der nächsten Generation lässt sich zum Beispiel automatisch erkennen, wann der Bewohner Hilfe benötigt, und das Personal kann schnell reagieren", sagt Grinewitschus. Wenn man bedenkt, dass in Heimen für die Nachtwache oft nur eine Fachkraft auf 30 Heimbewohner kommt, kann man sich vorstellen, welche Entlastung automatische Notrufsysteme darstellen.

Natürlich soll der Bewohner der Morgenstadt nicht von der Technik bevormundet werden. „Unsere Technologie soll die Absichten, Bedürfnisse und Ziele der Nutzer erkennen", betont deshalb Reiner Wichert. „All das soll automatisch geschehen, und die unterschiedlichen Sensoren arbeiten dabei zusammen. Wenn das System erkannt hat, was der Bewohner will oder ob ein Notfall vorliegt, können die einzelnen Komponenten entsprechend reagieren. Diese Vorgehensweise hat den Vorteil, dass das System völlig flexibel ist, und man kann es auch mit neuen Geräten erweitern. Wir nennen das ‚semantisches Plug&Play‘, und es funktioniert wie bei einem Computer: Auch der erfasst bei einem neu angeschlossenen Gerät automatisch, was es ist. Unser System erkennt nun zusätzlich zu den Funktionen auch die Ziele. Wir wollen also den Aufwand beim Einrichten einer AAL-Wohnung reduzieren.“

DAS SMART HOME IST AUCH EIN PRESTIGEOBJEKT

Intelligente Häuser sind aber nicht nur etwas für Alte und Kranke. Schon die Jüngeren sollten sich beizeiten an technische Hilfsmittel gewöhnen, damit sie dann im Alter nicht von einer totalen Umrüstung ihrer Wohnumgebung überrascht und überfordert werden. „Wir von der Fraunhofer-Allianz AAL sind der Meinung, dass man Senioren nicht plötzlich mit einer Fülle von technischen Assistenzsystemen konfrontieren kann, die sie nicht gewohnt sind“, so Wichert. „Die Nutzer haben dann schnell das Gefühl: Die Technik beherrscht und kontrolliert mich, und das will ich nicht. Wenn aber dieser Prozess langsam abläuft, weil bereits jüngere Menschen intelligente Systeme in der Wohnung nutzen, werden sie auch als Senioren die Technik schätzen.“

In der Tat sind gerade Personen zwischen 30 und 40 mit höherem Einkommen und guter Bildung an derartigen „Smart Homes“ interessiert, zumal diese inzwischen ein echtes Prestigeobjekt sind. „Es handelt sich oft um erfolgreiche Familienväter, die technikaffin sind und das Internet als Selbstverständlichkeit begreifen“, weiß Viktor Grinewitschus. „Sie legen Wert auf eine Komfortsteigerung durch Automatisierung und auf den individuellen Wohnwert. Dazu wählen sie hochwertige Komponenten entsprechend den persönlichen Bedürfnissen aus und integrieren sie in die Haustechnik.“ Ein aktuelles Beispiel sind die IBA Waterhouses in Hamburg, bei denen inHaus-Experten Berater waren. Die 40 Wohnungen, die Ende 2012 bezugsfertig sind, werden mit innovativer Haus- und Gebäudetechnik ausgestattet, die über iPad steuerbar ist.

Die smarte Haustechnik beschränkt sich bereits heute nicht mehr nur auf die klassische Elektro- und Telefoninstallation, sondern bezieht auch das Internet, Multimedia und das Energiemanagement mit ein. Kameras oder Sensoren aus Spielekonsolen sorgen beispielsweise dafür, dass die passende Lichtstimmung eingestellt wird und dass ein angenehmes Raumklima herrscht. Alles, was nicht vollautomatisch abläuft, lässt sich über iPhone oder iPad als Informationszentrale steuern, egal, wo der Nutzer sich gerade aufhält. Und dieser Trend wird sich weiter fortsetzen. Die Stadt von morgen wird ohne intelligente Häuser und Wohnungen nicht mehr auskommen. Das macht auch volkswirtschaftlich Sinn, denn die Technologie bringt nicht nur einen Zugewinn an Komfort, sondern kann ganz entscheidend sein für die Energieeffizienz des Gebäudes. Schlaue Apps zur Haussteuerung tragen schon heute dazu bei, indem sie den jeweils aktuellen Energieverbrauch visualisieren oder Energiespartipps geben. „Das Smart Home ist auch in der Lage, die Geräte im Haus flexibel zu steuern, und kann so die im Netz verfügbare Energie effizient nutzen. Der Tiefkühltruhe ist es egal, ob sie um 9 Uhr oder erst um 12 Uhr Strom erhält", erläutert Hauser, Leiter des IBP.

41 Prozent des Weltenergieverbrauchs gehen auf das Konto von Gebäuden.[61] Darin sind Bau, Nutzungszeit und Abriss inbegriffen. Betrachtet man, was das für die Lebensdauer bedeutet, stellt man fest: Während der Nutzung eines Gebäudes werden 40 Prozent der Kosten für Energie benötigt.[62] Deshalb verwundert es nicht, wenn Experten der Bundesministerien für Wirtschaft und für Umwelt in ihrem Energiekonzept betonen: „Der Schlüssel zu mehr Energieeffizienz ist der Gebäudebereich." Das Ziel der Bundesregierung ist es, „den Wärmebedarf des Gebäudebestands langfristig mit dem Ziel zu senken, bis 2050 nahezu einen klimaneutralen Gebäudebestand zu haben."[63]

Wärmedämmung der Gebäude steht bei der Liste der Maßnahmen bisher an erster Stelle. „Das ist sicherlich wichtig und richtig, aber es gibt noch einen weiteren Ansatz, der für die Morgenstadt von großer Bedeutung sein wird", meint Viktor Grinewitschus.

Für ihn ist das Verhalten der Bewohner ein Schlüssel zu ihrem Energieverbrauch: „Ein Vergleich mehrerer Pflegeeinrichtungen ergab beispielsweise, dass die Planzahlen für den Energieverbrauch in manchen Einrichtungen um bis zu 100 Prozent überschritten wurden, trotz ähnlicher technischer Ausstattung", sagt er. Die Ursache hierfür war schnell gefunden: Dort, wo der Energieverbrauch hoch war, hatte man oft und zu lang die Fenster geöffnet. Die Heizung fuhr dann natürlich hoch, der Verbrauch stieg. In einer der Einrichtungen hingegen, die einen ziemlich niedrigen Verbrauch aufwies, gab es einen Sensor, der die Heizung sofort abschaltete, sobald ein Fenster geöffnet wurde. „Deutliche Abhilfe schaffen hier auch Lüftungsanlagen mit Wärmerückgewinnung, bei denen man die Fenster im Winter nicht mehr öffnen muss, aber bei Bedarf öffnen kann", erklärt Professor Klaus Sedlbauer, Leiter des IBP.

„Man darf die energetische Sanierung nicht mit dem Säbel ausfechten, sondern muss das Skalpell benutzen", bringt es Grinewitschus auf den Punkt. Wenn smarte Haustechnik sich künftig nicht in erster Linie an den Außentemperaturen orientiert, sondern daran, wie warm es im Inneren ist, könnte man viel Energie einsparen. Heute sind die Geräte oft noch blind für die Vorgänge im Haus, künftig werden sie in die Räume hineinschauen können. In der Morgenstadt wird auf diese Weise die Heizung intelligent gesteuert: „Das Haus oder die Wohnung weiß, wann ich weg bin, und fährt dann die Heizung herunter. Der Sensor ist aber auch darüber informiert, wann ich wiederkomme, und heizt rechtzeitig hoch", so Grinewitschus. Man muss also dem Gebäude eine Art Stundenplan vorgeben, nach dem es sich richten kann. Oder die Anordnung muss lernfähig sein. „Wir benötigen intelligente Systeme", sagt Dr. Gunnar Grün vom IBP in Holzkirchen. „Wir alle bilden zusammen den Durchschnitt, aber keiner von uns ist durchschnittlich. Die Geräte dürfen also nicht den Durchschnitt bedienen, sondern sie müssen intelligent auf die Bedürfnisse jedes Bewohners reagieren."

WÄRMEDÄMMUNG SPART ENERGIE

Mehr als drei Viertel aller Gebäude in Deutschland wurden vor dem Jahr 1984 gebaut, und sie sind für 95 Prozent des Heizenergiebedarfs verantwortlich. Das hat das IBP ermittelt. Wenn man noch mit berücksichtigt, dass derzeit die Neubauquote nur 0,7 Prozent beträgt, versteht man, warum die Sanierung von Altbauten sowohl fürs Energiesparen als auch für die Verbesserung der CO_2-Bilanz im Vordergrund stehen muss. Mehr darüber, welche Rolle Gebäude künftig im Konzert der Energieeinsparungen spielen werden, erfährt der Leser im Kapitel „Energie".

Das Wohnen in der Morgenstadt wird so weit wie möglich darauf ausgerichtet sein, dass die Menschen sich wohl fühlen. Immerhin verbringt jeder von uns rund 90 Prozent seiner Lebenszeit in geschlossenen Räumen, vor allem in Wohnungen, am Ausbildungs- oder Arbeitsplatz sowie in Geschäften und Freizeiteinrichtungen. Da ist es wichtig, das bauliche Umfeld so zu gestalten, dass Gesundheit und Leistungsfähigkeit gefördert werden und erhalten bleiben. Forscher haben herausgefunden, dass dafür ein Zusammenspiel mehrerer Faktoren erforderlich ist, und sie nennen das Ergebnis ein gutes „Raumklima". Die wichtigsten Einflüsse sind thermische Behaglichkeit, eine angenehme akustische Umgebung und passende Beleuchtung. Auf allen drei Gebieten forschen Wissenschaftler am IBP.

Wer zu Hause oder im Büro friert oder schwitzt, fühlt sich bestimmt nicht wohl. Seit Jahren kennen Ärzte das Sick-Building-Syndrom, bei dem der Patient an einem diffusen Unwohlsein leidet, das er meist auf die Verhältnisse am Arbeitsplatz zurückführt. Dieser erscheint zu warm, zu kalt oder zugig. „Diese Probleme wird es künftig in Neubauten kaum noch geben. Wir wollen für jeden Einzelnen im Büro ein lokales Klima schaffen. Jeder muss die Möglichkeit haben, seine Umweltbedingungen selbst zu steuern", sagt der Leiter des IBP, Professor Gerd Hauser. „Keiner möchte sich in einen Käfig eingeschlossen fühlen, in dem er nichts ändern kann. Experten erforschen deshalb, wie man an den entscheidenden Stellen eines Raums — vor allem natürlich in einem Großraumbüro — Verhältnisse herstellen kann, in denen der Bewohner sich behaglich fühlt."

Ein angenehmes Klima wird nicht nur durch die Temperatur der Raumluft erzeugt, sondern „der Körper spürt die Oberflächenstrahlung der umschließenden Wände bzw. Fenster. Ein kaltes Fenster ‚strahlt' somit auch auf Personen, die sich tief im Raum befinden"[64], betont IBP-Leiter Klaus Sedlbauer. Je kälter die umgebenden Wände, desto stärker muss man heizen, um die negativen Einflüsse wieder auszugleichen und ein Wohlfühlklima zu schaffen. Und in der Sommerhitze ist es genau umgekehrt, da muss gekühlt werden.

Genau dieser Strahlungseffekt bietet jedoch auch die Chance, in einem größeren Raum lokal ein individuelles Klima zu erzeugen, beispielsweise durch temperierte Stellwände. Hier kann man etwa die vor einigen Jahren von Forschern des ISE in Freiburg gemeinsam mit Kollegen von BASF Baustoffe entwickelten Phasenwechselmaterialien einsetzen. Dabei handelt es sich um Mikrokapseln, die mit Paraffin oder anderen geeigneten Materialien gefüllt sind. Als sogenannte Latentwärmespeicher bieten sie die Möglichkeit, Temperaturen konstant zu halten und Spitzenwerte auszugleichen. Die sechs bis 10 Mikrometer kleinen Kunststoffkügelchen enthalten ein Speichermedium, das beim Schmelzen Wärme aufnimmt und beim Erstarren wieder abgibt. In Wandputz, Gipskartonplatten oder eben in Stellwände eingearbeitet üben die Speicherkapseln eine ausgleichende Wirkung auf die Raumtemperatur aus. Eine weitere Möglichkeit zur individuellen Klimatisierung ist es, die Wärme- bzw. Kältespeicherfähigkeit von Wänden und Decken auszunutzen.

Leitet man dort Wasser oder Luft durch entsprechende Kanäle, kann man aufgrund der großen wärme- bzw. kälteübertragenden Fläche bereits mit sehr kleinen Temperaturdifferenzen zwischen Decken- und Raumtemperatur effektiv heizen oder kühlen. Man kann also natürliche Umweltwärmequellen und -senken effizient nutzen, wie zum Beispiel die Außenluft oder oberflächennahe Geothermie. Im Winter lässt sich das natürlich vorhandene Temperaturniveau der Umweltwärmequelle durch eine Wärmepumpe noch geringfügig und damit wirtschaftlich günstig erhöhen. Im Sommer kann man das Erdreich bzw. das Grundwasser direkt als natürliche Wärmesenke zur Kühlung der Gebäude nutzen, so dass lediglich die Energie zur Verteilung der Kühlenergie, nicht aber zu deren Erzeugung aufgewendet werden muss. Decken können so im Sommer als Kühldecken und im Winter als Heizungselemente wirken.

Als 2009 das IAO in Stuttgart ein neues Gebäude für das „Zentrum für Virtuelles Engineering ZVE" plante, lag es nahe, neue Technologien zur Optimierung von Gebäuden hier gleich vorbildhaft einzusetzen. Das inzwischen fertiggestellte Gebäude genügt nicht nur höchsten Ansprüchen an Nachhaltigkeit, sondern besitzt auch sonst ein breites Spektrum an ökologischen, ökonomischen, technischen, sozialen und funktionalen Qualitäten sowie einen sehr geringen Energieverbrauch.

Über mehrere 174 Meter tiefe Bohrlöcher liefert das Erdreich im Sommer Kälte und im Winter Wärme. Photovoltaik-Module reduzieren zusätzlich den Strombedarf. Und statt mit einer herkömmlichen Klimaanlage Kaltluft in die Räume zu blasen, werden Decken und Wände gekühlt. Bei dieser „Betonkernaktivierung", die jetzt auch zunehmend in Wohngebäuden Einzug hält, machen eingelassene Kühlschlangen das Gebäude selbst zur sparsamen und zugfreien Klimaanlage. Experten vom IBP können an einem Berliner Einfamilienhaus die hohe Wirkung messtechnisch belegen. Auch die „Hohlkörperdecken" gehören zu den technischen Glanzlichtern des ZVE-Gebäudes: Luftgefüllte Kugeln, in den Beton eingebettet, machen die Decken leicht, ohne ihre Tragfähigkeit zu mindern. Die dabei entstehende Wabenstruktur, die an den Aufbau von Knochen erinnert, erlaubt es, weite Räume zu überspannen. Das ansprechende ZVE-Gebäude aus der architektonischen Feder von Ben van Berkel, UNStudio Amsterdam, der auch das Mercedes-Museum in Stuttgart entworfen hat, soll eine Visitenkarte des Instituts und auch gutes Beispiel sein, wie Gebäude in der Morgenstadt aussehen können.

VIRTUELLE RÄUME ALS PLANUNGSHILFE

Da das IAO Virtuelle Realität (VR) entwickelt und einsetzt, um Arbeitsabläufe zu simulieren und komplexe Formen zu visualisieren, wird im Zentrum des neuen Gebäudes eine CAVE stehen: ein Raum, in dem man dreidimensional und in Originalgröße in die virtuelle Realität eintauchen kann. Dies hilft bei der Planung von ergonomischen Arbeitsplätzen und Produktionsanlagen, bei der Entwicklung von Autos oder beim Entwurf von Gebäuden. Als eines der weltweit führenden Institute auf diesem Gebiet setzten die Planer die VR-Technologie auch schon bei den Vorarbeiten zum Neubau ein.

„So konnten Architekten, Fachplaner, Lieferanten und Auftraggeber in einer bereits vorhandenen CAVE im IAO im Vorfeld sehen, wie das fertige Gebäude wirkt, wo Versorgungsleitungen laufen und welche Vorgaben zu beachten sind", sagt der zuständige IAO-Projektleiter für den ZVE-Neubau Prof. Wilhelm Bauer.

Überhaupt spielt der Computer mit seinen Möglichkeiten zur Simulation und Visualisierung eine große Rolle bei der Planung von nutzerfreundlichen Gebäuden. Vor allem in den Bereichen Beleuchtung und Akustik kann man am Bildschirm optimale Lösungen erarbeiten, ohne dass man teure Umbauten machen müsste. Aber auch die optische, energetische, feuchtetechnische und akustische Wirkung innovativer Baustoffe lässt sich so vorab klären.

Beispielsweise das Verhalten von Folien. Seit das olympische Schwimmstadion in Peking und die Allianz-Arena in München mit dem spektakulären Material namens Ethylen-Tetrafluorethylen, kurz ETFE, verkleidet wurden, sind die robusten und haltbaren Folien auf dem Kunststoffmarkt etabliert. Sie sind durchscheinend und UV-licht-durchlässig. Sechs Fraunhofer-Institute sind dabei, in dem Kooperationsprojekt „Multifunktionale Membrankissen-Konstruktionen" die ETFE-Bautechnik weiter zu optimieren. Im Fokus des Projekts stehen Membranen, die zu Kissen verarbeitet und mit Druckluft aufgeblasen werden.

Zwar kennt man den Werkstoff schon lange, doch was den Einsatz im großen Stil betrifft, sehen die Fraunhofer-Forscher durchaus noch Verbesserungsmöglichkeiten. So durchdringt Wärme die ETFE-Folie verhältnismäßig leicht. Im Sommer können sich dadurch Gebäude wie ein Treibhaus aufheizen, im Winter und in kalten Nächten verlieren sie Wärme an die Umgebung. Am IBP werden deshalb in großen Messanlagen unter natürlichen Witterungsbedingungen die Eigenschaften der Folie ermittelt.

Mit Hilfe der gewonnenen Daten simulieren die IBP-Forscher das wärmetechnische Verhalten einer Membrankissen-Konstruktion auf dem Computer. Sie berücksichtigen dabei auch, ob Teile der Konstruktion so weit abkühlen, dass sich Tauwasser bildet. Das ist ein Problem, weil dadurch Tragstrukturen aus Metall korrodieren und Dachbalken faulen können. Feuchte greift aber nicht nur die Dachkonstruktion an. Sie fördert auch das Wachstum von Mikroorganismen. In dem Gemeinschaftsprojekt haben daher Experten vom Fraunhofer-Institut für Silicatforschung ISC in Würzburg eine antimikrobielle keramische Lackschicht entwickelt, die besonders das Wachstum des Schimmelpilzes Aspergillus niger, aber auch von Bakterien und Hefen hemmt, die schwarze, unansehnliche Beläge bilden. Inzwischen ist in Kooperation mit dem Fraunhofer-Institut für Verfahrenstechnik und Verpackung IVV in Freising eine Pilotanlage entstanden, in der sich die ETFE-Folie als Meterware beschichten lässt. Das Institut hat darüber hinaus eine Methode entwickelt, um auf die Folie eine hauchdünne Aluminiumschicht aufzubringen. Sie reflektiert Wärmestrahlung, was sowohl das Aufheizen der Gebäude als auch Wärmeverluste vermindert. Zugleich ist sie so dünn, dass die Folie durchsichtig bleibt. Damit das Aluminium nicht korrodiert, wird es außerdem mit einer feinen Lackschicht überzogen.

Auch die Kooperationspartner im ISE haben in den vergangenen Jahren eine Beschichtung ausgetüftelt, mit der sich die Licht- bzw. Wärmedurchlässigkeit der ETFE-Folie beeinflussen lässt. Ähnlich wie bei einer selbsttönenden Sonnenbrille kann sie mit Hilfe von Wolfram-Trioxid abgedunkelt werden. Lässt man Wasserstoff in das ETFE-Kissen strömen, verfärbt sich die Schicht dunkelblau. Strömt Sauerstoff in die Kammer, entfärbt sie sich wieder. Wie sich zeigte, verringert sich die Lichtdurchlässigkeit der Folie dadurch um den Faktor 10 – so könnten derartige Kissenhüllen auch in der Morgenstadt als Hitzeschutz für den Sommer dienen.

GEBÄUDE ENERGIESPAREND KÜHLEN

Während in unseren Breiten die Heizung den größten Energiebedarf eines Gebäudes ausmacht, ist in tropischen oder feuchtheißen Ländern die meiste Energie für die Kühlung nötig. Fraunhofer-Forscher machen sich deshalb auch Gedanken darüber, wie man intelligente Lösungen für dieses Problem finden kann.

Südkoreas Städte durchlebten in der zweiten Hälfte des 20. Jahrhunderts einen beispiellosen Modernisierungsprozess. Die rasche Industrialisierung und das schnelle

Wirtschaftswachstum haben die städtebaulichen Strukturen verändert, die Stadtgebiete wuchsen. In jüngster Vergangenheit entstanden beispielsweise Pläne für sieben prestigeträchtige Hochhäuser mit 100 und mehr Stockwerken, die in den nächsten Jahren gebaut werden sollen. Daneben verfolgt man mit einem staatlichen Programm das Ziel, bis 2018 insgesamt eine Million Wohnungen als „green homes" neu zu bauen und eine weitere Million bestehender Wohnungen energetisch zu sanieren. „In Gebäuden mit 60 Stockwerken und mehr kann man nicht mehr die Fenster öffnen, der Winddruck ist viel zu hoch", sagt Gunnar Grün. „Da aber frische Luft von außen immer noch das Idealbild ist, versuchen wir, in Konzeptstudien unsere Erfahrungen mit der Klimatisierung von Räumen einzubringen und neue Systeme zu entwickeln, die gerade diesen Winddruck ausnutzen."

Denkbar sind doppelschalige Fassaden, in die der Wind Frischluft zwischen die beiden Hüllen drückt. Die frische Luft von außen muss dann zentral entfeuchtet, im Bedarfsfall gekühlt und anschließend im Gebäude verteilt werden. Vor diesem Hintergrund traf Christoph Mitterer, der zwei Jahre lang als Wissenschaftler und Repräsentant des IBP in Asien arbeitete, auf seine Kollegen vom Korean Institute of Construction Technology KICT in Seoul. Schnell wurde klar, dass beide Institutionen an integrierter Fassadenentwicklung arbeiten, dazu über moderne Testeinrichtungen verfügen und sich durch ihre Kompetenzen ergänzen. Deshalb wurde eine enge Zusammenarbeit vereinbart.

In den gemeinsamen Projekten sollen nun zunächst modulare Fassadensysteme in Verbindung mit innovativen Konzepten zur Klimatisierung so optimiert werden, dass sie auch für sehr hohe Gebäude geeignet sind. Die Wissenschaftler wollen dabei die Eigendynamik mit einbeziehen, die sich an den unterschiedlichen Zonen der Fassade entwickelt. Auch hier ist wiederum die Anwendung von Simulationsmodellen unentbehrlich.

Selbst die effizientesten Gebäude haben in heißen und feuchtwarmen Klimazonen noch einen bleibenden Bedarf an Kühlung und Entfeuchtung, der durch Anlagentechnik abgedeckt werden muss. „Uns stehen unterschiedliche Verfahren zur Verfügung, um Kühlung und Entfeuchtung unter Nutzung von Abwärme oder Solarenergie zu ermöglichen", sagt Dr. Hans-Martin Henning vom ISE. Und in den Klimazonen mit hohem

Kühlbedarf scheint meistens auch verlässlich und oft die Sonne, so dass solare Kühlung hier eine vielversprechende Lösung bietet.

Eine besonders elegante Möglichkeit, den Einfall von Sonnenlicht in Räume zu steuern, hat Professor Hartmut Hillmer von der Universität Kassel zusammen mit Professor Jürgen Schmid, Leiter des IWES, entwickelt. Es handelt sich um Millionen vom Auge nicht wahrnehmbarer Mikrospiegel, die zwischen den Fensterscheiben angebracht sind und sich nach dem einfallenden Licht ausrichten können. Sie sind so in der Lage, das Tageslicht – etwa in Büroräumen – dynamisch zu lenken, die Lichtwirkung zu optimieren und darüber hinaus das Raumklima positiv zu beeinflussen. Die Mikrospiegel sind mit dem bloßen Auge nicht zu sehen, das Fensterglas erscheint variabel getönt.[65]

NACHHALTIG BAUEN IN DER MORGENSTADT

Klimawandel und Ressourcenverknappung sind weltweit zu brisanten Themen geworden. Die Stadt von morgen wird in dieser Hinsicht neue Lösungen und Bewertungssysteme benötigen, denn heute entstehen noch mehr als die Hälfte des Ressourcenverbrauchs und des Abfallaufkommens in Deutschland durch die gebaute Umwelt. „Die Brisanz des Themas Nachhaltigkeit ist bei den Menschen angekommen, und die Dringlichkeit, grundlegende infrastrukturelle Weichenstellungen vorzunehmen, ebenso. Wir reagieren mit unseren Instrumenten und Methoden zur Bewertungen der Nachhaltigkeit von Bauprodukten, Bauprozessen und Bauwerken sowie der Verknüpfung industrieller Verfahren auf diese Bedürfnisse", beschreibt Klaus Sedlbauer die Entwicklungen des IBP auf dem Gebiet der ganzheitlichen Bilanzierung.

Das Ziel der Forscher ist es, Kosten und negative Auswirkungen von Gebäuden auf die Umwelt zu reduzieren – bei gleichzeitiger Steigerung der Gesundheit und Behaglichkeit der Gebäudenutzer. Darüber hinaus versuchen sie Lösungen zu finden, wie man ganze Stadtquartiere und Siedlungen nachhaltig gestalten kann. Ein Beispiel ist die Fassadenbegrünung als ökologisch sinnvolle Gebäudekomponente.

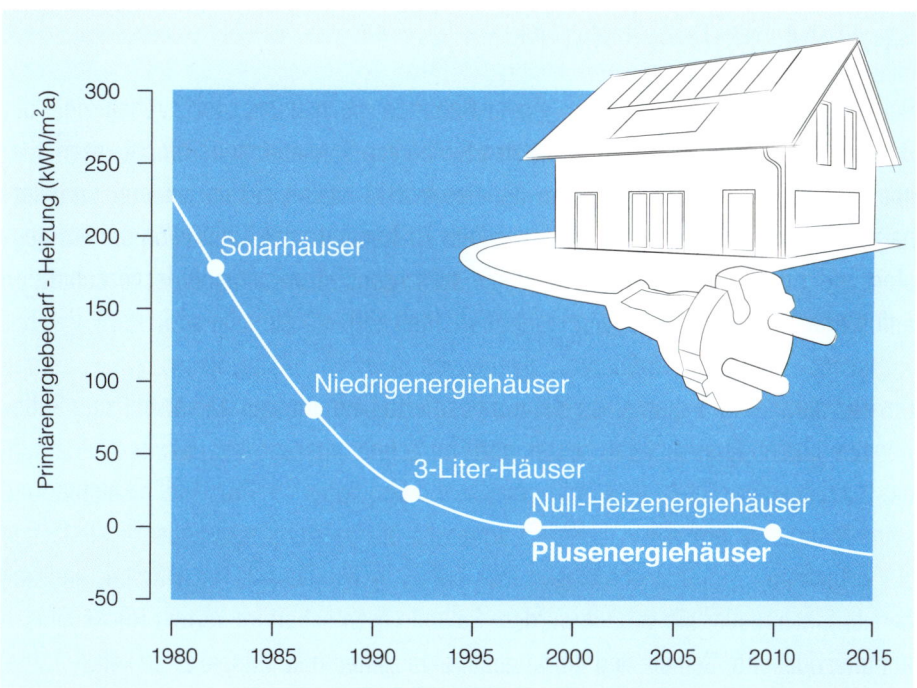

Plusenergiehäuser produzieren Energieüberschüsse, die ins öffentliche Netz eingespeist werden können. Sie werden zu Energieproduzenten. Quelle: Fraunhofer IBP

Egal, ob man künftig neue Gebäude plant oder bestehende saniert, man kann auf eine am IBP entwickelte Software zurückgreifen, „die eine Lebenszyklusplanung der ökologischen Performance eines Gebäudes bereits in einem frühen Planungsstadium ermöglicht", sagt Matthias Fischer vom IBP. Sie hilft beim Erstellen von Ökobilanzen, die sämtliche Umweltwirkungen erfassen und analysieren, etwa Treibhausgasemissionen, die Versauerung von Böden und Gewässern, die Ozonbildung sowie den Ressourcenverbrauch. „So kann man rechtzeitig mögliche ökologische Schwachstellen am Gebäude aufzeigen und beseitigen." Und man kann auch besser entscheiden, ob man bestehende Gebäude lieber abreißen oder modernisieren sollte.

LÄRM VORBEUGEN

Bei Umfragen, was Menschen in einem Gebäude am meisten stört, geben viele der Befragten die Störung durch Geräusche bzw. Lärm an. Andererseits möchte man aber in einer akustischen Umgebung leben, die es erlaubt, sich leicht mit anderen zu unterhalten oder Musik in ihrer vollen Bandbreite zu hören. In den Gebäuden der Morgenstadt wird es darauf ankommen, diese sich manchmal sogar widersprechenden Anforderungen zu erfüllen.

Um das akustische Leben eines Bauwerks zu erfassen, muss man sowohl sein Reflexionsverhalten als auch seine Leitfähigkeit für Schall untersuchen. Bereits im Stadium der Planungen geschieht dies mit numerischen Simulationen. Prof. Philip Leistner und seine Mitarbeiter am IBP in Stuttgart erwecken die Gebäude zum Leben — sie lassen sie virtuell im Computer schwingen, wie sie es in Wirklichkeit tun würden, und das bereits lange, bevor sie gebaut werden. So kann man schon im Vorfeld Rückschlüsse auf unerwünschte Schall- und Vibrationseffekte ziehen und Mängel abstellen.

Parallel dazu entwickelt die Abteilung Elemente, die Schall schlucken oder umleiten können. Das ist sowohl für Innenräume wichtig als auch für den Schallschutz, beispielsweise an Straßen oder Bahntrassen.

Ein zukunftsträchtiges und genial einfaches Produkt haben die IBP-Forscher in den letzten Jahren zusammen mit dem Stuttgarter Unternehmen Nimbus GmbH entwickelt: schallabsorbierende Behänge aus mikroperforierten Folien, die mittlerweile unter dem Namen rossoacoustic auf dem Markt sind. Die Folien sind mit exakt positionierten Lochungen versehen — rund 27 000 pro Quadratmeter, der Lochdurchmesser ist kleiner als 0,4 Millimeter. Diese Mikrolochungen bieten den Schallwellen einen angepassten Widerstand; sie wandeln Bewegungsenergie der Luftschallwelle in Wärmeenergie um — der Schall wird absorbiert.

Man kann die Folien als Raumgliederungssysteme oder als Lichtschutz am Fenster verwenden; es gibt sie durchsichtig oder als Textil. Damit lassen sich zum Beispiel individuell gestaltete Besprechungseinheiten schaffen, die vor Mithörern schützen und nach dem Ende der Unterredung wieder aufgelöst werden. Jeder Mitarbeiter kann in seinem Arbeitsbereich ungestört arbeiten, gleichzeitig garantieren die Beschattungselemente vor den Glasflächen blendfreies Licht.

Im 163 Meter hohen, 40-geschossigen Posttower in Bonn haben sich die Folien bereits bewährt: In der Konzernzentrale der Deutschen Post World Net, in der rund 2000 Personen arbeiten, sorgen Rossoacoustic-Paneele für effektive Schallabsorption und schaffen ein angenehmes akustisches Raumklima. Sie kommen dort als Fensterverschattung, Deckensegel und flexible Raumabtrennung zum Einsatz.

WENN SCHULEN ZUM VORBILD WERDEN

Manchmal erwachsen Projekte aus einer persönlichen Verbundenheit: Als Schüler besuchte Klaus Sedlbauer das Gymnasium Miesbach. Vor einigen Jahren zog es den Leiter des IBP noch einmal dorthin zurück. Er wollte herausfinden, ob vielleicht Akustik und Raumklima des Gebäudes dazu beigetragen haben, dass seine Noten damals nicht immer berauschend waren. Er stellte fest, dass die Schule eine miserable Akustik hat: Die Nachhallzeiten in den Klassenzimmern sind mit mehr als zwei Sekunden extrem lang, im Treppenhaus sind es sogar über drei Sekunden – ideal wäre eine halbe Sekunde. „Es ist erwiesen, dass unter der harten Akustik die Sprachverständlichkeit und damit die Leistungen der Schüler leiden", so Sedlbauer. Der Forscher hatte damit nicht nur eine mögliche Erklärung für seine Abiturnoten gefunden. Das Gymnasium Miesbach wurde inzwischen nach IBP-Empfehlungen für 125 000 Euro saniert. Es hat jetzt eine bessere Akustik und verbraucht weniger Energie bei angenehmerem Raumklima.

Die Bildungseinrichtung in Miesbach gehört zu einer Serie von energetischen Modellprojekten, die das IBP seit 1995 im Schulbereich realisiert hat. „Gerade Schulen haben ja einen hohen Vorbildcharakter", sagt Hans Erhorn vom IBP. „Wer schon als Schüler hautnah erfährt, wie man effizient mit Energie umgehen kann, muss dieses Wissen nicht später erst mühsam erwerben."

Ein in diesem Zusammenhang besonders ehrgeiziges Projekt wurde 2009 in Stuttgart-Zuffenhausen angestoßen: Im Rahmen der vom Bundeskanzleramt 2005 gestarteten Innovationsinitiative soll die dortige Grund- und Werkrealschule der Uhlandschule bis zum Jahr 2014 während des laufenden Schulbetriebs ganzheitlich energetisch verbessert und auf das Niveau einer PlusEnergie-Schule gebracht werden.[66] Das bedeutet, dass die Immobilie über das Jahr gemittelt mehr Energie gewinnt, als sie benötigt. Das Vorhaben sieht eine Sanierung der Gebäudehülle und der Anlagentechnik vor. Innovative Wärmedämmmaterialien und Lüftungskonzepte sollen dazu beitragen. Zudem sollen künftig die regenerativen Energieträger Sonnenlicht und Erdwärme den verbleibenden Energiebedarf für Strom und Wärme vor Ort erzeugen. Das Ziel ist es, den Heizenergiebedarf auf ein Viertel und den Stromverbrauch um ein Drittel zu verringern.

Der Gebäudekomplex umfasst neben dem Hauptbau einen Pavillon, einen quadratischen Erweiterungsbau sowie eine Turnhalle, alles in allem Räumlichkeiten mit 6437 Quadratmetern, die beheizt werden müssen. Dies soll künftig mit Hilfe hocheffizienter Wärmepumpen geschehen. Zur Erschließung der Erdwärme werden Sonden bis zu 100 Meter tief in die Erde gebracht. Die Wärme wird mit Hilfe von Speichersystemen in unterschiedlichen Temperaturniveaus für die einzelnen Verbraucher vorgehalten.

Künftig werden die Schulgebäude keine Heizkörper mehr haben, und der bisher verwendete Erdgaskessel wird stillgelegt. Die Heizung erfolgt dann über warme Luft, die direkt Boden und Wände erwärmt. Zusätzlich wird es ein Lüftungssystem geben, das aus der Luft 90 Prozent der Wärme zurückgewinnt. Im Sommer dient dasselbe System zur Kühlung der Räume.

Den notwendigen Strom zum Betrieb der Schule erzeugen künftig auf dem Dach montierte Solarzellen mit einer Gesamtfläche von 2370 Quadratmetern. Das öffentliche Stromnetz dient als Zwischenspeicher, um Schwankungen zwischen Produktion und Bedarf auszugleichen. Die Photovoltaikanlage wird so ausgelegt, dass sie jährlich mehr Energie liefert, als in der Schule tatsächlich benötigt wird. Das warme Wasser für die Sanitärräume der Turnhalle erzeugen in Zukunft Sonnenkollektoren.

Wenn alles fertig eingebaut ist, beginnt eine Messphase, in der Forscher mit einem detaillierten Untersuchungsprogramm die Wirksamkeit der realisierten Maßnahmen nachweisen und auswerten. Diese Phase dient auch der Einregulierung der Gebäudetechnik.

KALTE FERNWÄRME ALS ZUKUNFTSMODELL

PlusEnergie-Schulen – bisher gibt es drei davon, und zwar in Berlin, Stuttgart und Rostock – sind ebenso wie etwa das Ende 2011 von der Bundeskanzlerin eröffnete PlusEnergie-Wohnhaus in Berlin Leuchtturmprojekte mit großer Öffentlichkeitswirkung. Für die Durchdringung des Massenmarkts sind aber weitaus mehr Maßnahmen nötig. Eine Vorreiterrolle spielen dabei die Fertighaushersteller, die künftig Häuser mit immer geringerem Energiebedarf anbieten. „Schon heute kann man für einen Aufpreis von 40 000 bis 50 000 Euro ein PlusEnergie-Haus kaufen", sagt IBP-Forscher Hans Erhorn. „Diese Investition lohnt sich spätestens nach zehn Jahren, man kann damit sogar Überschüsse erwirtschaften." Langjährige Entwicklungen bis hin zum kleinsten Detail haben auf dem Gebiet große Fortschritte gebracht. Es gibt mit den Vakuumpaneelen heute sehr gute Dämmstoffe, und auch bei der Fensterentwicklung hat sich eine Menge getan.[67] „Es waren viele kleine Schritte, die ihre Zeit erforderten", weiß Erhorn. „Vielfach wusste man zwar, wie man etwas technisch lösen kann, aber bis die Dinge Baureife erlangen – das dauert eben länger."

Dennoch sieht auch Energiespezialist Erhorn noch Forschungsbedarf für die Gebäude der Morgenstadt: „Wir dürfen uns nicht zu sehr allein auf Wärmepumpen verlassen. Zwar ist Strom der Energieträger der Zukunft, aber er ist eine sehr hochwertige, edle Art von Energie, die man nicht unbedingt zum Heizen verwenden sollte." Es gibt andere Möglichkeiten, die auch einen besseren Energiemix ergeben und damit zu große Abhängigkeiten verhindern, beispielsweise die Heizung mit Biokraftstoffen oder Holzpellets. Hier allerdings muss die Effizienz noch verbessert werden, denn Holzöfen können nur auf voller Leistung laufen, mit sehr heißen Abgasen. Wenn man sie drosseln will, beginnen sie zu rußen. Früher war das auch bei Öl und Gas so, die technische Entwicklung ist dort aber schon weiter. Moderne Brennwertkessel haben eine Abgastemperatur von nur noch maximal 50 Grad, und sie arbeiten sehr effizient. Für Holzpellets muss etwas Entsprechendes erst noch entwickelt werden.

All die beschriebenen Verbrennungstechniken haben jedoch eines gemeinsam: Die bereitgestellte Heizwärme ist maximal so groß wie der Energiegehalt des eingesetzten Brennstoffs. Künftig können Brennstoffe jedoch noch effizienter genutzt werden, indem man sie in neuartigen Wärmepumpen einsetzt. Gemeinhin sind uns heute Wärmepumpen bekannt, die mit Strom angetrieben werden: Umgebungswärme – zum Beispiel aus dem Erdreich oder der Außenluft – wird dabei in einem Kompressionsprozess auf ein höheres Temperaturniveau angehoben, das zur Beheizung von Gebäuden oder der Warmwasserbereitstellung ausreicht. Wärmepumpen können jedoch auch mit Wärme angetrieben werden, und zwar umso effektiver, je höher die Temperatur der Antriebswärme ist. Der mechanische Verdichter wird dabei durch einen thermischen Verdichter ersetzt. Entsprechend hohe Temperaturen zum Antrieb dieser Wärmepumpen werden bei der Verbrennung – beispielsweise von Erdgas – erreicht, weshalb man oft auch von Gas-Wärmepumpen spricht. „Wir gehen davon aus, dass auf Basis dieser Verfahren in wenigen Jahren aus einer Kilowattstunde Energie im Brennstoff – sei es Erdgas oder Biomasse – eineinhalb Kilowattstunden Heizwärme bereitgestellt werden können", so Dr. Hans-Martin Henning vom ISE.

Zur Versorgung mit Wärme gibt es also vielfältigste Möglichkeiten, und mit etwas Erfindungsgeist lassen sich auch ungewöhnliche Dinge realisieren: So entstehen derzeit im Neckarpark in Stuttgart, einem ehemaligen Kleingewerbegebiet, Wohnhäuser, die die Wärme des Abwassers zur Heizung nutzen. „Das rund 10 Grad kalte Abwasser wird in die Häuser geleitet, dort erhöht eine Wärmepumpe die Temperatur auf 30 bis 40 Grad", sagt Hans Erhorn. „Man könnte das eigentlich auch ‚kalte Fernwärme' nennen." Im Sommer lässt sich das Abwasser natürlich auch zum Kühlen nutzen.

In der Morgenstadt wird es wahrscheinlich weiterhin ganz normale Verbrennungsheizungen geben, vermutet Erhorn. Parallel dazu wird man Abwärme speichern und abrufen, wenn man sie braucht. Sind die Speicher – entweder chemische Verfahren oder Wassertanks – groß genug, kann man die Wärme sogar ganzjährig aufbewahren. „Künftig wird man zum Beispiel Blockheizkraftwerke rund um die Uhr laufen lassen, den Strom ins Netz einspeisen und die anfallende Wärme speichern oder an andere Verbraucher verteilen", glaubt der Experte.

Dass die Speicherung und sogar der Transport von Wärme mit Lkws eine Zukunft hat, daran glaubt auch Siegfried Egner vom Fraunhofer-Institut für Grenzflächen- und Bioverfahrenstechnik IGB in Stuttgart. „Man kann Wärme entweder mit Zeolith speichern oder mit chemischen Stoffpaaren", sagt der Verfahrensingenieur. „Heute wird beispielsweise in Biogasanlagen 60 Prozent der Wärme einfach weggeworfen, die könnte man gut speichern. So ließen sich Wärme-Akkus bauen, die in einen Container passen. Man kann sie mit Abwärme aufladen und dort entladen, wo kurzfristig ein Gebäude geheizt werden muss." Zukünftig werden hier ganz neue Materialklassen noch große Effizienzsprünge ermöglichen. „Wir konnten kürzlich erstmals metall-organische Gerüstmaterialien entwickeln, die sich noch viel besser als die heute verwendeten Zeolithe für Wärmeanwendungen eignen. Damit lassen sich thermochemische Wärmespeicher, aber auch sehr effiziente Gas-Wärmepumpen und wärmegetriebene Kältemaschinen entwickeln", so Dr. Stefan Henninger vom ISE.

Wenn künftig Wärme und Strom in der Uhlandschule nachhaltiger und sparsamer verwendet werden, spielt auch die Beleuchtung eine große Rolle. Sie wird ebenfalls optimiert, natürlich ohne Einbuße an Komfort für die Schüler. Auch das hat Vorbildcharakter. Die Schüler werden so viel Tageslicht wie möglich bekommen, damit ihre Wachheit und Leistungsfähigkeit hoch ist. Die IBP-Experten wollen zu diesem Zweck Veränderungen an der Fassade vornehmen.

Ganz wichtig ist aber noch ein weiterer Effekt: Die Luft in den Klassenräumen muss gut sein. Üblicherweise misst man das anhand des CO_2-Gehalts: Je niedriger er ist, desto besser. In der Außenluft liegt er zwischen rund 330 ppm[68] (auf dem Land) und 700 ppm (in der Stadt). In Wohnungen und Büros sollte er nicht mehr als 1400 ppm ausmachen. Dass dieser Grenzwert weit überschritten wird, ist leider in deutschen Schulen oft unerfreulicher Alltag. „Wir maßen beispielsweise gleich nach der Pause, in der nicht gelüftet wurde, eine CO_2-Konzentration von rund 2000 ppm, nach einer Unterrichtsstunde von 45 Minuten waren dann sogar 2400 ppm CO_2 erreicht", sagt Viktor Grinewitschus. „Dass damit optimale Rahmenbedingungen für die Leistungs- und Konzentrationsfähigkeit der Schüler gegeben sind, wage ich zu bezweifeln." Als Gegenmittel gibt es eine einfache Lösung: regelmäßiges kurzes Lüften. Aber man kann dem Problem auch mit technischen Mitteln beikommen, etwa durch vollautomatische Lüftungssysteme, die immer für einen ausreichenden Luftaustausch sorgen. Im IBP stehen zur Untersuchung dieser Fragen zwei identische, mit Messtechnik gespickte Klassenräume mit „Schüler-Dummies" zur Verfügung.

In der Morgenstadt wird es also um das perfekte Zusammenspiel aller Faktoren gehen: Heizung, Kühlung, Akustik, Beleuchtung und Luftqualität – und das so nachhaltig wie möglich. Dann werden Gebäude nicht mehr Energiefresser sein, sondern intelligente Hüllen, die uns das Leben angenehmer machen. „Dabei müssen wir darauf achten", sagt Professor Hauser, „dass nicht nur diese technischen, sondern auch gesellschaftliche Fragen beantwortet werden."

KAPITEL 4
ERNÄHRUNG UND GESUNDHEIT

Shanghai am frühen Morgen: Es gibt wenige Parks für die 12 Millionen Einwohner, und so finden sich jeden Morgen Dutzende vor allem älterer Leute am Bund ein, dem weltberühmten Hafenkai, um dort ihre Gymnastik zu machen. Tai Chi oder Schattenboxen heißt das hier, und die Übungen bestehen aus langsamen, ausgewogenen Bewegungen, die die Gelenke lockern und den Körper entspannen sollen. Entstanden aus einer Kampfsportart, dient Tai Chi heute vielen Menschen in China als Ausgangspunkt zur Meditation. Im Westen ist diese Art der regelmäßigen Gymnastik leider nicht weit verbreitet, man nimmt aber gute Vorsätze mit nach Hause, aus Gesundheitsgründen wieder mehr und regelmäßiger Sport zu machen.

Mitten im Finanzdistrikt von Tokio liegt die Zentrale der Leiharbeitsfirma Pasona. Hier, in einem modernen Hochhaus, nur eine Straße entfernt vom Hauptbahnhof, arbeiten rund 2000 Menschen. Wer das Gebäude betritt, ist überrascht, denn im Foyer sieht er sich einem Reisfeld gegenüber. In Reih und Glied stehen Tausende von Pflanzen im Wasser, in helles Licht getaucht durch große Lampen. Dreimal pro Jahr werden hier rund 50 Kilogramm Reis geerntet. Das reicht zwar nicht zur Ernährung der Angestellten, aber die Kantine fertigt daraus immerhin 3000 onigiri-Reisbällchen. Wichtiger ist dem Unternehmen, dass das Reisfeld im Foyer die CO_2-Bilanz des Pasona-Headquarters angeblich um zwei Tonnen pro Jahr verringert.[69] Dazu tragen auch 200 andere Pflanzenarten bei, die hier im Haus auf gut 16 000 Quadratmetern kultiviert werden, zum Beispiel Tomaten, Paprika, Auberginen und Sonnenblumen. Jeder Angestellte ist verpflichtet, an der Pflege der Pflanzen teilzunehmen, dafür soll er ein paar Arbeitsstunden pro Monat reservieren.

TREIBHÄUSER ÜBER DEN DÄCHERN DER GROSSSTADT

Die extremste Idee für die Reform der Nahrungskette, nämlich Lebensmittel direkt in den Städten anzubauen, nennen Fachleute urban farming. Nachdem bereits Ende des 19. Jahrhunderts Einwohner von Detroit von ihrem Bürgermeister aufgefordert wurden, auf freien Grundstücken in der Stadt Kartoffeln anzubauen, dürfte urban farming angesichts der Flächenknappheit bald eine Renaissance erleben. Dem tragen auch Fraunhofer-Forscher Rechnung: „Wir entwickeln gerade in unserem Projekt inFARMING – kurz für integrated farming – Lösungen für die urbane Landwirtschaft, die man rasch umsetzen kann. Unser Ziel ist es, bestehende Bauten für den Anbau von Gemüse zu nutzen", sagt Volkmar Keuter, der als Bioverfahrensingenieur und Maschinenbauer die besten Voraussetzungen für die Planung eines solchen Projekts mitbringt. „Grundsätzlich eignen sich für den Anbau in Stadtfarmen viele Pflanzensorten. Neben Gemüse und Obst wollen wir auch den Anbau von Arzneimittelpflanzen untersuchen."

Landwirtschaft mitten im Häusermeer? Der Gedanke ist auf den ersten Blick so abwegig wie faszinierend. Aber wäre es beispielsweise nicht eine großartige Idee, Gemüse und Kräuter, die man im Supermarkt kauft, einfach auf dessen Dach anzubauen, anstatt sie von weither zu transportieren? Morgens geerntet, liegt die Ware dann taufrisch in den Regalen, ohne Verlust an Geschmack oder Vitaminen, und verursacht außerdem kaum Transportkosten. So ließen sich auch wieder Gemüsesorten verkaufen, die nicht nur auf lange Haltbarkeit hin gezüchtet sind, sondern auf optimalen Geschmack.

Im New Yorker Stadtteil North Brooklyn gibt es etwas Ähnliches bereits. Es geht um Gotham Greens, ein Projekt der Firma BrightFarms LLC. Das Unternehmen beschäftigt sich mit dem Entwurf, Bau und Betrieb von Hydrokultur-Farmen für Gemüse in der Nähe von Supermärkten. Das Ziel ist, damit innerhalb der Versorgungskette Zeit, Entfernung und Kosten zu minimieren. So wachsen in North Brooklyn auf 1000 Quadratmetern unter Glasdächern auf einem Lagerhaus Salat, Basilikum und Tomaten, die an benachbarte Supermärkte geliefert werden. Sie kosten nicht mehr als vergleichbare Bioprodukte. Auch im US-Staat New Jersey oder Pennsylvania wird es so etwas bald geben: Die US-Supermarktkette McCaffreys Markets hat beschlossen, in Zusammenarbeit mit BrightFarms das Dach einer ihrer Filialen zu bepflanzen.

In den Industrieländern hält jeder Kunde es für selbstverständlich, dass er im Supermarkt um die Ecke jederzeit frisches Obst und Gemüse in ausreichender Menge und Vielfalt kaufen kann. Was er dabei nicht bedenkt, ist, dass dieses — vor allem im Winter — meist von weither angeliefert werden muss.

Bisher kommen beispielsweise 98 Prozent des Salats in New York aus dem 4200 Kilometer entfernten Kalifornien oder aus Arizona. Das bedeutet fünf Tage Fahrt im Kühl-Lkw. Damit verbringen die Salatköpfe ihre halbe Haltbarkeitszeit auf dem Transport und haben eine wesentlich kürzere Verkaufsspanne im Supermarkt, bevor sie welken. Außerdem entfallen 45 Prozent ihres Preises auf die Transportkosten.[70] „So werden wertvolle Ressourcen verschwendet", sagt Volkmar Keuter vom Fraunhofer-Institut für Umwelt-, Sicherheits- und Energietechnik UMSICHT in Oberhausen. „Das Ziel für die Stadt der Zukunft muss sein, das Gemüse nahe beim Verbraucher zu erzeugen und es unter gesunden, kontrollierten Bedingungen heranzuziehen. Auf diese Weise bekommt der Kunde bessere und frischere Ware zu stabilen Preisen, und zusätzlich entsteht weniger CO_2."

Die Farm im Haus von Pasona ist in erster Linie ein weltweit beachtetes PR-Projekt, das für die Firma werben soll. Aber ihre Bedeutung weist ebenso wie die Projekte in New York in die Zukunft unserer Städte: Wenn immer mehr Menschen in die Metropolen ziehen und immer mehr Ackerland unter Beton verschwindet, gleichzeitig aber die Weltbevölkerung weiter zunimmt, werden Anbauflächen knapp. Das könnte die Ernährung der Menschheit gefährden. Wie kann man einen Ausweg aus diesem Dilemma finden? Wo werden wir morgen unsere Nahrung erzeugen, und wie wird sie überhaupt aussehen?

Damit auch die Menschen in den Städten auf lange Sicht Zugang zu gesunder und reichhaltiger Nahrung haben, sind also neue Lösungen gefragt. Sie betreffen nicht nur die Anbauflächen, sondern auch die Produktion und Verarbeitung unserer Lebensmittel. Fraunhofer-Forscher machen sich über diese Fragen seit langem Gedanken und entwickeln Lösungen für nachhaltige Produktion, effiziente Versorgungssysteme und für neues, gesünderes Essen.

Auch hier gilt wieder: Alles ist mit allem vernetzt. Innovative Lösungen zur Erzeugung der Lebensmittel erfordern deshalb die Einbeziehung aller Systemkomponenten: von Lösungen zur Energiebereitstellung, zur Logistik und zum Design von Häusern ebenso wie von Fragen der Wasserver- und -entsorgung. Gleichzeitig steht die Ernährung in engem Zusammenhang mit unserer Gesundheit: Wie ist es zu schaffen, dass die Stadtbewohner der Zukunft gesund und vital bleiben und dass sie im Krankheitsfall effizient und erfolgreich behandelt werden? In einer ganzen Reihe von Fraunhofer-Instituten arbeiten Wissenschaftler an der Lösung dieser Probleme und erproben bereits viele Ideen in konkreten Szenarien.

Nicht nur der Salat, auch andere Lebensmittel legen heute einen weiten Weg zurück, ehe sie auf unserem Tisch landen: Kiwis werden aus Neuseeland importiert, Mangos aus Thailand, Reis aus Indien, Rindfleisch aus Argentinien und Lachs aus Chile. Sogar

Äpfel kommen aus Chile, und Knoblauch wird aus China importiert, obwohl diese Dinge auch bei uns gut gedeihen. Forscher der Fraunhofer-Allianz Food Chain Management suchen hier nach Verbesserungen: Sie betrachten die Kette der Lebensmittelherstellung als ganzheitlichen Prozess. Ihr Ziel ist es dabei, die Wertschöpfungskette so zu planen, zu überwachen und zu optimieren, dass Konsumenten effizient und sicher mit qualitativ einwandfreier Nahrung versorgt werden können. Von besonderer Bedeutung sind Lebensmittelsicherheit, Lebensmittelqualität und Rückverfolgbarkeit der Produkte.

Wenn sich ein längerer Transport nicht vermeiden lässt, bieten neuerdings antimikrobiell aktive Verpackungen eine Möglichkeit, die Qualität und Sicherheit des Produkts zu gewährleisten. Sie enthalten Bestandteile, die die verpackten Lebensmittel vor dem Verderb schützen. Bisher gibt es derartige Folien bereits in Japan. Dort kommen als aktive Wirkstoffe unter anderem Silber, Wasabi und Ethanol zum Einsatz. Die Lebensmittelchemikerin Carolin Hauser vom Fraunhofer-Institut für Verfahrenstechnik und Verpackung IVV in Freising hat eine antimikrobiell aktive Folie auf Lackbasis entwickelt und getestet. „Die Folie gibt ihren Wirkstoff bei direktem Kontakt an die Produktoberfläche ab", sagt die Forscherin. „So bietet sie mit nur geringsten Mengen dieses Wirkstoffs einen effektiven Schutz des Produkts, denn gerade dessen Oberfläche stellt den primären Angriffspunkt für die Keime dar."

Bei verpacktem Fisch oder Fleisch ist es dem Konsumenten kaum möglich, zwischen frischer und bereits ungenießbarer Ware zu unterscheiden. Forscher der Fraunhofer-Einrichtung für Modulare Festkörper-Technologien EMFT haben deshalb eine Sensorfolie entwickelt, die in die Packung integriert wird und dort die Qualitätskontrolle übernimmt. Bei verdorbener Speise warnt sie durch einen Farbwechsel. Die Sensorfolie wird in die Innenseite der Verpackung integriert und reagiert auf biogene Amine. Das sind Moleküle, die beim Zersetzungsprozess von Lebensmitteln, vor allem Fisch und Fleisch, entstehen. Sie sind auch für den unangenehmen Geruch verantwortlich. Gelangen diese nun in die Luft in der Verpackung, so reagiert der Indikatorfarbstoff der Sensorfolie und wechselt seine Farbe von gelb zu blau. »Ab einem bestimmten Konzentrationsbereich ist die Farbänderung deutlich zu erkennen und kann somit eine Warnfunktion übernehmen«, erläutert Dr. Anna Hezinger von der EMFT. Das ist nicht nur interessant, um ungenießbare Produkte zu erkennen. Viele Menschen reagieren überempfindlich auf bestimmte Amine: Eine Warnung ist für sie umso wichtiger.

JEDERZEIT STADTTOMATEN ERNTEN

Die herkömmliche konventionelle Landwirtschaft ist sehr ressourcenintensiv, neben der benötigten Fläche verbraucht sie weltweit rund 70 Prozent des verfügbaren Trinkwassers. Darüber hinaus trägt ihr Energieverbrauch mit etwa 14 Prozent zu den weltweiten CO_2-Emissionen bei.[71] Für Stadtpflanzen, die so nachhaltig wie möglich hergestellt werden sollen, sind deshalb andere Technologien nötig. Dazu zählen Verfahren, bei denen die Wurzeln der Pflanzen nicht in herkömmlicher Erde stecken, sondern in einem Substrat – beispielsweise poröse Tonkügelchen oder Mineralwolle –, das Nährflüssigkeit enthält. Über diese Salzlösung erhalten sie die nötigen Mineralstoffe. Noch extremer ist eine andere Art der Kultivierung, bei der die Pflanzenwurzeln frei in der Luft hängen und nur über einen Sprühnebel versorgt werden. Beide Methoden – Fachleute sprechen von Hydroponik und Aeroponik – haben im Vergleich zur konventionellen Landwirtschaft einen geringeren Platzbedarf, sind unabhängig von Wetter und Jahreszeit und erzielen höhere Erträge.

Auch der Wasserverbrauch ist minimal, da Schmutzwasser aus dem Gebäude gereinigt und von Bakterien befreit wieder zum Gießen genutzt werden kann. Multifunktionale Mikrosiebe und photokatalytische, also sich mit Hilfe von UV-Strahlung selbstreinigende Beschichtungen stellen die Qualität des Wassers sicher. Nährstoffe für die Pflanzen können aus dem Abwasser herausgefiltert werden (siehe dazu auch das Kapitel „Wasser"). „Wir setzen bei unserem Konzept auf hydroponische Systeme, also Hydrokulturen", so Keuter. „Im Grunde genügt den Pflanzen ein dünner Wasserfilm, aus dem sie die Nährstoffe aufsaugen. Der Vorteil: Der Ertrag ist zehnmal höher, und Erde ist für viele Hausdächer ohnehin zu schwer. Darum arbeiten wir an innovativen Systemen, die Pflanzen mit Nährlösungen versorgen."

Der Ansatz verknüpft in idealer Weise die Voraussetzungen, die ein Gebäude für die Produktion von Lebensmitteln bietet: Es besitzt ein Dach, auf das die Sonne scheint, und es erzeugt Wärme und nährstoffhaltiges Abwasser. Beides muss normalerweise entsorgt werden, dient aber in der urbanen Landwirtschaft als Ressource, denn Pflanzen brauchen eben Licht, Wärme, Wasser und Dünger. „Betrachtet man das als Gesamtsystem, ergeben sich interessante Synergien", hat Keuter erkannt. Die Abwärme des Hauses und zusätzliche Solarmodule sollen ausreichen, um die Gewächshäuser mit Wärme und Strom zu versorgen. Ideal sind halbtransparente Solarzellen, die den Pflanzen nicht das Licht zum Wachsen nehmen.

Potenzial wäre da, auch in Deutschland: Hierzulande gibt es rund 1200 Millionen Quadratmeter Flachdächer. Auf rund einem Viertel der Fläche könnten Kräuter- und Gemüse gedeihen. Diese Pflanzen würden dann in Städten jährlich etwa 28 Millionen Tonnen CO_2 binden. Das entspricht 80 Prozent der CO_2-Emissionen von industriellen Betrieben in Deutschland.[72]

FRISCHES GEMÜSE FÜR DA LAT, VIETNAM

Tatsächlich soll auf der Dachfläche des Fraunhofer-inHaus-Zentrums in Duisburg ein inFARMING-Anwendungslabor mit einer Fläche von etwa 300 Quadratmetern eingerichtet und betrieben werden. Hier wollen Forscher die Technologien für das gesamte System entwickeln und erproben. In größerem Maßstab Anwendung finden sollen sie dann in einem Projekt, das das UMSICHT derzeit gemeinsam mit Partnern aus Deutschland und Vietnam plant. Dieses fernöstliche Land hat ein hohes Bevölkerungswachstum; ein großer Anteil der Bürger lebt in Städten — mit steigender Tendenz. Seit dem Vietnamkrieg sind immer noch viele Ackerbauflächen durch den damaligen Einsatz von Agent Orange mit Dioxin verseucht. So bietet sich urban farming als sinnvolle Lösung an.

In der Stadt Da Lat im südlichen Teil des zentralen vietnamesischen Berglandes, 300 Kilometer nordöstlich von Ho-Chi-Minh-Stadt, soll das Projekt aufgebaut werden.

Die Provinzhauptstadt verfügt über eine Universität und mehrere Forschungsinstitute. Gemüseanbau, Blumenzucht und Tourismus sind wichtige Wirtschaftszweige, und so gibt es schon eine passende Infrastruktur.

Das Gewächshaus soll auf einem bereits bestehenden Gebäude entstehen; es muss leicht sein, gleichzeitig aber stabil, damit es auch den tropischen Wirbelstürmen trotzen kann. Unter den realen Bedingungen vor Ort werden die Forscher dann untersuchen, wie die Wasserkreisläufe gestaltet sein müssen, wie die Sensorik und automatische Steuerung aussehen muss, welche Pflanzen sich besonders gut eignen, welche Nährstoffe und welches Licht sie bevorzugen und wie die nötige Energie aus nachhaltigen Quellen aufgebracht werden kann. Die einschlägigen Institute der Universitäten in Ho-Chi-Minh-Stadt und Hanoi sind an den Arbeiten ebenfalls beteiligt. Am Ende werden alle Erkenntnisse ausgewertet und dokumentiert, damit man aus den hier gewonnenen Erfahrungen lernen kann.

FLEISCH WIRD ZUM LUXUS

Pflanzen lassen sich also auch in Städten kultivieren. Wie aber sieht es mit Tieren aus? Werden auch die Bewohner der Morgenstadt Würstchen und Steaks nach Belieben verzehren können? Schon heute zeichnet sich eine Fleischknappheit ab: In aufstrebenden Staaten wie China oder Brasilien nimmt der Fleischverbrauch dramatisch zu. Seit 1961 ist der Verzehr von rotem Fleisch weltweit auf das Vierfache angestiegen, der von Geflügelfleisch hat sich sogar verzehnfacht. Noch gibt es starke regionale Ungleichgewichte: Ein Europäer isst im Durchschnitt 20-mal so viel Fleisch wie ein Inder. Die Ernährungs- und Landwirtschaftsorganisation der Vereinten Nationen FAO erwartet, dass sich aufgrund des zunehmenden Wohlstands die globale Fleischproduktion bis 2050 verdoppeln wird.

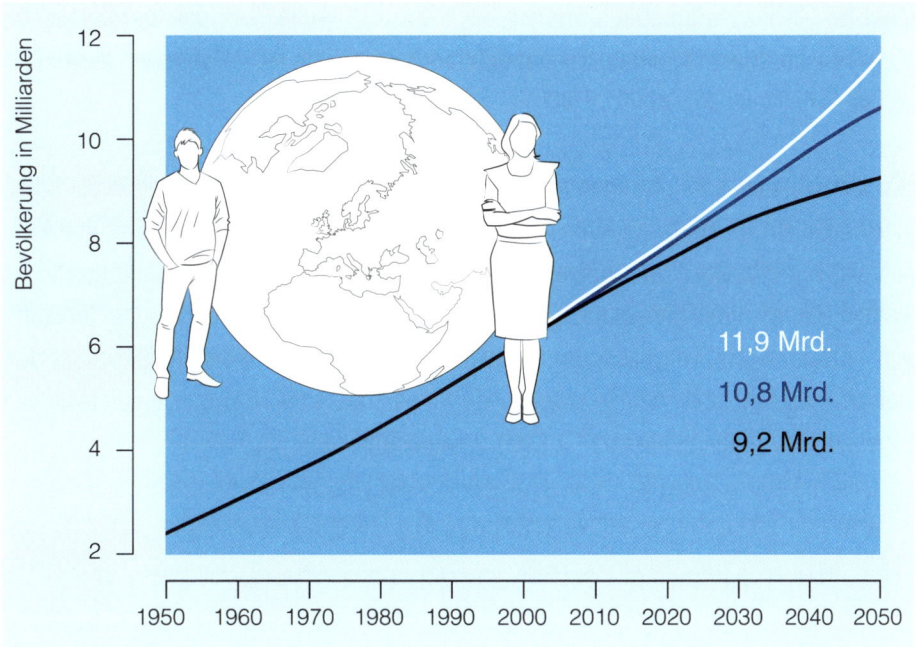

Laut unterschiedlich optimistischer UN-Prognosen wird die Weltbevölkerung bis zum Jahr 2050 auf 9,2 bis 11,9 Milliarden anwachsen. Und alle wollen ernährt sein. Quelle: UN

Dr. Peter Eisner vom Fraunhofer-Institut für Verfahrenstechnik und Verpackung IVV hat sich mit diesen Fragen auseinandergesetzt. Seine Überlegungen gehen von dem großen Aufwand aus, der für die Produktion von Fleisch nötig ist. „Um ein Kilogramm davon zu erzeugen, werden sieben bis 16 Kilogramm Getreide oder Sojabohnen als Tierfutter verbraucht, hat Worldwatch errechnet", berichtet er. „Das hat dazu geführt, dass in den USA rund 80 Prozent des Getreides an Nutztiere verfüttert werden. Wenn das Wachstum ungebremst so weitergeht, würde etwa im Jahr 2022 die gesamte global verfügbare Ackerfläche nur noch der Futtermittelproduktion dienen."

Verschärft wird die Lage noch durch die Konkurrenz mit Energiepflanzen. Je teurer das Erdöl wird, desto mehr rücken Pflanzen in den Fokus, aus denen sich beispielsweise Bioethanol herstellen lässt. Auch dies verringert die Ackerflächen, die für die Nahrungsmittelproduktion zur Verfügung stehen. Als 2007 in Mexiko der Preis von Maismehl für Tortillas dramatisch anstieg, weil die USA große Teile der mexikanischen Maisernte zur Bioethanolproduktion importiert hatten, kam es zu Protesten der Bevölkerung.

„Esst weniger Fleisch", mahnen deshalb die Weltverbesserer, aber ihre Rufe verhallen meist ungehört. Deshalb sind intelligente Lösungen gefragt, wie etwa die bessere Ausnutzung von Pflanzen. Peter Eisner betont: „Aus Pflanzen lassen sich nicht nur hochwertige Lebensmittel erzeugen, sondern parallel dazu auch noch technische Rohstoffe und Energieträger." Von besonderer Bedeutung – gerade für diejenigen, die auf den Fleischgenuss nicht verzichten wollen – dürfte aber auch die Nutzung von pflanzlichen Lebensmittelzutaten als Ersatz für tierische Rohstoffe sein.

LUPINEN FÜR DEN GENUSS OHNE REUE

Neueste Forschungsarbeiten belegen, dass die Lupine ein wichtiger Grundstoff für unsere Nahrung sein kann. Während die Samen der Pflanze früher nur als Tierfutter Verwendung fanden, haben nun Verfahrenstechniker rund um Peter Eisner Mittel und Wege gefunden, daraus Proteine und Ballaststoffe für die menschliche Ernährung zu gewinnen. „Anderen Lebensmitteln beigemischt, können sie Ei oder Milch ersetzen und so dazu beitragen, den Cholesterinspiegel im Blut der Konsumenten zu senken", sagt der IVV-Forscher. Er und sein Team haben es inzwischen geschafft, Lupinensamen unterschiedlich aufzubereiten, so dass man die entstehenden Flocken, Pulver oder Flüssigkeiten einerseits zur Herstellung von Milch, Käse, Speiseeis und Pudding, andererseits als Grundlage für Kuchen, Mayonnaise, Wurstwaren, Cremes und Schäume benutzen kann. Die Lupine wird so zur Allround-Pflanze, die je nach Bearbeitung cremig, sämig oder fettig wirkt, dabei aber kein Fett enthält.

Besonders für den fernöstlichen Markt dürfte die Eiscreme namens Lupinesse ein Erfolg sein, die Forscher am IVV mit Partnern aus der Wirtschaft entwickelt haben. Die Presse jubelte, endlich sei die Demokratie für Eisesser angebrochen: Auch Menschen, die keine Laktose vertragen, könnten nun die schmelzende Süßigkeit genießen. Bereits zwei Jahre zuvor hatte das Institut gezeigt, dass ein Großteil des Fetts in Leberwurst durch Lupinenproteine ersetzt werden kann.

Lupinensamen sind auch der Grundstoff für ein pflanzliches Produkt mit fettähnlichen Eigenschaften. Mit einem speziellen Produktionsverfahren lässt sich aus den Samen eine Proteinsuspension in Form einer dickflüssigen Masse gewinnen, die eine sehr cremige Textur aufweist. „Die Herstellung beruht auf einem Fällungsverfahren, das zurzeit optimiert und in den Industriemaßstab übertragen wird", so Peter Eisner. „Die mikroskopische Struktur dieses Produkts ähnelt den Fettpartikeln in Wurstbrät oder dem Milchfett in Sahne. Deshalb kann man es zur Herstellung fettarmer Wurstwaren benutzen, die genauso gut schmecken wie das Original. Bisher führte eine Reduktion von Fett häufig zu sensorischen Einbußen."

Der Ersatz von Fett durch Lupineneiweiß wäre ein Schritt in die richtige Richtung, zumindest was die Ernährung in Deutschland anbetrifft. Denn Wurstwaren zählen meist zu den fettreichen Lebensmitteln. 31 Kilogramm pro Jahr isst jeder Deutsche im Durchschnitt davon. Die Folge: Übergewicht und Herz-Kreislauf-Erkrankungen.

In Zusammenarbeit mit der Universität Halle-Wittenberg lässt das IVV die gesundheitlichen Wirkungen der neuentwickelten Nahrungskomponenten erforschen: „Unsere Partner in Halle konnten zeigen, dass Lupinenprotein die Konzentration der unerwünschten Triglyceride und des LDL-Cholesterins im Blut von Ratten senkt, während das aus medizinischer Sicht erwünschte HDL-Cholesterin unverändert bleibt", sagt IVV-Forscherin Katrin Hasenkopf. Ähnlich positive Ergebnisse deuten sich in einer Untersuchung der Universität Jena auch für den Menschen an.

GESUND UND FIT ALT WERDEN

Seit einigen Jahren beginnt ein Umdenken in der Medizin — weg von der ausschließlichen Orientierung auf die Krankheit und ihre Entstehung, hin zur Erforschung und Erhaltung der Gesundheit. „Salutogenese" heißt dieses Gebiet, und es wurde in den 70er Jahren vom israelisch-amerikanischen Medizinsoziologen Aron Antonovsky begründet. Er stellte die Frage, welche Faktoren den Menschen eigentlich gesund erhalten, und kam unter anderem zu dem Schluss, dass derjenige, der sich fit fühlt und glaubt, mit den Anforderungen des Lebens jetzt und auch in Zukunft gut zurechtzukommen, sich gesünder fühlt als jemand, der sich fremdbestimmt und höheren Mächten ausgeliefert wähnt.

Einig sind sich heute alle Experten, dass Vorbeugung einer der wichtigsten Pfeiler zur Erhaltung der Gesundheit ist. Im Wesentlichen geht es dabei darum, die Verantwortung für die eigene Gesundheit selbst zu übernehmen und nicht darauf zu warten, dass der Arzt mit irgendwelchen Medikamenten schon alles in Ordnung bringen wird. Im Vordergrund steht dabei eine ausgewogene und nicht zu üppige Ernährung, viel Bewegung und der Verzicht auf Rauchen und übermäßigen Alkoholkonsum. Zunehmend ins Blickfeld der Öffentlichkeit rücken aber auch psychische und soziale Faktoren, etwa die Frage, wie stressresistent jemand ist oder ob er sich geliebt und geachtet fühlt in Beruf und Privatleben.

„Die Technik soll dem Menschen dienen." Diesen Grundsatz stellt die Fraunhofer-Gesellschaft in den Mittelpunkt aller Überlegungen. Das Motto gilt ebenso für die Gesundheitsvorsorge: Sie ist auch wichtig, weil die Versorgung Kranker immer mehr Geld verschlingt: Allein in Deutschland liegt der Gesamtumsatz im Gesundheitswesen schon bei mehr als 200 Milliarden Euro pro Jahr, die Ausgaben für die Gesundheit betragen fast 13 Prozent des Bruttoinlandsprodukts, Tendenz steigend. Und so erhalten Geräte und Systeme, die den Menschen dabei helfen, gesund und leistungsfähig zu bleiben, immer größere Bedeutung.

Franz Wenninger von der Fraunhofer-Einrichtung für Modulare Festkörper-Technologien EMFT in München hat beispielsweise ein Messgerät für Sportler entwickelt, das auf den ersten Blick wie eine Armbanduhr aussieht. Anstelle der Zeit zeigt das Display die gemessene Hauttemperatur und Hautfeuchte des Sportlers an. „Dieser Prototyp veranschaulicht, wie man moderne Sensorik mit Hilfe von zukunftweisender Folientechnologie in ein Armband am besten integrieren kann", sagt Wenninger. „Über dieses Verfahren lassen sich im Prinzip viele verschiedene Sensoren für medizinische

Anwendungen einfach kombinieren. Darüber hinaus können weitere Funktionen, wie etwa die Messung der UV- oder der Ozon-Belastung, implementiert werden."

Täglich ein wenig Sport, diese Empfehlung befolgen nur wenige. Ein elektronischer Helfer, der die Motivation von Freizeitsportlern stärken kann, ist ActiSENS, den das Fraunhofer-Institut für Integrierte Schaltungen IIS in Erlangen erfunden hat. Es handelt sich dabei um Bewegungssensoren in einer kleinen Box, die man am Gürtel trägt. „Das Gerät misst über den ganzen Tag hinweg die Bewegungen des Trägers", sagt der Entwickler Martin Rulsch. „Ständig summiert es die Aktivitäten zu Punkten auf und gibt damit objektive Rückmeldung zur persönlichen Bilanz." Jeder Bewegungsklasse sind Punkte zugeteilt: Treppensteigen etwa bringt mehr Punkte als Joggen, Joggen mehr als Gehen. Für Auto- oder Liftfahren gibt es gar keine Punkte. Schon tagsüber lassen sich die aktuellen Werte auf dem Display des Geräts ablesen. Abends kann man dann die gesamten Tagesdaten per Bluetooth auf den PC oder aufs Handy übertragen. So wird der technische Spieltrieb ausgenutzt, um den sportlichen Ehrgeiz zu wecken.

KRANKHEITEN FRÜHZEITIG ERKENNEN

Die modernen medizintechnischen Möglichkeiten erlauben es darüber hinaus in zunehmendem Maße, die Neigung zu Krankheiten individuell zu erkennen, lange bevor diese ausbrechen. Dies gilt für Gefäßerkrankungen ebenso wie für viele Krebsarten und – so glauben Fachleute – bald auch für Alzheimer. Wer rechtzeitig seinen Lebenswandel darauf einstellt oder mit entsprechenden Medikamenten vorbeugt, kann so seine Lebensqualität auf Jahre hinaus verbessern, betonen viele Experten. Ärzte empfehlen deshalb, regelmäßig einen Gesundheitscheck machen zu lassen. Kritiker befürchten allerdings, dass durch flächendeckende Vorsorgeuntersuchungen nur die Zahl der potenziell Kranken erhöht wird – zum Wohle der Pharmaindustrie.

Eine von der Firma GE Healthcare, die medizinische Diagnosegeräte herstellt, in Auftrag gegebene Umfrage kommt jedoch zu einem positiven Ergebnis: Das Thema Früherkennung von Krankheiten wird von hochrangigen Entscheidungsträgern aus Politik und

Gesundheitswesen in 12 europäischen Ländern als Investition in die Zukunft und nicht als Kostenfaktor eingestuft. So könnten nach einem Bericht des *E-Journals of Cardiology practice* beispielsweise rund 80 Prozent der frühzeitigen Herzerkrankungen, Schlaganfälle und Typ-2-Diabetes und 40 Prozent der Krebsfälle durch bessere Vorbeugung verhindert werden. Gleichzeitig ist auch eine frühzeitige Diagnose bereits vorhandener Krankheiten wichtig, denn sie ermöglicht die Vermeidung von Folgeschäden.

Intelligente Technik kann dabei helfen. Thilo Förster entwickelt in München an der EMFT beispielsweise einen Hydrogelsensor für Diabetiker. Er besteht aus einem Gerät, das ca. 25 Gramm wiegt und nicht größer ist als ein Memory-Stick. Es wird direkt in den Bauchraum des Zuckerkranken implantiert. Die dort immer vorhandene Flüssigkeit dringt in das Gerät ein und erreicht den Glukosesensor, der in einer Hydrogelschicht die Glukosekonzentration ermittelt. Spezifische Proteine im Hydrogel binden dann die Glukose, wodurch sich ihre räumliche Gestalt ändert. Die Änderung der Form geht mit einer Änderung der optischen Eigenschaften des Proteins einher, die über eine Fluoreszenzmessung ausgewertet wird. Die Farbänderung des Fluoreszenzlichts wird von einem im Implantat integrierten Detektor aufgenommen. Schließlich übermittelt das Implantat die Information über den Zuckergehalt im Körper zu einem externen Gerät, und der Patient erhält beispielsweise auf seinem Handy den Hinweis, dass er sich Insulin spritzen muss. „Das Implantat soll das häufige Stechen der Patienten zur Blutzuckerkontrolle reduzieren und eine Langzeitüberwachung von bis zu einem Jahr möglich machen", sagt Förster. „Bisher gibt es erst einen Prototyp, aber wir sind zuversichtlich, dass in naher Zukunft Patienten von den Entwicklungen profitieren können."

Für Menschen, die morgens immer wieder unausgeschlafen aufwachen, ist ein Gerät gedacht, das ebenfalls das IIS entwickelt hat: SomnoSENS – das mobile Schlaflabor für zu Hause. Es könnte nämlich sein, dass solche Menschen an sogenannten Schlafapnoen leiden. Diese Krankheit zeichnet sich dadurch aus, dass der Patient während des Schlafs immer wieder Atemstillstände erleidet, die zu einer Unterversorgung mit Sauerstoff führen. Als Alarmreaktion des Körpers beschleunigt sich der Puls, und der Patient wacht auf, meist ohne dass er selbst es bemerkt. Dadurch wird der Schlafrhythmus gestört, die Erholung kommt zu kurz, und man ist tagsüber müde.

Die Diagnose für Schlafapnoen konnte man bisher nur in einem Schlaflabor stellen. Dort wird der Patient mindestens eine Nacht lang beobachtet, während er verkabelt und überwacht von Messgeräten und Kameras schläft. SomnoSENS hingegen besteht aus einer kleinen Box, die während des Schlafs am Körper getragen wird und verschiedene Vitalfunktionen überwacht: Mit vier Klebeelektroden wird ein EKG aufgezeichnet, ein Clip am Finger misst die Sauerstoffsättigung des Blutes und den Puls, eine Nasenbrille und dehnbare Gurte um den Oberkörper überwachen die Atmung, und ein Bewegungssensor in der Box erkennt die Körperlage des Schläfers und registriert, wie viel sich der Patient im Schlaf bewegt. „Aufgrund der Miniaturisierung beeinträchtigt das System kaum den Schlafkomfort", versichert Christian Hofmann vom IIS. SomnoSENS erfasst die Daten, speichert sie und überträgt sie per Bluetooth-Funkverbindung zur Basisstation. Die gespeicherten Informationen kann der Arzt später auswerten und damit eine fundierte Diagnose stellen.

Ein ähnliches System zur Messung der Atmung kommt aus dem Fraunhofer-Institut für Biomedizinische Technik IBMT in St. Ingbert. Es nutzt zur Ermittlung der Atemanstrengung den piezoelektrischen Effekt. Dieser erzeugt bei einer elastischen Verformung ein elektrisches Signal. Mit Hilfe eines Brustgurts, der sich zusammenzieht und dehnt, erhält man einen spannungsabhängigen Kurvenverlauf für das Ein- und Ausatmen. Diesen kann man elektronisch auswerten und somit Patienten zu Hause ebenso wie unterwegs im Blick behalten.

HERZ-KREISLAUF-PATIENTEN – IMMER GUT ÜBERWACHT

„Häufig besteht der Wunsch, Auskunft über den aktuellen Gesundheitszustand, einschließlich einer möglichen Gefährdung in Notsituationen zu erhalten", sagt Professor Klaus-Peter Hoffmann vom IBMT. „Auch die Einschätzung der Fitness oder das Erreichen körperlicher Leistungsgrenzen werden immer wichtiger. Damit durchdringt das Monitoring viele Bereiche unseres Daseins; vom Arbeitsleben, Leistungssport und von der Gesundheitsvorsorge bis hin zur Fitnesskontrolle für Sport, Wellness und Freizeit."

Hoffmann und seine Mitarbeiter am IBMT entwickeln deshalb drahtlose Sensornetzwerke zur Herz-Kreislauf-Überwachung, die gleichzeitig mehrere Gesundheitsdaten erfassen: EKG, Puls, Hauttemperatur und -feuchtigkeit sowie Atmung, Herzbeschleunigung und GPS-Daten. Die Sensoren sind leicht anzubringen, 24 Stunden tragbar, und die Elektronik verbraucht wenig Energie. Sogar das Körpergewicht kann man erfassen. Das ist bei einer Erkrankung wie etwa Herzinsuffizienz unerlässlich, denn eine Veränderung des Gewichts kann auf gefährliche Wassereinlagerungen hindeuten. Die Wissenschaftler benutzen dazu die Bioelektrische Impedanzanalyse (BIA). „Sie ist eine Methode zur Bestimmung der Körperzusammensetzung, speziell des Wasserhaushalts des Menschen, und wird heutzutage kommerziell in Körperfettwaagen zur Ermittlung des Körperfettanteils angewendet", so Hoffmann.

Die ermittelten Werte werden dann an PC, Smartphone oder an den betreuenden Arzt gesendet. Das bedeutet Bewegungsfreiheit für den Patienten und damit größere Lebensqualität, ermöglicht gleichzeitig aber auch einen schnellen Zugriff auf die Daten und kurze Reaktionszeiten in Gefahrensituationen. IBMT-Forscher haben außerdem multifunktionale Antennen entwickelt, die gleichzeitig als Elektroden dienen. Sie sind so klein, dass man sie immer tragen kann. Die Antennen funken bei einer Frequenz von 2,4 Gigahertz, können biomedizinische Daten übertragen und induktiv aufgeladen werden. In ihr Zentrum lassen sich unterschiedliche elektronische Sensoren einbauen.

BEFUNDE SEKUNDENSCHNELL IN DER ARZTPRAXIS

Ist eine langwierige Behandlung nötig, wie etwa bei Darmkrebs, sollten alle Beteiligten so eng wie möglich zusammenarbeiten und aktuelle Informationen erhalten. Zu diesem Zweck haben verschiedene Kliniken sowie die Deutsche Krankenhausgesellschaft eine gemeinsame Initiative gestartet und das Fraunhofer-Institut für Software- und Systemtechnik ISST beauftragt, einen Standard für den Datenaustausch zwischen verschiedenen medizinischen Einrichtungen zu entwickeln. So entstand die elektronische FallAkte (EFA).[73] Mehr als 35 Krankenhäuser, Universitätskliniken und Krankenhausketten sind inzwischen Mitglieder geworden, das entspricht mehr als einem Viertel aller Krankenhausbetten in Deutschland. „Mit dieser Organisation können wir mit gebündelter Kraft die Forderung der Leistungserbringer nach sektorübergreifender Kommunikation formulieren und durchsetzen", so Volker Lowitsch, erster Vorsitzender des EFA-Vereins und IT-Direktor des Universitätsklinikums Aachen.

„Ziel der EFA ist es, Informationen über Patienten schneller und effizienter zwischen niedergelassenen Ärzten und Kliniken auszutauschen, um die Kranken bestmöglich behandeln zu können und beispielsweise teure Doppeluntersuchungen zu vermeiden", erklärt Dr. Wolfgang Deiters vom ISST. Seit März 2010 hat beispielsweise das Städtische Klinikum München EFA in den beiden Darmzentren Neuperlach und Bogenhausen als Pilotprojekt im Echtbetrieb erfolgreich getestet.

Ganz bewusst stand in diesem Projekt ein komplexes Krankheitsbild im Fokus – der Darmkrebs. Die Darmzentren am Städtischen Klinikum München arbeiten seit Jahren eng mit ambulanten Fach- und Hausärzten zusammen. Als EFA-Partner gewann das Klinikum vier Gastroenterologen, einen Facharzt für Allgemeinmedizin mit Schwerpunkt Endoskopie, zwei Strahlentherapeuten und einen hausärztlich tätigen Allgemeinmediziner. Damit bezieht das Pilotprojekt die gesamte Behandlungskette mit ein. Mit der mehrstufigen EFA-Sicherheitsarchitektur erfüllt die Münchner Lösung sämtliche Anforderungen an den Datenschutz und die Datensicherheit in diesem sensiblen Bereich.

Das Hauptaugenmerk in der Pilotphase lag auf dem Informationsfluss: Wichtige Informationen über ihre Patienten brauchen Ärzte möglichst schnell, wenn der Patient in die Sprechstunde oder in die Klinikaufnahme kommt. Bislang musste der Arzt dann oft zum Telefonhörer greifen, wenn beispielsweise ein Laborbefund noch mit der Post unterwegs war oder der Patient den Arztbrief vergessen hatte. Immer wieder waren auch Doppeluntersuchungen nötig, weil der Befund nicht rasch genug beschafft werden konnte. Weil jeder behandelnde Arzt über die Fall-Akte auf sämtliche Verordnungen und weitere notwendige Behandlungsschritte zugreifen kann, wird die Behandlung für den Patienten deutlich reibungsloser.

Ein Beispiel aus der Praxis: Bei einem Patienten mit fortgeschrittenem Darmkrebs müssen regelmäßig die Lunge und andere innere Organe auf Metastasen untersucht werden. Mithilfe der EFA kann der behandelnde Arzt mit wenigen Mausklicks ältere Röntgenbilder aus der Klinik auf seinen Bildschirm holen und mit den aktuellen Aufnahmen vergleichen. Mit diesem System können die Krankenhäuser in der Stadt der Zukunft gut arbeiten: Die Patienten in der Morgenstadt müssen also nicht mehr ihre Röntgenbilder von einem Arzt zum nächsten tragen oder in Sorge sein, dass ihr Arzt nicht alle Befunde kennt.

Insgesamt wird künftig die Kommunikation zwischen Patient, Arzt und Klinik, aber auch innerhalb der Gesundheitssysteme selbst wesentlich einfacher ablaufen als heute. Das liegt daran, dass Experten dann Schnittstellen zwischen den heute noch existierenden unterschiedlichen EDV-Systemen geschaffen haben und elektronische Normen und Plattformen zur Verfügung stellen, mit denen sich alle verständigen können. Dann wird es beispielsweise auch möglich sein, die Krebsnachsorge zu vereinfachen, weil Patienten regelmäßige Bluttests zu Hause durchführen können und die Daten online zum Arzt oder in die Klinik gelangen.

Dazu haben Dr. Thomas Velten und Stephan Kiefer vom IBMT und ihre Teams in Kooperation mit 30 Forschergruppen aus Europa und Australien ein neues Labordiagnostikkonzept SmartHEALTH entwickelt, mit dem sich viel Zeit sparen lässt. „Das Ziel dieses EU-Projekts war es, eine innovative Diagnosetechnik zu erarbeiten, die dort eingesetzt werden kann, wo die Patienten sind – nämlich in Arztpraxen und Krankenhäusern oder sogar zu Hause. Die Technik lässt sich leicht bedienen und liefert Ergebnisse, die sowohl online abrufbar als auch in die IT-Systeme von Krankenhäusern integrierbar sind."

Vier Jahre lang hatten Medizin- und Nanotechniker, Biomediziner, Chemiker, Elektroingenieure und Softwarespezialisten getüftelt, Anfang 2011 war der Prototyp des „All-Inclusive"-Systems fertig. Es macht viele Arbeitsschritte überflüssig, die bisher unumgänglich waren: den Transport der Blutprobe zum Großlabor, die Aufbereitung der Proben, die Auswertung der Daten in einem externen Rechner. Die SmartHEALTH-Forscher haben in ihr Minilabor eine komplette Analytik eingebaut – von der Probenaufbereitung bis hin zur Vervielfältigung von Gensequenzen. Alle Prozesse laufen automatisch ab: Der Nutzer muss nur noch die Einwegkartusche für die gewünschte Untersuchung einlegen und das Programm starten. Eine halbe Stunde später liegt das Ergebnis vor.

HYDRA – DIE ELEKTRONIK PASST AUF

Eine häufig auftretende, aber meist unterschätzte Krankheit ist hoher Blutdruck. Kaum jemand, der darunter leidet, hat Zeit oder Lust, ständig zum Arzt zu gehen. Trotzdem müsste er eigentlich kontinuierlich unter Beobachtung bleiben. Aus diesem Grund wäre es ratsam, dass der Arzt die Gesundheitswerte des Patienten jede Woche überprüft und ihm Ratschläge gibt, was weiter zu tun ist. Aber ein solches Vorgehen ist illusorisch angesichts der knappen Termine von Arzt und Patient, außerdem wäre es viel zu teuer.

Um trotzdem die Kommunikation zwischen Patienten und Arzt aufrechtzuerhalten, haben Fraunhofer-Forscher im Rahmen des EU-Forschungsprojekts Hydra eine Software entwickelt, die es erlaubt, den Kontakt elektronisch und automatisch zu halten. Sie stellt die Middleware dar, die die Vielzahl unterschiedlicher Rechnereinheiten, die in intelligenten Umgebungen zusammenwirken, zur sinnvollen und fehlerfreien Zusammenarbeit kombiniert. „Der zentrale Computer verschwindet, an seine Stelle treten viele kleinste elektronische Einheiten, die zusammenarbeiten", erklärt Dr. Markus Eisenhauer vom Fraunhofer-Institut für Angewandte Informationstechnik FIT in Sankt Augustin. „Die Hydra-Plattform gewährleistet die Kommunikation auch zwischen Systemen ganz unterschiedlicher Hersteller. Damit können sich Entwickler auf die eigentliche Implementierung der Anwendung konzentrieren, ohne Zeit für grundlegende Aufgaben aufzuwenden, etwa für das Verbindungsmanagement oder die Entdeckung und Adressierung der eingesetzten Sensoren und Geräte."

Im Falle von Bluthochdruck sorgt Hydra in einem Überwachungs- und Ratschlagsystem dafür, dass EKG-Werte, Gewicht und Blutdruck ständig elektronisch kontrolliert werden. Sollte der Patient einmal vergessen, eine der regelmäßigen Messungen vorzunehmen, erinnert ihn sein Telefon daran. Das System meldet alle Werte mit Hilfe eines Reporting-Systems an die mobile Zentrale. Diese kann entweder ein Handy, ein PDA, ein Smartphone, ein Organizer oder ein Pocket-PC sein. Jederzeit hat der Patient so den Überblick über seine gesammelten Werte und kann Ausreißer sofort erkennen. Je nach seinem Zustand gibt ihm das System Ratschläge, was er tun sollte: Sich mehr bewegen, anders essen, Ausdauer trainieren oder eben doch wieder mal zum Arzt gehen. Dieser kann sich im Übrigen ebenfalls online über die Werte informieren. „Hydra sorgt dafür, dass die sensiblen Patientendaten sicher übertragen werden und nicht in fremde Hände gelangen können", sagt Oliver Küch vom Fraunhofer-Institut für Sichere Informationstechnologie SIT in Darmstadt. Sollte sich der Zustand verschlimmern, hat der Arzt die Möglichkeit, Kontakt mit dem Patienten aufzunehmen oder einen Pflege- oder Notdienst zu rufen. Entsprechend programmierte RFID-Karten regeln den Zugang zur Patientenwohnung, so dass zwar Helfer das Haus betreten können, Unbefugte aber keinen Zutritt haben.

GEFÜHLE IM AUTO LASSEN SICH ERFASSEN

Gerade ältere Menschen sind mitunter gesundheitlich angeschlagen, sie sind oft nicht mehr so leistungsfähig und ermüden leichter. Die drahtlose Überwachung der Vitalwerte kann kritische Situationen sofort erkennen. Notfalls kann das System schnelle Hilfe holen. In der Stadt von morgen sollte das Monitoring aber nicht auf den Wohnbereich begrenzt bleiben, sondern auch unterwegs, beispielsweise im Auto, verfügbar sein.

Um derartige Entwicklungen zu testen, hat die Abteilung Medizintechnik und Neuroprothetik des IBMT sogar einen eigenen Fahrsimulator aufgebaut. Er sieht aus wie das Innere eines normalen Autos, das heißt, der Fahrer kann schalten, bremsen, beschleunigen und lenken. Auf drei Leinwände werden rundum die Simulationen realer Fahrsituationen projiziert. Dabei lassen sich auch unterschiedliche Gefahrensituationen darstellen. Gleichzeitig erfassen eine Reihe von Sensoren die körperlichen Parameter des Probanden.

„Mit Hilfe spezieller Algorithmen, die die Biosignale auswerten, kann man Änderungen der Emotionen des Fahrers erkennen", sagt Dr. Wigand Poppendieck, der die Experimente am Fahrsimulator betreut. „Beim Autofahren hat man ja eine Menge Gefühle, von Müdigkeit bis Ärger. Wir wollen diese erkennen, um Maßnahmen zu ergreifen, die die Fahrsicherheit erhöhen." So könnte beispielsweise das System ein Alarmsignal geben und zu einer Pause auffordern, sobald der Fahrer häufig zu blinzeln beginnt und damit zeigt, dass er müde wird. Oder wenn Herzschlag und Atmung schneller werden, der Hautwiderstand zunimmt oder der Blutdruck steigt, deutet das auf Ärger hin. „Dann könnte man beruhigende Musik spielen oder ein angenehmes Aroma versprühen", schlägt Poppendieck vor. Andere Möglichkeiten wären die Zufuhr von Frischluft oder das Ändern der Fahreigenschaften des Autos von sportlich auf konservativ. Weitere Anwendungen der Gefühlserkennung könnten nützlich sein für Lkw- und Busfahrer oder für Piloten.

Entscheidend für die Entwicklungen ist aber die Akzeptanz. Die besten Geräte nützen nichts, wenn die Menschen sie abschalten oder sie nicht bedienen können oder wollen. Professor Albert Heuberger, Leiter des IIS, legt auf diesen Punkt großen Wert: „Wir müssen uns immer fragen: Wie muss Technik sein, damit man gerne mit ihr umgeht?" Hier kommen neben der Ingenieurskunst auch Verhaltensforschung und Psychologie ins Spiel, denn „über den Erfolg solcher Projekte wird letztendlich der Mensch als Nutzer entscheiden".

KAPITEL 5
MOBILITÄT

Zug fahren ist in Japan ein echtes Vergnügen, vor allem mit dem futuristisch aussehenden Shinkansen: Auf die Minute pünktlich fährt er im Bahnhof ein und hält zentimetergenau an der vorgesehenen Stelle am Bahnsteig. Jeder Fahrgast hat einen reservierten Platz, und während man mit bis zu 300 Stundenkilometern durch die japanische Landschaft rast, wird man von netten Stewardessen mit Sushi und Getränken versorgt. Wie es die Höflichkeit in Japan gebietet, verbeugt sich die junge Dame, sobald sie den Waggon betritt und bevor sie ihn am anderen Ende verlässt, tief vor den Reisenden. Gewöhnungsbedürftig ist auch der fehlende Stauraum für das Gepäck. Deshalb sorgen die Hotels in Japan dafür, dass die Koffer getrennt transportiert werden – man findet sie dann am Ankunftsort zuverlässig wieder vor.

Eine 13-Millionen-Stadt ohne funktionierende öffentliche Verkehrsmittel: In der pakistanischen Metropole Karatschi kann man beobachten, was passiert, wenn Mobilität sich selbst organisiert. Sie ist die weltweit einzige Megacity ohne Schienennetz für den öffentlichen Nahverkehr (also U-Bahn oder Tram), obwohl solche Konzepte hier bereits 1952 zum ersten Mal diskutiert wurden und momentan in Zusammenarbeit mit Japan erneut geplant werden. Mittlerweile reichen die verfügbaren öffentlichen Busse nicht mehr für die Bevölkerung der Stadt aus, so dass Pendler auf Busdächern mitfahren müssen – mit allen damit verbundenen Gefahren. Stundenlange Monsterstaus auf den Ein- und Ausfallstraßen gehören zum Alltagsleben; die Luftverschmutzung ist beängstigend.

Um im Verkehrschaos schneller voranzukommen, haben viele Bewohner von Karatschi ein Motorrad gekauft. Es ist billiger als ein Auto, und die Betriebskosten für das Pendeln zur Arbeit und wieder nach Hause sind nur etwa halb so hoch wie die entsprechenden Fahrten mit dem Bus. 1990 gab es in Karatschi rund 500 000 Motorräder, im Jahr 2010 waren es bereits eine Million, und im Jahr 2030 erwartet das „Karachi Transportation and Improvement Project" der Stadtverwaltung 3,5 Millionen Motorräder, wie der Architekt und Stadtplaner Arif Hasan berichtet.[74] Die Folgen sind fatal im wahrsten Sinne des Wortes: Schwere Unfälle haben zugenommen, ebenso die Verstopfung der Straßen, der Lärm und die Luftverschmutzung.

Da die baldige Realisierung eines verbesserten öffentlichen Nahverkehrs nicht in Sicht ist, empfehlen Hasan und sein Kollege Raza in ihrer Studie, man solle wenigstens „grüne" – also elektrische – Motorräder herstellen und Ladestationen dafür bauen. Auch besondere Fahrspuren und Parkplätze schlagen sie vor. All dies sind zwar gute Ideen, ob sie in absehbarer Zeit verwirklicht werden, darf man bezweifeln.

Um ein Verkehrschaos wie in Karatschi zu vermeiden, haben sich die Behörden der chinesischen Millionenstadt Hefei entschieden, so schnell wie möglich ein zukunftsfähiges Verkehrskonzept für ihre Stadt zu entwickeln und zu realisieren. „Dabei stehen vier Aspekte im Vordergrund", sagt Dr. Matthias Schmidt vom Fraunhofer-Institut für Rechnerarchitektur und Softwaretechnik FIRST in Berlin. Er und sein Team beteiligen sich zusammen mit anderen deutschen Organisationen am Projekt METRASYS[75], das die Verkehrsplanung und die Luftreinhaltung für Hefei mit Partnern vor Ort studieren und verbessern soll. „Anhand der aktuellen Verkehrsdaten ermitteln wir, wo es Probleme bei der Verkehrsführung gibt und errechnen in Simulationsmodellen, wie die Luftqualität ist. Dabei benutzen wir Messungen vor Ort und verbinden sie mit einem Wettermodell der Stadt und Erkenntnissen zur Luftchemie", sagt der Kybernetiker und Elektroingenieur.

EINE STADT WIE VIELE ANDERE

Mit 5,7 Millionen Einwohnern ist Hefei — etwa 250 Kilometer westlich von Shanghai gelegen — rund doppelt so groß wie Berlin. Seine Anziehungskraft auf junge Leute vom Land ist groß: Die Stadtverwaltung erwartet, dass im Jahr 2030 schon 10 Millionen Menschen hier leben werden. „Jedes Mal, wenn ich nach einigen Monaten Abwesenheit wieder nach Hefei komme, bin ich erstaunt, wie rasant die Entwicklung in dieser Stadt voranschreitet", erzählt Schmidt. „Das gilt für Gebäude und Straßen ebenso wie für den Verkehr." Die großen Ringstraßen und Tangenten sind zweimal täglich verstopft. Viele Chinesen können sich inzwischen ein Auto leisten, dazu kommen noch unzählige motorisierte Zweiräder, für die meist eigene Fahrspuren vorgehalten werden. „Erfreulich ist, dass viele dieser Motorräder schon elektrisch angetrieben werden", sagt Schmidt.

Um der Verkehrsflut Herr zu werden, entstehen in Hefei derzeit ampelfreie Ausfallstraßen, die an Kreuzungspunkten über Brücken geleitet werden, und Schnellspuren für Busse. Geplant ist ferner ein intelligentes Nahverkehrssystem, das schnelles Umsteigen zwischen Bussen und U-Bahnen erlaubt, sowie ein Verkehrsleitsystem, das die Emission von Luftschadstoffen minimiert. Gleichzeitig erarbeiteten Studenten der Freien Universität Berlin Konzepte, wie man den historischen Stadtkern von Hefei erhalten und attraktiver gestalten kann. Für Wissenschaftler wie Matthias Schmidt ist dies eine einzigartige Gelegenheit, neue Technologien im großen Maßstab zu erproben und einzusetzen. China mit seiner zentralistischen Planwirtschaft schafft hier ein außergewöhnliches Testfeld für die Forschung. „Wir können in Hefei unsere Entwicklun-

gen in einem anderen Klima, einer anderen Kultur und einer anderen Dimension aus-
testen", schwärmt Schmidt.

Für den 58-jährigen Forscher brachte die Begegnung mit dieser chinesischen Metro-
pole die Erkenntnis, dass Großstädte in aller Welt immer uniformer werden: „Auch in
Hefei gibt es die großen Ketten wie Walmart oder McDonald's, ebenso wie luxuriöse
Shopping Malls, in denen teure Waren angeboten werden, oft teurer als in Deutschland.
Und unter Staus und Parkplatznot leidet man hier genauso wie in anderen Metropolen."

Nachdem es gelungen war, das Vertrauen der chinesischen Partner zu erringen, gingen
die Arbeiten zügig voran, beispielsweise die Kommunikation zwischen Taxis und Infor-
mationspunkten der Verkehrsleitzentrale: Bis Ende 2012 sollen 8000 Taxis in Hefei mit
Sensorsystemen ausgerüstet sein, um ständig die aktuelle Verkehrssituation zu erfassen. Die Fahrzeuge funken rund um die Uhr ihre aktuelle Position zur Zentrale. Dort
werden die „Floating-Car-Data" kombiniert, ausgewertet und zu einem kompletten Bild
des momentanen Zustands zusammengefügt. Diese Informationen bilden dann auch
die Grundlage für die Simulationen zur Luftreinhaltung. Die hier entwickelten stadtpla-
nerischen Instrumente lassen sich später gut auf ähnliche Großstädte übertragen und
könnten für die beteiligten Partner zum Exportschlager werden.

IM SCHNECKENTEMPO DURCH LONDON

Unter Verkehrsproblemen leiden so gut wie alle Großstädte. Sie sind für alle Bewohner
spürbar, jeder ist betroffen. Autofahrer beklagen sich über Staus, Fußgänger über die
Luftverschmutzung, Pendler leiden unter schlechten Verbindungen im öffentlichen
Nahverkehr. Und alle beschweren sich über die viele Zeit, die sie für die täglichen Wege
aufwenden müssen, und sorgen sich um ihre Sicherheit im Straßenverkehr. Verkehrs-
spezialisten der ITIS Holdings haben beispielsweise herausgefunden, dass im September 2007 die Durchschnittsgeschwindigkeit, mit der Autos in London unterwegs waren,
bei gerade mal 19 Stundenkilometern lag. Damit sind die Londoner noch um einiges
langsamer als die Autofahrer in Berlin (24,2 km/h) und Warschau (26 km/h). Diese drei

Städte erreichen in einer Rangliste der „langsamsten" europäischen Städte die unrühmlichen ersten Plätze.[76]

Verkehrsprobleme sind die vordringlichsten Herausforderungen, denen sich die Metropolen heute und morgen stellen müssen. Denn obwohl die Situation in vielen Großstädten schon heute unerträglich ist, nimmt der Individualverkehr weiter zu, wie die Situation in Karatschi, aber auch in anderen aufstrebenden Städten wie beispielsweise Kathmandu zeigt. In Deutschland rechnen Experten ebenfalls mit einem weiteren Anstieg: Nach Berechnungen der Deutschen Akademie der Technikwissenschaften acatec wird der PKW-Verkehr bis 2020 um 20 Prozent wachsen, für den LKW-Verkehr beträgt die entsprechende Zunahme sogar 34 Prozent.[77]

Während es in bereits existierenden Metropolen extrem schwierig ist, das bestehende Verkehrssystem zu verbessern, hat man in den neuen Bezirken, die am Rande vieler Großstädte entstehen, noch die Chance, von Anfang an die Infrastruktur zukunftsfähig zu gestalten. Dabei ist die Ausgangssituation extrem unterschiedlich, etwa gemessen an der Bevölkerungsdichte: So leben beispielsweise in Hamburg rund 2300 Menschen pro Quadratkilometer, in Tokio jedoch 20 500, in Mumbai sogar 29 650.[78] Dort müssen sich 20 000 Einwohner einen Kilometer Straße teilen, in Hamburg nur 440. Allerdings ist auch der Grad der Motorisierung sehr unterschiedlich: In Hamburg hat etwa jeder Zweite ein Auto, in Tokio knapp jeder Vierte, in Mumbai nur jeder 33ste. Daraus entstehen sehr unterschiedliche Anforderungen an das Verkehrssystem, und die müssen erst einmal ermittelt werden, bevor man sich an die konkrete Planung macht.

Getrieben durch den Wirtschaftsboom nach dem Zweiten Weltkrieg kümmerten sich Szenarien für künftige Mobilität bis vor wenigen Jahrzehnten in erster Linie darum, wie Autos immer schneller, schöner, besser werden könnten, dazu gehörten breitere und noch mehr Straßen. Bis sich allmählich die Erkenntnis durchsetzte: „Wer Straßen sät, wird Verkehr ernten", das heißt, allein Zubau und Vergrößerung der Verkehrswege können die Situation nur kurzfristig entschärfen. Heutige Szenarien begreifen hingegen Mobilität als System, als Zusammenwirken aller Verkehrsmittel, gelenkt und unterstützt durch eine ausgefeilte IT-Struktur. Denn die Chancen, die durch die modernen

Kommunikationsmittel entstanden, lassen sich gerade im Verkehrssektor hervorragend nutzen und bieten Optionen, die vor 30 Jahren noch nicht einmal denkbar waren.

Das haben auch die Automobilhersteller erkannt. So forderte beispielsweise Bill Ford, der Verwaltungsratschef des US-Autokonzerns Ford und Urenkel des Unternehmensgründers, auf dem Mobile World Congress in Barcelona im Februar 2012 in einem Interview mit der *Financial Times Deutschland*: „Um einen Kollaps zu verhindern, müssten Autos, Busse und Radfahrer künftig mit einem Chip ausgestattet und vernetzt werden. Wir brauchen dazu die Hilfe der Telekombranche, wir müssen enger kooperieren."[79]

LEBENSWERTE INNENSTÄDTE

Vielfältige Studien und Pläne zur Verbesserung der Mobilität in Städten wurden in den letzten Jahren angefertigt. „Um mit weniger Verkehr eine ausreichende, sichere, zuverlässige und bezahlbare Mobilität zu gewährleisten und die Lebensqualität in Städten nachhaltig zu steigern, ist ein strukturelles Umdenken gefragt", schreiben die Autoren der Studie „Roadmap – Elektromobile Stadt"[80], die Florian Rothfuss und sein Team „Mobility Technologies" des Fraunhofer-Instituts für Arbeitswirtschaft und Organisation IAO in Stuttgart erarbeitet haben. Sie betonen, dass ein Aufbruch in neue technologische und wirtschaftliche Sektoren eine nachhaltige Veränderung der Verkehrssysteme erlaubt. Dazu zählen sie vor allem die Elektromobilität, die Energiewende und die Mobilisierung des Internets. Auch wenn andere Studien ihre Gewichte auf manche Teilbereiche anders legen, kristallieren sich aus der Mehrzahl der Zukunftsvisionen die folgenden Ziele heraus, die für die Morgenstadt von großer Bedeutung sein werden[81]:

- Die Innenstädte müssen wieder von Autostädten zu Menschenstädten werden. So können wieder mehr und auch ältere Bürger in den Innenstädten leben, die dann leiser, verkehrsarm und emissionsfrei geworden sind. Dort soll es kurze Wege, vielfältige Erholungs- und Unterhaltungsangebote und mehr Möglichkeiten der persönlichen Begegnung sowie bessere Dienstleistungen geben. Und die drahtlose Kommunikation wird in Zukunft viele Reisen oder Fahrten zur Arbeit überflüssig machen; Telearbeit wird eine wichtige Rolle spielen.

- Private und öffentliche Verkehrsmittel müssen enger vernetzt werden, denn Zeit wird für die Menschen immer wertvoller. Man will sie optimal nutzen und nicht für Wartezeiten in Staus oder an Bus- oder Bahnhaltestellen vergeuden. In der Morgenstadt werden die Arbeits- und Ladenöffnungszeiten flexibel sein, und die traditionellen Familien- und Haushaltsstrukturen werden an Bedeutung verlieren. Bei der Wahl ihrer Verkehrsmittel werden die Bürger ganz pragmatisch vorgehen und Bequemlichkeit, Preis und Zeitersparnis in den Vordergrund stellen. Die Bedeutung des Autos als Statussymbol verliert – vor allem bei der Jugend – immer mehr an Bedeutung, Carsharing wird zur Selbstverständlichkeit. Elektronische Hilfsmittel wie Smartphone oder Tablet werden bei der Auswahl und Koordinierung der passenden Verkehrsmittel selbstverständlich sein.

- Mobilität muss nachhaltiger werden. Dies wird begünstigt durch die zunehmende Zahl von Elektrofahrzeugen, die mit regenerativ erzeugtem Strom fahren. Es wird in der Morgenstadt aber auch alle möglichen Mischformen für den Antrieb von Autos geben. Wolfgang Schade und sein Team vom Fraunhofer-Institut für System- und Innovationsforschung ISI in Karlsruhe schreiben dazu in ihrer Studie „Vision für nachhaltigen Verkehr in Deutschland": „Die durchschnittlichen CO_2-Emissionen der gesamten PKW-Flotte sind bis 2030 auf 90 Gramm pro Kilometer gesunken. Die Flotte ist gekennzeichnet durch technologische Heterogenität. Neben reinen Elektromobilen, die 2050 das Stadtbild prägen, gibt es Plug-in-Hybride mit Benzin, (Bio-) Gas- und Bioethanolantrieb sowie moderne Wasserstoff-Brennstoffzellen-PKW und nur noch vereinzelt konventionelle fossil betriebene PKW."[82] In ihrem „Weißbuch Verkehr" geht die Europäische Kommission in ähnlicher Weise davon aus, dass PKW, die mit konventionellem Kraftstoff betrieben werden, im Jahr 2050 im städtischen Verkehr vollständig durch Fahrzeuge mit alternativen Antriebstechnologien und Kraftstoffen ersetzt sein werden.[83]

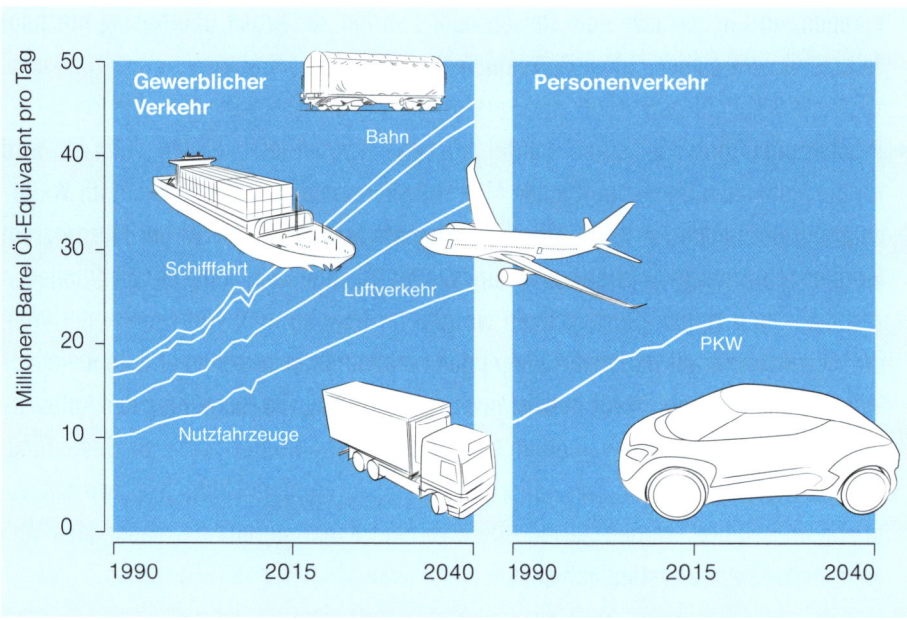

Der Güterverkehr wird im Gegensatz zum Personenverkehr bis zum Jahr 2040 erheblich zunehmen. Quelle: ExxonMobil

STUTTGART WILL VORREITER SEIN

Auch in der Morgenstadt wird es noch Autos geben, allerdings werden Privat-PKWs nicht mehr die dominante Rolle spielen. Um ihre Innenstädte vom überbordenden Verkehr zu entlasten, werden viele Metropolen ein ganzes Bündel von Maßnahmen ergreifen. Die Wirkung zeigt sich in der zunehmend entspannten Atmosphäre der Zentren, der besseren Luft und der geringeren Lärmbelastung. Als erster Schritt dient oft eine Citymaut, die das Fahren in der Stadt kostenpflichtig macht. So verlangt beispielsweise London seit dem 17. Februar 2003 von jedem Auto, das ins Zentrum fährt, eine sogenannte Staugebühr, die Anfang 2012 pro Tag 10 Pfund betrug, was etwa 12 Euro entsprach. Kameras über der Straße erkennen die Fahrzeuge an ihren Nummernschildern, und die Gebühr wird automatisch erhoben. Der Erlös fließt ausschließlich in die Verbesserung des öffentlichen Nahverkehrs. Zwar gibt es nach einer anfänglichen Verkehrsberuhigung in London wieder mehr Staus als vorher, die Transportgesellschaft führt dies aber auf vielfältige Baustellen und Verbesserungsmaßnahmen für die Fußgänger zurück und versucht zu trösten: „Die Verstopfung der Straßen wäre ohne Citymaut noch viel schlimmer."[84]

Eine andere, smartere Art von Mauterhebung schlägt Florian Rothfuss vom IAO vor: „Wenn jedes Auto eine Onboard-Unit hat, mit der es über GPS jederzeit geortet werden kann, wäre es möglich, die Durchfahrt durch einzelne Straßen zu bestimmten Zeiten entsprechend dem aktuell erwarteten Verkehrsaufkommen zu verteuern. So ließe sich der Verkehrsfluss in der Stadt flexibel über den Preis steuern, denn man kann dann zu Hochpreiszeiten entscheiden, ob man lieber zu einer anderen Zeit oder auf einer anderen Route fährt."

Ein gutes Beispiel dafür, wie Städte den Wandel der Mobilität aktiv gestalten, ist Stuttgart. Die Landeshauptstadt beteiligt sich an einem Carsharing-Projekt mit Elektrofahrzeugen, das vorbildlich für die Morgenstadt sein wird: an dem großangelegten Feldversuch mit der car2go-Initiative der Firma Daimler. Diese stellt nicht nur in Europa, sondern auch in Nordamerika in verschiedenen Städten flächendeckend Autos des Typs smart fortwo bereit, die nach einmaliger Registrierung rund um die Uhr und spontan gemietet werden können – ohne Mietvertrag, Grundgebühr und Mindestmietdauer.[85] In der Regel sind das benzinbetriebene Autos, aber in Stuttgart soll ab dem Frühjahr 2012 die größte Elektroflotte der Welt mit 500 Fahrzeugen zur Verfügung stehen, dazu wird die EnBW ebenso viele mit Ökostrom betriebene Ladestationen in der Region installieren.

Carsharing ist nach Meinung vieler Forscher eine der besten Optionen, um den Verkehr in der Morgenstadt zu mindern. Wenn jeder nur dann ein Auto kurzzeitig mietet, wenn er es für eine Fahrt braucht, stehen nicht Hunderttausende von Fahrzeugen fast den ganzen Tag nutzlos auf den Parkplätzen oder in der Garage. „Nutzen statt besitzen – das ist in Bezug auf das Auto einer der großen Trends für die Zukunft des Verkehrs", glaubt Florian Rothfuss. Zunächst werden vor allem junge Leute das Statussymbol Auto nicht mehr so wichtig nehmen, und je bequemer die Nutzung der Carsharing-Angebote wird, umso mehr Teilnehmer werden sich ihnen anschließen. Rothfuss geht sogar davon aus, dass der Fortschritt in der Technologie in einigen Jahrzehnten dazu führen wird, dass man ein Elektrofahrzeug einfach mit dem Telefon vor die Tür bestellen kann: Es wird autonom seinen Weg finden und nach Gebrauch selbständig eine der vielen induktiven Ladestationen aufsuchen, um seine Batterien wieder zu füllen.

Obwohl sie nicht Eigentümer sind, werden die Bewohner der Morgenstadt pfleglich mit den geliehenen Fahrzeugen umgehen. Schon heute sorgt ein Bewertungssystem, bei dem der Nachmieter den Vormieter benotet, dafür, dass die Autos nicht verdreckt oder beschädigt werden. Wer dreimal unangenehm auffällt, wird aus dem Nutzerkreis ausgeschlossen. „Eine entsprechende Sensorik im Fahrzeug oder im Handy des Mieters könnte künftig auch das Fahrverhalten aufzeichnen", so Rothfuss. „Damit ließe sich die Reichweite der Fahrzeuge besser vorausplanen, und man könnte den schonenden Umgang mit dem Auto belohnen." Es ließen sich außer den Autos noch viele andere Fortbewegungsmittel „sharen", also teilen: Segways, Fahrräder, Pedelecs oder E-Kickboards.

AUCH TRAMBAHNEN HABEN POTENZIAL

In den Städten der Zukunft werden moderne öffentliche Verkehrsmittel eine große Rolle spielen. Dr. Matthias Klingner, Chef des Fraunhofer-Instituts für Verkehrs- und Infrastruktursysteme IVI in Dresden, koordiniert die Entwicklung eines Projekts mit Potenzial: die AutoTram.

Hierbei handelt es sich um ein neuartiges Nutzfahrzeug von 30 Metern Länge für den öffentlichen Nahverkehr, sozusagen ein Mittelding zwischen einem Bus und einer Trambahn. „Wir haben die AutoTram in der Schweiz bauen lassen", erklärt Klingner. „Sie sieht zwar aus wie eine Bahn, verfügt aber über eine dreiachsige Lenkung mit automatischer Lenkregelung und kann deshalb wie ein nur 12 Meter langer Bus mühelos gesteuert werden." Sie erreicht eine Höchstgeschwindigkeit von 60 Stundenkilometern. Um sie ohne Schienen auch fahrerlos auf der Spur zu halten, gibt es optische Methoden oder die Orientierung per GPS.

Während die AutoTram anfangs mit einem großen Schwungrad ausgestattet war, erprobten die Fraunhofer-Experten in dem Fahrzeug später neu entwickelte Komponenten aus der Systemforschung Elektromobilität „Wir haben hier den Vorteil, dass wir kaum Beschränkungen unterliegen, was Gewicht und Bauraum anbetrifft", sagt Klingner. „Wir können deshalb mehrere Konzepte für den Antriebsstrang und für die Energiespeicher parallel testen." So entwickelten die Forscher auch eine magneto-rheologische Motor-Generator-Kupplung. Sie enthält eine Flüssigkeit, die unter dem Einfluss eines Magnetfelds schlagartig fest wird. Auf diese Weise kann man die Kupplung elektrisch an- und abschalten.

Auf einem alten Militärflughafen hat die AutoTram freie Bahn und fährt mit unterschiedlichen Batterien, mit Dieselmotoren oder bei Bedarf auch mit Brennstoffzellen oder hybriden Antrieben. Im Verbundprojekt Systemforschung Elektromobilität erproben die Forscher auch den rein elektrischen Antrieb. Dazu wurde das System mit einem flüssigkeitsgekühlten Lithium-Ionen-Batteriesystem ausgestattet, dazu mit einem System aus Doppelschichtkondensatoren, sogenannten Supercaps. Diese Stromspeicher lassen sich sehr schnell laden und entladen. Sie werden beim Ein- und Aussteigen der Fahrgäste an den Haltestellen mit Energie versorgt.

Zu diesem Zweck haben Fraunhofer-Experten zusammen mit einem Industriepartner eine Schnellladestation entwickelt, an der die AutoTram innerhalb kürzester Zeit an den Haltestellen ihre Speicher wieder auffüllen kann. Sie arbeitet mit einem Hochleistungskontaktsystem für Hochstromübertragung: Bei 700 Volt Spannung fließen dann durch die Kabel 1000 Ampere Strom. Neben speziellen Kontaktflächen hat man dazu auch Hochleistungswandler entwickelt, die die Spannungsniveaus anpassen. Das ambitionierte Ziel ist es, das Aufladen der Speicher in nur 20 Sekunden zu schaffen, denn so kurz sind üblicherweise die Haltezeiten öffentlicher Verkehrsmittel.

„Auf unserem Testgelände untersuchen wir die Ladevorgänge, konfigurieren die Schnittstellen und erproben, wie der Batterie-Prototyp, den wir übrigens selbst entwickelt haben, reagiert", sagt Matthias Klingner. „Zusätzlich testen wir in Klimakammern im IVI den Einfluss der Temperatur auf die Energiespeicher." Auch die Heizung des Fahrzeugs im Winter ist ein wichtiges Thema, denn mehr als ein Drittel der verbrauchten Gesamtenergie sind dafür nötig. „Man muss Wärme zurückgewinnen, wo es nur möglich ist", sagt der Institutschef. „Am besten wäre es, wenn man die Verlustwärme der Aggregate zur Klimatisierung der AutoTram nutzen könnte. Wir denken deshalb beispielsweise über Wärmetauscher in der Fahrzeugstruktur nach, ein völlig neuer Ansatz."

DAS HANDY ZEIGT DIE BESTE VERBINDUNG AN

Die Vision ist, dass alle Verkehrsmittel in einer Stadt aufs engste verknüpft werden. Intelligente Verkehrsplanung wird deshalb in der Morgenstadt eine große Rolle spielen. Alle verfügbaren Ressourcen sollten genutzt, alle Teile der Verkehrsinfrastruktur so bequem wie möglich verbunden werden. So lassen sich Überlastungen einzelner Verkehrswege vermeiden. Auch der Warentransport sollte in dieses System mit einbezogen werden.

Der Reisende wird umso lieber zwischen verschiedenen Verkehrsmitteln umsteigen, je besser die Schnittstellen organisiert sind. Wer heute in einer – womöglich noch fremden – Großstadt mit öffentlichen Verkehrsmitteln fährt, muss sich meist durch einen ziemlichen Informationsdschungel kämpfen. Er muss herausfinden, welche Linie oder welche Kombination am besten zu seinem Ziel führt, dann muss er die Haltestelle suchen, dort die Abfahrtszeiten ermitteln, und beim Umsteigen verliert man oft sehr viel Zeit. All dies wird in der Morgenstadt nicht mehr nötig sein. Dort dient das Smartphone als elektronischer Wegweiser im öffentlichen Nahverkehr.

Eine App als elektronischer Reiseplaner wird in der Morgenstadt zur Standardausrüstung jedes Reisenden gehören. Sie gibt Auskunft darüber, wie man am schnellsten und sichersten von einem Punkt zum anderen kommt. Drahtlos mit Verkehrsleitzentralen und Fahrplanauskünften vernetzt, lenkt sie den Nutzer jeweils auf die Route, die aktuell die geringste Verkehrsbelastung aufweist, sei es bei privaten oder öffentlichen Verkehrsmitteln. So kann sie etwa empfehlen, den Zug oder das Flugzeug zu nehmen anstelle des Autos, oder in den Ballungsräumen Busse, Straßenbahnen oder U-Bahnen zu nutzen.

Vorreiter für die neue Technologie sind schon heute die Dresdner Verkehrsbetriebe AG. Gemeinsam mit acht anderen europäischen Partnern entwickelte das Unternehmen im Rahmen des EU-Forschungsprojekts SMART-WAY eine App fürs Handy, die ähnlich funktioniert wie ein Navi fürs Auto.[86] Sie leitet den Fahrgast optimal im öffentlichen Nahverkehrssystem.

„Der Nutzer muss lediglich unsere SMART-WAY-App auf dem Handy starten und die gewünschte Zieladresse eingeben", sagt Andreas Küster, Wissenschaftler am Fraunhofer-Institut für Verkehrs- und Infrastruktursysteme IVI in Dresden, der das Projekt koordinierte. „Daraufhin navigiert SMART-WAY den Fahrgast zur nächsten Haltestelle und informiert ihn, ob und wo er umsteigen muss und mit welchem Verkehrsmittel er ans Ziel gelangt." Dabei bietet die App mehrere Alternativen an. Die berechneten Routen werden inklusive aller Haltestellen, Umsteigepunkte, Verkehrsmittel, Richtungen, Abfahr- und Ankunftszeiten in einer Kartenansicht auf dem Handy-Bildschirm gezeigt. „Der Nutzer kann die Fahrt auch jederzeit unterbrechen, das Verkehrsmittel wechseln oder das Reiseziel ändern. SMART-WAY erkennt stets die aktuelle Position des Fahrgasts, reagiert in Echtzeit und berechnet sofort eine neue Route. Dies gilt auch für Staus, Verfrühungen oder Verspätungen – bei Störungen auf der Strecke schlägt die App alternative Strecken vor. Praktisch ist auch, dass ein Vibrationssignal das Ziel ebenso ankündigt wie verpasste Stationen", so der IVI-Forscher.[87]

Hinter der Applikation stecken mehrere Informationsquellen, die das System miteinander verknüpft: Satellitennavigation per GPS und zukünftig per Galileo, dem europäischen Satellitennavigationssystem, dazu die Informationen seitens der Verkehrsbetriebe, die ständig wissen, wo sich welches Fahrzeug befindet. Sämtliche Verbindungsinformationen, Fahrplanauskünfte und Störungsmeldungen werden von den Verkehrsbetrieben in Echtzeit geliefert und von der App eingelesen.

Seit Ende Februar 2012 läuft in Dresden bereits ein großer Feldversuch mit über 450 Teilnehmern, die SMART-WAY auf Herz und Nieren prüfen; im Sommer 2012 soll es für die allgemeine Nutzung freigeschaltet werden. Und im norditalienischen Turin findet ein ähnlicher Pilottest im zweiten Quartal 2012 statt, denn auch dort will man das komfortable System bald einführen. In wenigen Jahren wird ein solcher Service für die Verbraucher zum Alltag gehören, und niemand wird dann mehr mühsam Fahrpläne wälzen müssen, bevor er in Bus oder U-Bahn einsteigt.

SCHLUSS MIT DEM FAHRKARTEN-WIRRWARR

Wer die Sieben-Millionen-Stadt Hongkong einmal von einer außergewöhnlichen Seite erleben will, sollte den Central Mid-Levels Escalator benutzen, ein überdachtes Roll-treppengewirr, das die Distrikte Central und Mid-Levels miteinander verbindet.[88] Es besteht aus über 800 Metern Fahrtreppen, auf denen man leicht eine Stunde unterwegs ist, wenn man alle ausprobiert. Das System transportiert Passagiere sehr bequem auch durch überfüllte und steile Straßen der Stadt. Bis zu drei Stockwerke hoch reichen die Rolltreppen an manchen Stellen, und so ergeben sich neben großartigen Ausblicken auf die Stadt manchmal recht private Einblicke in die Fenster der Anwohner.

Die Benutzung der Rolltreppen ist kostenlos, aber ansonsten kommt man in Hongkong nicht ohne Octopus-Karte vom Fleck. Die Smartcard, die man vorher mit Geld aufladen muss, stellt das universelle Zahlungsmittel für die öffentlichen Verkehrsmittel der Stadt dar. Hongkong gehört zu den am dichtesten besiedelten Metropolregionen der Welt. Als Verkehrsknotenpunkt der Wirtschaftsregion im südlichen China verfügt es über ein gut ausgebautes Straßennetz, darüber hinaus aber auch über eine große Vielfalt von öffentlichen Verkehrsmitteln. Das wichtigste sind wohl die Doppeldeckerbusse, die zuverlässig und preisgünstig das gesamte Territorium erschließen. Daneben hat Hong-kong eine U-Bahn mit einem Streckennetz von fast 175 Kilometern Länge; je nach Tageszeit verkehren die Züge alle zwei bis vier Minuten.[89] Wer lieber oberirdisch bleibt, kann auch die Trambahn benutzen, die allerdings nur auf einer Strecke von 23,8 Kilometern fährt, aber vor allem bei Touristen sehr beliebt ist. Diese nutzen auch die Standseilbahn zum Victoria Peak. Darüber hinaus verkehren in Hongkong noch Stadtbahnen und im Umland die von der Kowloon-Canton Railway betriebene KCR Light Rail sowie etliche Fähren.

Wer in diesem Wirrwarr von Verkehrsmitteln jedes einzeln bezahlen wollte, hätte keine Chance. Deshalb hat die Stadt im Jahr 1997 die Octopus-Karte eingeführt, mit der man überall berührungslos den Fahrpreis entrichten kann, der automatisch berechnet wird. Mittlerweile ist diese Smartcard ein solcher Erfolg, dass sich rund 4500 Geschäfte und Unternehmen der Initiative angeschlossen haben. 95 Prozent der Stadtbewohner zwischen 16 und 65 Jahren besitzen heute eine solche Karte.[90] Und es gibt ständig neue Ideen: Man kann nun auch sein Mobiltelefon damit bezahlen, Schlittschuhe ausleihen, in Selbstbedienungsrestaurants das Anstehen vermeiden oder Regenschirme aus einem Automaten ziehen. Das nächste Ziel der Betreibergesellschaft ist es, den Octopus-Service auf weitere Städte in China auszudehnen.

Auch in Deutschland gibt es erste Schritte in Richtung universelles Bezahlsystem für öffentliche Verkehrsmittel. So haben sich aktuell 36 Verkehrsunternehmen und -verbünde in Deutschland zusammengeschlossen, um den Kauf von Tickets über das Smartphone zu ermöglichen. HandyTicket Deutschland[91] heißt das Projekt, das nach einer dreijährigen Probephase seit 2010 regulär in Betrieb ist. Für den Kunden bringt es eine große Erleichterung: „Er wählt und erhält den passenden Fahrschein bequem per Mobiltelefon und informiert sich bei Bedarf über die zugehörigen Verbindungs- oder Haltestellen", sagt Dr. Torsten Gründel vom IVI, das an der Entwicklung des Systems beteiligt war. „Der Fahrgast ist damit nicht mehr an herkömmliche Verkaufsautomaten gebunden und kann, wenn er will, bereits zu Hause in Ruhe ein Ticket kaufen und ohne Wartezeiten, Kleingeldsorgen und Papierschein dann sofort in Bus oder Bahn einsteigen."[92]

Heute in Deutschland noch ein Novum des HandyTicket-Systems, in der Stadt der Zukunft aber wohl Normalität: Man kann seinen Fahrschein bundesweit einheitlich kaufen, nachdem man sich lediglich einmalig beim Verkehrsunternehmen in der Heimatregion per Internet oder Hotline registrieren ließ. Die regionalen Ticketsortimente umfassten 2012 bereits über 500 Produkte in mehr als 1000 Produktvarianten: sowohl Einzel- und Tageskarten, aber auch Familien- und Gruppenkarten, Kurzstreckenfahrscheine, 4er-Tickets und Streifenkarten, Zeitfahrausweise, Nachttickets, Schnellbustickets und vieles mehr.

Die Bezahlung erfolgt ebenfalls unabhängig von der regionalen Nutzung. Eine individuelle Umsatzanzeige, die Möglichkeit zum Quittungsausdruck und weitere Funktionen finden sich auf der HandyTicket-Website. Als nächster Schritt ist geplant, den mobilen Ticketverkauf zu kombinieren mit der elektronischen Navigation im Nahverkehrsbereich. Damit würde dem Kunden die Nutzung öffentlicher Verkehrsmittel endlich so bequem und komfortabel gemacht wie heute das Autofahren. Für den Schutz der Innenstädte ist das ein bedeutender Fortschritt.

DEN AUTOVERKEHR FLÜSSIG HALTEN

Auf den großen Hauptschlagadern des Autoverkehrs wird es in den Städten der Zukunft ein effizientes Verkehrsmanagement geben. So wird man beispielsweise Ampeln intelligent steuern: Je nach Belastung können sie unterschiedliche Schaltfrequenzen annehmen. Auf den Straßen registrieren Messschleifen die Anzahl und Geschwindigkeit der Autos und geben diese Information an die Ampeln weiter. Entsprechend werden automatische Informationen auf den Schilderbrücken den Verkehrsfluss auf den Autobahnen kanalisieren und vor Staus warnen. Die technischen Voraussetzungen existieren schon heute. Es fehlt zwar in der Regel noch die politisch-organisatorische Basis, aber es gibt schon Vorbilder: Tokio beispielsweise hat zu diesem Zweck für gut 7 Milliarden Euro das zurzeit beste Verkehrsleitsystem der Welt installiert. Mehr als 17 000 Sensoren erfassen die Fahrzeuge und melden ihre Informationen an die Zentrale. Von dort aus werden Ampeln und Leuchttafeln über den Straßen gesteuert. Außerdem kann jeder die Daten kostenlos aus dem Internet abrufen oder sich auf sein Navigationsgerät laden. Millionen Japaner haben sich mittlerweile ein solches „Car-Navi" zugelegt. Die Tokioter Polizei ist stolz darauf, dass aufgrund der besseren Verteilung der Ströme die

Verkehrsdichte nicht zugenommen hat, obwohl das Verkehrsaufkommen seit 1990 um 50 Prozent gewachsen ist.

In sehr viel kleinerem Maßstab, aber ebenfalls sehr erfolgreich, arbeitet das dynamische Verkehrsleitsystem Messe-Stadion-ARENA in Nürnberg, das schon 2003 mit dem Mobilitätspreis des ADAC Bayern ausgezeichnet wurde. Machbarkeitsstudie und Vorentwurf für dieses wegweisende Leitsystem wurden vom Fraunhofer-Institut für Materialfluss und Logistik IML erarbeitet. Ziel des Projekts ist es, Staus und Verkehrsbehinderungen bei Messen und Großveranstaltungen zu reduzieren. Je nach Verkehrslage werden die Autos auf unterschiedlichen Routen zur Nürnberger Messe, zum Frankenstadion und zum Eisstadion ARENA geleitet. „Eine dynamische Verkehrsführung macht den Verkehrsraum erheblich leistungsfähiger durch die verbesserte Ausnutzung vorhandener Infrastruktur", sagt Katrin Scholz vom Fraunhofer-Institut für Materialfluss und Logistik IML.

Die informationstechnischen Voraussetzungen für einen reibungslosen Verkehrsfluss werden schon bald gegeben sein. Das Fraunhofer-Institut für Offene Kommunikationssysteme FOKUS in Berlin ebenso wie die Fraunhofer-Einrichtung für Systeme der Kommunikationstechnik ESK in München arbeiten beispielsweise daran, dass Autos untereinander oder mit der sie umgebenden Infrastruktur Informationen austauschen, etwa mit Ampeln oder Warnschildern.

Aber nicht nur Autoströme können im Computer simuliert und vorhergesagt werden, sondern sogar das Verhalten von Fußgängern. Das ist zum Beispiel wichtig in Fußgängerzonen, in denen manchmal ein ziemliches Gedränge herrscht. „Betreten wir eine Fußgängerzone, ist uns meist nicht bewusst, wie sehr sich Behörden und Stadtplaner darüber den Kopf zerbrochen haben. Die effiziente Lenkung von Personenströmen ist gar nicht so einfach, und eine ungünstige Planung fällt schnell auf", sagt Dr. Eva Eggeling von Fraunhofer Austria Research GmbH. „Damit in Zukunft die einfachere Planung stark frequentierter Plätze möglich ist, beteiligen wir uns bei dem Projekt mPed+ daran, eine Software zur detailgenauen Simulation von Fußgängerströmen zu erstellen."[93] Das Vorhaben kombiniert umfassende und detaillierte Simulationsmodelle in einem Gesamtmodell. Damit erhalten Verkehrsbetreiber und -planer umfangreiche Informationen über Personenströme in komplexen öffentlichen Verkehrsnetzen, mit zahlreichen Stationen und Verbindungen.

Parallel zu den Leitsystemen außerhalb werden die Fahrzeuge in der Morgenstadt auch im Inneren intelligente Systeme besitzen, die sie um Staus herum oder auf möglichst wenig belastete Straßen lenken. Das FIRST-Team, das auch in Hefei tätig ist, beteiligt sich beispielsweise an der Entwicklung eines neuen Standards zur Gewinnung und Übertragung von Verkehrsinformationen. Der alte TMC-Standard – die Abkürzung steht für Traffic Message Channel –, mit dessen Hilfe Navigationsgeräte mit Staumeldungen versorgt werden können, wird demnächst abgelöst vom TPEG-Standard der Transport Protocol Experts Group. Dieser Service wird Autofahrer umfangreicher und präziser informieren als bisher, weil die Verkehrsdaten an beliebig vielen Punkten generiert und mit aktuellen Informationen über Wetter bzw. den öffentlichen Nahverkehr kombiniert werden können.

DAS INTELLIGENTE FAHRZEUG FINDET EINEN PARKPLATZ

Jede Fahrt endet mit einem Parkvorgang. Und selbst wenn die Reise reibungslos verlief, wird das Parken, vor allem in den überfüllten Städten, oft zum Problem. Zur aktuellen Information über die Verkehrssituation werden deshalb bald auch Daten über freie Parkplätze gehören. Das Navigationssystem kann dann den Fahrer nicht nur bis zum Ziel führen, sondern ihm auch einen freien Parkplatz in dessen Nähe melden. So wurde beispielsweise im Rahmen des Projekts Cologne Parkinfo Ende der 90er Jahre erforscht, wie man den Autofahrer über die Parksituation in der Kölner Innenstadt informieren kann, entweder schon vor Fahrtantritt zu Hause über Internet oder im Fahrzeug über das Navigationssystem. Es sollte sogar eine Reservierung von Parkplätzen möglich sein. Auch die Bezahlung der Parkgebühr wollte man erleichtern und den Betrag von der Kreditkarte abbuchen. Nach der Erprobungsphase wurde das Projekt nicht fortgesetzt, aber die Online-Information über die aktuelle Auslastung der städtischen Parkhäuser gehört in Köln wie in vielen anderen Großstädten seither zum selbstverständlichen Service.

In der Regel ist die Bewirtschaftung der Parkplätze durch Profitinteressen getrieben, nicht durch ökologische Gesichtspunkte. Und Parkplätze in der Innenstadt bringen eben am meisten Geld. Park-and-ride-Zonen an ihrem Rand können das Parkplatzproblem allerdings entschärfen und zur Luftreinhaltung beitragen. „Aber auch in Zukunft werden viele Menschen noch mit ihrem Auto in die Innenstädte fahren wollen, deshalb wäre es schön, wenn man die Parkhäuser aus dem Stadtbild verbannen und sie unterirdisch bauen könnte", sagt IVI-Forscher Ulf Jung. „Denkbar sind automatische, modulare Anlagen, bei denen man das Auto an der Eingangsschleuse abgibt." Der Fahrer fährt im Eingangsbereich des Parkhauses auf eine Transportpalette, die im Boden eingelassen ist – ähnlich wie bei einer Autowaschanlage wird er in die Spur geführt. Ist er ausgestiegen, transportiert das System das Auto auf der Palette automatisch in das Parkhaus hinein und stellt es in einer Art Hochregallager ab. Diese Technologie bietet zahlreiche Vorteile: Parkende Autos verschwinden vom Straßenbild, es gibt wieder mehr Platz für die Anwohner. Auch sind die Autos vor Vandalismus geschützt. Elektro- und Hybridfahrzeuge können im Parkhaus betankt werden: In der Palette befindet sich eine Ladestation, deren Ladekabel entweder vom Fahrer oder künftig auch automatisch in den Tankanschluss gesteckt werden kann. Das automatische Parkhaus, das Forscher am IML entwickelt haben, ist einsatzbereit; ein erster Bau mit integrierter Ladeinfrastruktur und dezentralen Stromerzeugungskomponenten ist bereits in Planung.

Viele Metropolen werden dem Beispiel Tokios oder Pekings folgen, Parkplätze zu rationieren und für viel Geld zu vermieten. „Man erwirbt damit das Recht, nicht nur ein Auto zu besitzen, sondern es auch parken zu dürfen", beschreibt Professor Uwe Clausen, Leiter IML in Dortmund, die Situation pointiert. „Der Trend in den Städten wird dahin gehen, dass der private Autoverkehr massiv verteuert wird", glaubt er. „Damit wird es für den Einzelnen interessant, die Preise für den öffentlichen Nahverkehr mit der Nutzung des eigenen Wagens zu vergleichen. Es wird spannend sein zu beobachten, wie schnell eine Verhaltensänderung der Verkehrsteilnehmer sichtbar wird."

EINE BUNTE ZUKUNFT

Obwohl es in der Morgenstadt noch Autos geben wird, „dürfte die Zukunft wesentlich bunter sein", sagt Professor Martin Wietschel vom Fraunhofer-Institut für System- und Innovationsforschung ISI in Karlsruhe. „Es wird eine Mischung aus den verschiedensten Antriebsarten geben, von Biodiesel für den Gütertransport über Plug-in-Hybride für Privatleute und Elektroautos für Flotten bis hin zu Brennstoffzellenfahrzeugen, die mit Wasserstoff fahren. Auf jeden Fall wird aber nicht mehr der konventionelle Verbrennungsmotor dominieren.

Künftig wird es weniger vom Prestige abhängen, wer welches Auto fährt, als vom Fahrprofil und von den Ansprüchen der Leute. „Heute lassen sich viele Autokäufer noch von ziemlich irrationalen Beweggründen leiten", sagt Dr. Jens Tübke, Batteriespezialist am Fraunhofer-Institut für Chemische Technologie ICT in Pfinztal. „So kaufen beispielsweise viele Menschen ein großes Auto, weil sie damit mit der Familie in Urlaub fahren wollen. Aber das tun sie nur einmal im Jahr. Ist es da nötig, das ganze Jahr über ein so großes Auto zu unterhalten? Besser wäre es, das Auto dem wirklichen Nutzungsprofil anzupassen." Die Formel 100/100/100 genügt für viele Nutzer. Sie bedeutet: Das Auto muss maximal 100 Stundenkilometer auf der Autobahn fahren können, es muss eine Reichweite von 100 Kilometern haben, und man muss es als 100-Jähriger noch bedienen können.

Auch was die Sicherheit betrifft, glaubt Tübke an große Veränderungen: „Die passive Sicherheit mit Knautschzonen am Auto erfordert viel Material, und das bedeutet Gewicht. Künftig werden die Autos leichter, dafür aber mit einer Vielzahl von Sensoren versehen sein, die sie vor einem Crash schützen." Das heißt, die Elektronik bremst das Fahrzeug ab, bevor es zum Unfall kommt, schneller, als ein menschlicher Fahrer dies könnte.

Diese Vision hält auch Professor Holger Hanselka, Leiter des Fraunhofer-Instituts für Betriebsfestigkeit und Systemzuverlässigkeit LBF in Darmstadt, für realistisch. „Bis sie verwirklich ist, wird es jedoch noch eine ganze Weile dauern", meint er. „Voraussetzung für komplett unfallfreies Fahren wäre ja, dass alle Verkehrsteilnehmer mit einem solchen elektronischen System ausgerüstet wären und dass sich die Autos untereinander verständigen können."

Forscher der Fraunhofer-Einrichtung für Systeme der Kommunikationstechnik ESK in München arbeiten bereits heute an innovativen Konzepten im Bereich der Car-to-X-Kommunikation (kurz C2X genannt). Durch die digitale Vernetzung von Fahrzeugen untereinander und mit der Infrastruktur kann das Auto nicht nur automatisch bremsen, sondern den Fahrer auch vor Zusammenstößen warnen und ihn stets über den aktuellen Zustand von Verkehr und Straße informieren.

Zu diesem Zweck haben die ESK-Forscher eine Software entwickelt, welche die Kommunikation zwischen einer elektronischen Einheit im Fahrzeug und der Außenwelt ermöglicht und strukturiert. „Das System beruht auf einem speziell für Fahrzeuge entwickelten WLAN in Kombination mit GPS", sagt Josef Jiru, der Projektleiter. „Position und Sensordaten des Fahrzeugs über Geschwindigkeit, Beschleunigung oder Rutschen können an entsprechende drahtlose Kommunikationsknoten am Straßenrand, sogenannte Roadside Units (RSUs), gemeldet werden." Im Gegenzug erhalten die Fahrzeuge von den RSUs Informationen über den Straßenzustand vor ihnen, über eventuelle Unfälle und Staus oder über die optimale Geschwindigkeit, um auf der „grünen Welle" mitzuschwimmen. In Zukunft werden solche Systeme selbstverständlich sein. Auch FOKUS ist auf dem Gebiet sehr aktiv – in dem Projekt simTD geht es darum, Autos automatisiert in Kolonnen fahren zu lassen, Stau-Enden automatisch zu erkennen, Wetterereignisse in die Navigation einzubeziehen und Ampeln verkehrsabhängig zu steuern.

MATERIALMIX IM AUTO

Heute und in den nächsten Jahren setzt LBF-Chef Hanselka jedoch weiterhin auf die passive Sicherheit von PKWs. Da dies, ebenso wie die wichtigsten Komponenten der Elektrofahrzeuge, also Motoren und Batterien, das Gesamtgewicht erhöht, muss an anderer Stelle gespart werden. Fahrzeugbauer setzen deshalb auf konsequenten Leichtbau, und zwar für alle Komponenten. „In der Fraunhofer-Systemforschung Elektromobilität haben wir beispielsweise ein neuartiges Herstellungsverfahren für die Spulen von Elektromotoren entwickelt", sagt Hanselka. „Sie werden dort gegossen, dadurch kann statt Kupfer auch das leichtere Aluminium zum Einsatz kommen. Weiter ist ein Leichtbau-Batteriekasten für Lithium-Ionen-Akkus entstanden. Ein Rad aus kohlenstofffaserverstärktem Kunststoff hilft ebenfalls, das Gewicht zu reduzieren. All dies sind Beiträge zum Leichtbau, die wir sicherlich im Auto von morgen finden werden." Wesentliche Einsparungen lassen sich aber auch bei der Karosserie erzielen, die heute noch rund 40 Prozent des Fahrzeuggewichts ausmacht.

Ein weiteres wichtiges Thema ist das Multi-Material-Design, denn künftig werden Autos aus einem bunten Materialmix bestehen, mehr noch als bisher. Neben der Frage des Werkstoffs werden auch die Konstruktion und Gestaltung, die Oberfläche, die Form sowie die Fertigungstechnik darüber entscheiden, welches Material man für welches Teil nimmt. So kommt es beispielsweise auf Steifigkeit und Festigkeit an, ebenso aber auf seine Eigenschaften bei Brand oder gegenüber Vibrationen. Das riesige Portfolio an Leichtbauwerkstoffen – Stahl, Aluminium, Titan und Magnesium, dazu Kunststoffe und Faserverbundwerkstoffe – werden künftig einen Materialmix bilden. Damit dieser am Lebensende des Autos wieder recycelt werden kann, „muss man bereits bei der Konstruktion daran denken, wie man das Fahrzeug wieder zerlegen kann", so Hanselka. „Es wird eine Anleitung geben, wie man das Auto entsorgt: Man wird es in sortenreine Teile zerlegen, die gesammelt und wiederverwertet werden."

WAS TREIBT KÜNFTIG UNSERE FAHRZEUGE AN?

Elektrischer Strom wird für die Mobilität in der Morgenstadt die größte Rolle spielen. Das gilt nicht nur für die öffentlichen Verkehrsmittel wie Bahnen und Busse, sondern auch für PKWs. Ohne Frage sind mit Strom betriebene Autos sauberer und leiser, sie belasten die Umwelt deutlich weniger als vergleichbare Benziner oder Dieselfahrzeuge. Feinstaub, Kohlenwasserstoffe, Kohlenmonoxid und Stickoxide könnten damit künftig stark reduziert werden. Und auch der Ausstoß an CO_2 würde vermindert, vor allem, wenn der Strom, den Elektroautos an der Steckdose „tanken", aus regenerativen Quellen stammt. Damit ist die Mobilitätswende aufs engste mit der Energiewende verbunden.

Ökologisch gesehen haben Elektrofahrzeuge noch einen weiteren Vorzug: Sie nutzen die eingesetzte Energie wesentlich besser aus. „Ihr energetischer Wirkungsgrad, von der Stromerzeugung bis zur Fahrleistung (well to wheel) gerechnet, beträgt um die 40 Prozent, wenn man den heutigen Strommix zugrunde legt", haben ISI-Forscher Wietschel und sein Team ermittelt. „Damit liegt er etwa doppelt so hoch wie bei einem fossil betriebenen Auto." Würde man nur Windstrom zum Aufladen der Batterien benutzen, läge er sogar bei etwa 70 Prozent, mit einem weiteren Steigerungspotenzial. Mit anderen Worten heißt das also, dass Elektroautos erheblich sparsamer sind als fossil betriebene Fahrzeuge. Das schont die Ressourcen. „Egal, wie lange die Ölvorräte noch reichen, seien es Jahre oder Jahrzehnte, sie sind im Grunde schon heute viel zu wertvoll, um sie zu verbrennen", so Wietschel, „denn sie sind ein wichtiger Rohstoff für die chemische Industrie. Und Biokraftstoffe sollte man künftig für den Antrieb von Schiffen und Flugzeugen reservieren, da diese auch langfristig kaum in größerem Maße auf elektrische Antriebe umgestellt werden können."

Wie die Elektrofahrzeuge im Einzelnen aussehen werden, wird die Entwicklung der nächsten Jahrzehnte entscheiden. Wahrscheinlich wird sich nicht ein einziges Konzept durchsetzen, sondern ein Nebeneinander mehrerer Varianten:

- Im Batteriesektor, in dem momentan Lithium-Ionen-Akkus dominieren, könnten sich nach entsprechender Entwicklungsarbeit auch Lithium-Sauerstoff- oder Lithium-Schwefel-Systeme etablieren. „Diese Systeme können auf gleichem Raum fünf- bis sechsmal so viel Energie speichern wie herkömmliche Akkus", sagt Jens Tübke, „bisher sind sie aber nur für 50 bis 150 Ladezyklen stabil, das ist noch viel zu wenig."

- Für einen Range Extender, also ein Antrieb, der immer dann einspringt, wenn die Batterie leer ist, kämen ebenfalls unterschiedliche Systeme in Frage. „Man könnte hier die Redox-Flow-Technologie nutzen, die mit zwei Elektrolyten arbeitet, die man in

Tanks mit sich führt. Sobald man Strom benötigt, führt man sie zusammen: Sie tauschen Ladungen aus, es entsteht Strom", meint ICT-Forscher Tübke. „An Tankstellen könnte man dann die verbrauchten Flüssigkeiten gegen frische austauschen."

- Brennstoffzellen, die mit Wasserstoff oder Methan betrieben werden, sind eine Antriebsalternative, die vor allem für Premiumfahrzeuge in Frage kommen wird. „Sie erlauben eine größere Reichweite als batteriebetriebene Autos und können in wenigen Minuten betankt werden. Bei Verwendung von erneuerbaren Energien zur Wasserstofferzeugung haben sie gegenüber herkömmlichen PKWs auch deutliche Umweltvorteile", sagt ISI-Forscher Martin Wietschel.

- Noch weiter in die Zukunft deuten Szenarien, in denen das Antriebssystem des Autos nicht nur durch Verbrennung die chemische Energie nutzt, die im Kraftstoff steckt, sondern auch aus der Abwärme, die durch den Auspuff entweicht, Strom erzeugt. Dies kann durch thermoelektrische Batterien geschehen. Einem europäischen Forscherteam, zu dem auch Experten des Fraunhofer-Instituts für Physikalische Messtechnik IPM gehören, ist es gelungen, dafür ein neuartiges Material zu entwickeln.

- Eine andere Möglichkeit zur Nutzung der Abwärme ist es, damit organische Flüssigkeiten zu erhitzen, die bei relativ niedrigen Temperaturen verdampfen, und einen „Organic Rankine Cycle" – kurz ORC – zu betreiben. Dabei handelt es sich um Dampfturbinen, die in einem geschlossenen Kreislauf betrieben werden. „Die Idee ist faszinierend, denn damit ließe sich aus Wärme noch Strom machen", sagt Wilhelm Eckl, der am ICT derartige Systeme erforscht. „Es ist technisch relativ aufwendig, aber so könnte man die Hitze, die heute aus dem Auspuff entweicht, sinnvoll verwerten. Natürlich lässt sich dieses Verfahren auch bei stationären Systemen anwenden, etwa bei Blockheizkraftwerken."

- Wo die Batterien im Auto sitzen werden, ist heute ebenfalls noch nicht entschieden. Bei den ersten Prototypen stellte man die Stacks meist einfach hinter die Rückbank. „Besser wäre es, sie über das gesamte Auto zu verteilen", meint Holger Hanselka. Beim Opel Ampera liegen sie beispielsweise T-förmig im unteren Mittelteil des Autos.

„Bei allen Varianten muss man natürlich prüfen, ob sie crashsicher und wartungs-
freundlich sind und ob keine Kurzschlüsse entstehen können."

Normalerweise beschränken sich Wissenschaftler bei ihren Studien darauf, trockene
Fakten zu präsentieren. Wie die Menschen mit ihren Erfindungen oder Ideen umgehen,
interessiert sie oft nur am Rande. Da ist es eine erfreuliche Ausnahme, dass die IAO-
Forscher bei ihrer Roadmap auf dem Weg zur elektromobilen Stadt das Alltagsleben in
ihrem Szenario schildern. Sie lassen Mobi, eine Frau, die 1990 geboren wurde, im Laufe
ihres Lebens die jeweiligen Neuerungen in ihrer Verkehrsumwelt nutzen. Für das Jahr
2050 schreiben die Autoren: „In diesem Jahr ist Mobi L. (60) in die Stadt gezogen. Seit-
dem vor kurzem die letzten Fahrzeuge mit Verbrennungsmotor aus dem Verkehr gezogen
wurden, kann sie jede Nacht mit offenem Fenster schlafen. Auf dem Land hat sie dabei
morgens immer der Hahn gestört, außerdem möchte Mobi, wenn sie in zehn Jahren
Rentnerin ist, gern viel mehr die kulturellen Angebote der Stadt wahrnehmen. Und für
einen Spaziergang im Grünen kann sie ja jederzeit auf die flexiblen People Mover zurückgreifen, die sie von der Bahnstation nahtlos bis ins kleinste Dorf bringen. Auch die Fahrt
in den Urlaub ist wesentlich entspannter geworden. Auf der rechten Spur der Autobahn
kann Mobi ihr Brennstoffzellenfahrzeug in den autonomen Modus schalten und bequem
ein Nickerchen machen, bevor sie die letzten Kilometer dann wieder selbst fährt."[94]

Die Städte können durch die neu gestaltete Mobilität also wieder lebenswerter sein.
Auch die künftige Materialvielfalt bei den Autos wird Auswirkungen auf das Stadtbild
haben: Während metallische Karosserien lackiert werden müssen, steckt in den Kunst-
stoffen die Farbe schon drin. So dürften künftig die Autos bunter werden, oder sie
können sogar ihre Farbe verändern. „Mit Hilfe der Nanotechnik wird es bald Farb-
schichten geben, die man schalten kann. So könnte man bei Schnee das Auto dunkel
machen, damit es besser sichtbar ist, oder umgekehrt bei Nacht eine helle Farbe einstellen. Oder man lässt den Wagen bei gefährlichen Situationen in Signalfarben auf-
leuchten." So wird die Morgenstadt nicht nur durch die Antriebsvielfalt bunter werden,
sondern durch die Autos sogar an Farbe gewinnen, fröhlicher werden und sich damit
auch ästhetisch vom Grau der alten Städte unterscheiden.

KAPITEL 6
SICHERHEIT

An allen internationalen Flughäfen sind die Kontrollen für Passagiere und deren Gepäck streng, und mittlerweile hat man sich fast schon daran gewöhnt. Dennoch gibt es immer wieder Vorschriften, die selbst Vielflieger nicht kennen. Etwa dass man in China keine Feuerzeuge ins Flugzeug mitnehmen darf, weder im Hand- noch im Reisegepäck. So ist der Schreck groß, als Sicherheitsbeamte beim Umsteigen in Shanghai plötzlich mit Formularen anrücken, die sie zum Öffnen des Koffers berechtigen sollen. Ein Zigarrenanzünder ist der Grund der Aufregung – Mitbringsel für einen befreundeten Raucher. Nachdem das „Gefahrgut" aus dem Gepäck entfernt wurde, geht die Reise weiter. Nun wird auch klar, warum an den Ein- und Ausgängen chinesischer Flughäfen große Körbe voller Feuerzeuge stehen: Beim Einchecken muss man seines abgeben, dafür holt man sich bei der Ankunft wieder eines aus dem dort abgestellten Korb.

Am 14. Februar 2012 schreckte eine Horrornachricht die Autofahrer im Ruhrgebiet auf: Ein Stapel Plastikrohre auf einem asphaltierten Feldweg unter einer Autobahnbrücke der A 57 bei Dormagen hatte gebrannt; durch die Rauchentwicklung war den Autofahrern auf der Brücke in beiden Richtungen die Sicht genommen: Es kam zu einer Massenkarambolage. Sieben Lastwagen und 15 Autos waren darin verwickelt, ein Mensch starb, mehrere wurden teils schwer verletzt. Schnell wurde die Vermutung laut, die Rohre seien von Unbekannten mutwillig in Brand gesteckt worden. Bereits in der Nacht wurden umfangreiche Beweise gesichert, um den Tätern auf die Spur zu kommen. „Die Polizei hat Ermittlungen wegen Brandstiftung aufgenommen", berichtete die Presse.

Die Autobahn musste nach dem Massencrash vollständig gesperrt werden, denn Sachverständige und Statiker stuften die Brücke als akut einsturzgefährdet ein. Einige Tage später war klar: Das Bauwerk ist so stark beschädigt, dass es abgerissen werden muss. Durch das Feuer wurden Betonbrocken von den Stützen abgesprengt und Stahlträger verbogen.

Neben dem finanziellen Schaden war diese Nachricht eine Katastrophe für die Autofahrer: Die A 57 ist eine der Pendler-Schlagadern im Ballungsraum Rhein-Ruhr und von großer wirtschaftlicher Bedeutung. Mit mehr als 100 000 Fahrzeugen pro Tag gehört sie zu den höchstbelasteten Autobahnen in Deutschland.[95] Sofort nach dem Unfall bildeten sich zig Kilometer lange Autoschlangen, auch alle Umgehungsstraßen waren überlastet. Und ein Ende der Staus war nicht abzusehen: Der Abschnitt zwischen Köln und Düsseldorf musste für mehrere Wochen komplett gesperrt werden. In dieser Zeit wurde eine Behelfskonstruktion errichtet, die als Fahrbahn dient, bis die neue Autobahnbrücke fertig ist.

FÜR DAS UNERWARTETE GERÜSTET SEIN

Vorfälle wie dieser zeigen exemplarisch, wie anfällig unsere Infrastrukturen für Störungen sind. Seien es nun Brandstifter oder Terroristen, sei es ein Dummer-Jungen-Streich, technisches Versagen, eine Naturkatastrophe oder auch nur ein Versehen oder

Zufall: Es gibt immer wieder Schwachstellen, deren Versagen große Auswirkungen hat. Die immer engere Verknüpfung aller Systeme sorgt dafür, dass punktuelle Unfälle eine Kaskade von Folgen auslösen können. Unser Leben hängt von vielen technischen Systemen ab: Verkehr, Strom, Wasser, Heizung, vor allem aber Telekommunikation laufen über eng verflochtene Netze ab. Bürger und Wirtschaftsunternehmen sind von deren Funktionieren abhängig. Wird das Netzwerk unterbrochen oder gar teilweise vernichtet, treten enorme Folgeschäden auf: So zerstörten beispielsweise die Überschwemmungen im Elbe-Donau-Becken im August 2002 allein in Österreich rund 250 Straßen- und Eisenbahnbrücken. Der geschätzte wirtschaftliche Gesamtschaden betrug damals über 12 Milliarden Euro.

Metropolen und urbane Ballungsräume sind sicherheitstechnisch besonders angreifbar, und dort sind die Folgen in der Regel ungleich schlimmer als in dünn besiedelten Gebieten. Deshalb suchen sich Terroristen gern Städte für ihre Anschläge aus. So stieg seit 1970 der Anteil der urbanen Terrorziele in Europa stetig an. Während damals 22 Prozent der Anschläge städtische Ziele hatten, sind es mittlerweile mehr als 40 Prozent. Die Anzahl der dabei verletzten oder getöteten Menschen in Europas Städten stieg seit 1970 auf mehr als das Siebenfache.[96] Ähnliches gilt für Naturkatastrophen: Von 1980 bis 2007 stieg die Anzahl der betroffenen Personen weltweit von rund 80 auf über 200 Millionen, und da immer mehr Menschen in Städten leben, leiden auch dort immer mehr darunter.[97]

Die Bedrohung der Sicherheit beginnt aber schon im Kleinen. Dies betont beispielsweise der Städtetag in einem Positionspapier.[98] Er bezieht sich auf eine deutlich gewachsene Erwartungshaltung der Bürgerinnen und Bürger im Bereich der öffentlichen Ordnung und der allgemeinen Gefahrenabwehr: „Ordnungsstörungen wie Alkohol- und Drogenkonsum mit ihren Folgen sowie Verwahrlosung von Straßen und Plätzen durch wildes Plakatieren, Schmutz und Unrat beeinträchtigen das Sicherheitsempfinden der Bürgerinnen und Bürger in den Städten erheblich. Hinzu kommt die Gefahr einer Verödung der Innenstädte etwa durch einseitige Entwicklungen wie die Ansiedlung von Spielhallen und ähnlichen Betrieben."

All dies sind Herausforderungen, denen man begegnen muss, denn die Stadt der Zukunft sollte den Menschen Sicherheit bieten. Um zufrieden und glücklich leben zu können, brauchen Menschen das Urvertrauen, dass sie geschützt werden und dass sie sich schützen können. In der Morgenstadt sollte es zu den Selbstverständlichkeiten zählen, dass man sich ungehindert auf Straßen, Plätzen und in den Parks bewegen kann – auch bei Dunkelheit –, dass Kinder im Freien spielen und Sport treiben und unbehelligt zur Schule gehen können. Bahnhöfe, Flughäfen, Einkaufszentren und öffentliche Gebäude sollen Teil des gesellschaftlichen Lebens sein und nicht wie Festungen bewacht werden.

Es kann also nicht Ziel einer modernen Stadtpolitik sein, die heute schon vorhandenen Sicherheitsmaßnahmen einfach immer weiter auszubauen. Vielmehr gilt es, Risiken bereits im Vorfeld abzuschätzen und ihr Entstehen zu vermeiden. Da krisenhafte Ereignisse aber dennoch eintreten können, muss man schon vorher fragen, wie man sie mit möglichst geringem Schaden bewältigen kann. Dabei gewinnt das Konzept der Resilienz zunehmend an Bedeutung: Darunter versteht man die Fähigkeit, Störungen möglichst flexibel abzufangen, auszugleichen und zu überstehen. Das gelingt nur, wenn alle Bürger mit einbezogen sind, wenn also die Verantwortung für die Sicherheit nicht allein bei wenigen Ordnungshütern liegt.

Ein typisches Beispiel für mangelnde Resilienz zeigte ein Vorfall, der sich im Januar 2010 am Münchner Flughafen ereignete: Ein Passagier durchquerte die Sicherheitskontrolle (wie sich später herausstellte: versehentlich), nahm seinen Laptop mit und ging einfach weiter, obwohl ihn das Personal aufforderte, den Computer erneut prüfen zu lassen, da der Sicherheitscheck angeschlagen hatte. Niemand hielt den Mann schnell genug auf, und so war er innerhalb kürzester Zeit zwischen den Hunderten von Passagieren im Terminal verschwunden. Daraufhin wurde dieses komplett geräumt; für drei Stunden gab es keine Starts mehr, einige Flugzeuge mussten den Flughafen leer verlassen, um die Flugpläne einzuhalten. 100 Flüge verspäteten sich oder fielen aus, Tausende Passagiere waren betroffen. „Ein resilientes System wäre in der Lage gewesen, den Fehler aufzufangen und den Mann in einer weiteren Sicherheitsstufe festzuhalten", sagt Dr. Tobias Leismann vom Fraunhofer-Institut für Kurzzeitdynamik, Ernst-Mach-

Institut EMI in Freiburg. „Man sollte nie darauf setzen, dass man etwas zu 100 Prozent verhindern kann, das ist die falsche Philosophie."

WIE FINDET MAN SCHWACHPUNKTE?

Die Vision einer sicheren Stadt verwirklicht sich nicht von selbst. Ganz im Gegenteil: Den Architekten, Politikern und Stadtplanern müssen schon frühzeitig bei der Planung Werkzeuge zur Verfügung stehen, die es ihnen erlauben, die Morgenstadt auch sicherheitstechnisch entsprechend zu gestalten. Das Gleiche gilt für Umbau und Renovierung bereits bestehender Städte.

In diesem Sinne hat Sicherheitsforschung bei Fraunhofer eine lange Tradition. Die Themenbereiche sind vielfältig und gehen weit über die Planungsphase hinaus: So gilt es, potenzielle Krisenherde vorab zu entdecken, Infrastrukturen und kritische Knoten wie Kraftwerke, Banken, Rechenzentren oder Flughäfen zu schützen, gefährliche Stoffe frühzeitig aufzuspüren, auch im Krisenfall eine sichere Kommunikation zu ermöglichen, durch intelligentes Katastrophen- und Krisenmanagement Leben zu retten und die Rettungskräfte so auszurüsten, dass sie ihre Aufgaben mit möglichst geringem eigenem Risiko erfüllen können.

Nach Naturkatastrophen, Unfällen oder Anschlägen kommt häufig Kritik auf: Hätte man das alles nicht ahnen oder zumindest passender darauf vorbereitet sein können? Hätte man nicht die Lage besser überblicken und die Einsatzkräfte effizienter steuern müssen? Hätte man nicht mehr Leben retten können und Schaden vermeiden? Hinterher ist man immer schlauer. In der aktuellen Situation jedoch sind die Dinge meist chaotisch: Man kennt den Verlauf der Ereignisse nicht, muss schnell reagieren, die Lage ist oft extrem unübersichtlich, das Gelände vielleicht nicht zugänglich und die eingehenden Informationen so komplex, dass Menschen davon im Allgemeinen überfordert sind. All dies sind Schwachpunkte der Krisenbewältigung, deren Beseitigung sich einige Fraunhofer-Institute vorgenommen haben.

„Wir können die urbane Sicherheit erhöhen, indem wir Risiken vorher einschätzen, Verwundbarkeiten minimieren, Gefahren frühzeitig erkennen und ihnen effektiv begegnen, aber auch, indem wir die Widerstandsfähigkeit der Systeme erhöhen und Kaskadeneffekte verhindern", sagt Professor Klaus Thoma, Chef des EMI in Freiburg. „Außerdem gehören die technische und logistische Unterstützung des Krisenmanagements dazu sowie die Schulung von Einsatzkräften."

Damit künftig schon beim Entwurf einer Stadt sicherheitsrelevante Fragen einfließen können, koordiniert sein Institut ein EU-Projekt zur sicheren Stadtplanung – es heißt VITRUV. Der Name leitet sich ab vom römischen Architekten und Stadtplaner Vitruv, Verfasser des einzigen noch erhaltenen Werks über Baukunst aus antiker Zeit. Mit großer Genauigkeit beschrieb er in 10 Bänden[99] seine Ansichten über Architektur, Technik und Stadtplanung und betonte, jede Struktur müsse drei Eigenschaften erfüllen: Festigkeit, Nützlichkeit und Schönheit. Genau das sollten auch moderne Stadtplaner beachten, und die Werkzeuge, die Forscher im Rahmen dieses Projekts entwickeln, sollen ihnen dabei helfen.

Es geht um Softwareprogramme, mit denen sich prüfen lässt, wo in einer Siedlung kritische Punkte liegen und wie sie vermieden werden können. Die Risikoabschätzung soll den gesamten Prozess begleiten – vom ersten Entwurf bis zum endgültigen Design der Gebäude , auch die Restrukturierung bereits bestehender Städte. „Wir wollen schon im Vorfeld erkennen, wie das System möglichst sicher aufgebaut werden kann", sagt Thoma. „So muss man beispielsweise überlegen, ob es sinnvoller ist, internationale Einrichtungen wie Konsulate oder Botschaften über die ganze Stadt zu verteilen oder sie in einem Bezirk zu konzentrieren, den man dann intensiv bewacht. Oder man würde sicherlich nicht die israelische Botschaft unmittelbar neben ein belebtes Einkaufszentrum setzen."

So soll VITRUV Werkzeuge für ein System entwickeln, das Brennpunkte für terroristische Szenarien oder Naturkatastrophen vermeidet. Im zweiten Schritt geht es in dem Projekt darum, die Anfälligkeit der einzelnen Komponenten auch auf neuartige Bedrohungen zu prüfen, um schließlich im Detail zu analysieren, welche Schäden entstehen können. Experten, die diese Programme anwenden, sind damit in der Lage, eine Planung für robuste und wenig anfällige Städte zu betreiben.

Eine ähnliche Fragestellung, bezogen auf bereits bestehende Infrastrukturen, hat in den letzten Jahren eine Forschergruppe am Fraunhofer-Institut für Intelligente Analyse- und Informationssysteme IAIS in Sankt Augustin im Rahmen des EU-Projekts DIESIS (Design of an Interoperable European Federated Simulation Network for Critical Infrastructures) durchgeführt. Auch hier machten sich die Wissenschaftler die Fähigkeit von Computersimulationen zunutze.

Denn mit einfachem Nachdenken ist es bei der Suche nach Schwachstellen längst nicht mehr getan. Moderne Sicherheitsforschung muss eine Fülle von Aspekten der Infrastruktursysteme gleichzeitig berücksichtigen, dazu die Abhängigkeit der Systeme untereinander, so dass es für den menschlichen Geist nicht mehr möglich ist, alles im Blick zu behalten. „Vor 40 Jahren wusste man beispielsweise, dass die Telefone selbst bei einem großflächigen Stromausfall noch funktionieren, denn das Telefonnetz hatte eine eigene Stromversorgung", sagt Dr. Erich Rome, der das Projekt DIESIS koordinierte. „Heute hingegen hängen Festnetztelefone am ganz normalen Stromnetz und fallen damit im Notfall auch aus. Telefoniert wird nicht mehr nur über ein Netz, sondern über viele verschiedene: Mehrere Mobilfunknetze, analoges und digitales Festnetz, Internet, Satellit und weitere."

Welch unerwartete Wirkungen ein relativ kleiner Fehler angesichts solch enger Verknüpfung haben kann, zeigte ein Vorfall am 4. November 2006 um 22.09 Uhr: Nur weil ein Kreuzfahrtschiff von Papenburg durch die Ems in die Nordsee überführt werden sollte und dazu eine 380-kV-Hochspannungsleitung über dem Fluss aus Sicherheitsgründen kurzzeitig ausgeschaltet wurde, brach in der Folge das west- und südeuropäische Stromnetz in großen Teilen zusammen. Mehr als 10 Millionen Haushalte in Deutschland, Frankreich, Belgien, Italien, Österreich und Spanien waren bis zu zwei Stunden lang ohne Strom. Die Ursache war mangelhafte Planung und Abstimmung der Netzabschaltung, es kam zu Überlastung in Teilen des europäischen Netzverbundes. Dies führte zu kaskadenartigen Notabschaltungen, viele Städte waren gelähmt.

Um derartige Komplexitäten überschaubar zu machen, benutzen Sicherheitsforscher heute numerische Simulationen, die die Wirklichkeit möglichst realistisch auf dem Computer abbilden. Mit ihnen kann man dann viele Ereignisse durchspielen und sehen, wie die Systeme im Fall eines Falles reagieren würden. So lassen sich Abhängigkeiten genauer verstehen und Schwachstellen finden.

„Einschlägige Forscher haben eine Vielzahl solcher Simulatoren bereits entwickelt", weiß Erich Rome, „aber sie sind im Allgemeinen auf einen Infrastruktursektor begrenzt und bilden nur einzelne Systeme ab." Wünschenswert wäre jedoch, gerade die Verknüpfung untereinander zu erkunden. Dann können nicht mehr solch gravierende Planungsfehler passieren wie etwa in den USA, genauer in Baltimore: Dort lag unmittelbar über einem Eisenbahntunnel eine Straße, eine Hauptwasserleitung, eine Stromleitung, deren Reserveleitung und eine Telefonleitung. Alle Systeme fielen aus, als in dem Tunnel ein mit Chemikalien beladener Zug explodierte.

WIE FIT IST EIN GEBÄUDE?

Die Wirklichkeit im Computer abzubilden ist heute ein unverzichtbares Werkzeug der Forschung. Derartige Simulationen dürfen aber den Zusammenhang mit der Realität nicht verlieren, das heißt, man muss sie mit den realen Verhältnissen abgleichen. Dies gilt beispielsweise für die Frage, wie sich ein Bauwerk bei einer Explosion oder einem Erdbeben verhält und welche Schäden es davonträgt. Dr. Frank Schäfer vom EMI und sein Team haben zu diesem Zweck im Rahmen des Projekts AISIS. Sensoren entwickelt, die etwa – in regelmäßigen Abständen in die Wände eines Tunnels eingebaut – Auskunft geben über den Zustand und die aktuelle Standsicherheit von Tunnelwänden. „Die Sensoren messen die Erschütterung, beispielsweise bei einer Explosion oder bei einem Erdbeben", sagt Schäfer. „Mit maßgeschneiderten Druckwellen haben wir vorher im Labor ermittelt, welche Belastungen die Wände noch verkraften können. Die Sensoren sind darauf kalibriert und funken Informationen nach außen, wo das Bauwerk von den Rettungskräften noch betreten werden kann und wo es einsturzgefährdet ist."

Da in unseren Städten ebenso wie in der Morgenstadt ein großer Teil der öffentlichen Verkehrsmittel unterirdisch fährt, ist es von großer Bedeutung, ein zuverlässiges Sensorsystem für den Zustand der Tunnel zu haben. Dies gilt nicht nur für den Terrorfall, sondern insbesondere auch für erdbebengefährdete Metropolen.

Der Praxistest für AISIS fand am 19. April 2011 in einer abbruchreifen Fabrikhalle im Industriegebiet von Bad Säckingen statt, die kontrolliert gesprengt werden sollte. Man entschloss sich, dies mit der örtlichen Feuerwehr als Katastrophenübung für einen Terroranschlag durchzuspielen. Auf dem Versuchsgelände hatten vier Tage lang Forscher und Sprengexperten das zweigeschossige Gebäude mit 20 Sensoren sowie vielen Sprengladungen versehen, die es planmäßig teilweise zum Einsturz brachten. Menschengroße Holzpuppen wurden im Obergeschoss versteckt. Nach der Explosion sollten Einsatzkräfte der örtlichen Feuerwehr diese Dummys orten und „retten". Der Test verlief erfolgreich: Die Sensoren zeigten im provisorisch aufgebauten Lagezentrum zuverlässig an, wo die Rettungskräfte das Gebäude noch betreten konnten und wo Wände eingestürzt oder einsturzgefährdet waren.

Im nächsten Schritt wollen die EMI-Forscher nicht nur Tunnel, sondern ganze Gebäude überwachen. Das Prinzip ist das gleiche, die Sensoren sollen allerdings noch empfindlicher und vielseitiger werden. Während im Tunnel nur die Temperatur sowie Höhe und Dauer der Druckbelastung gemessen werden, könnte eine entsprechende Gebäudesensorik zusätzlich auch noch Windlasten, altersbedingte Ermüdungserscheinungen und andere Risikofaktoren erfassen. „Ein Hochhaus schwankt ständig hin und her, das hat mit der Zeit Auswirkungen auf das Baumaterial", sagt Frank Schäfer. „Was passiert nun, wenn nach ein paar Jahren in der Tiefgarage jemand gegen eine Säule fährt?" In einem solchen Fall müssen Gutachter umfangreiche Untersuchungen vornehmen, mit den Sensoren könnte man die Folgen für das Gebäude sofort ablesen.

Das Besondere bei diesen Sensoren ist, dass sie völlig wartungsfrei und energieautark arbeiten, und das über Jahrzehnte hinweg. Sie erhalten anfangs eine kleine Batterie, die voll geladen ist, und anschließend muss dieser immer wieder so viel Energie zugeführt werden, wie der Sensor, die Mikroelektronik und die Funkanlage verbrauchen.

Fachleute sprechen von Energy Harvesting, also dem Ernten von Energie. „Es geht zwar nur um winzige Beträge von unter 100 Mikrowattsekunden", so Schäfer, „aber die müssen zuverlässig beschafft werden." Die Forscher nutzen bei den relativ großen Tunnelsensoren Temperaturunterschiede in der Wand, die in Thermoelementen eine elektrische Spannung erzeugen, oder sie greifen auf die magnetische Induktion durchfahrender Züge zurück. Die kleineren Sensoren, die man für Hochbauten entwickelt hat, könnten eine Kombination aus Licht, Energie aus WLAN-Netzen oder ebenfalls Thermoelektrik als Energiequellen nutzen.

Seit dem Einsturz des World Trade Centers in New York machen sich Experten zunehmend Gedanken darüber, wie ein Gebäude einen solch extremen Anschlag überstehen könnte. Vorher hatte man derartige Szenarien nicht in den schlimmsten Träumen erahnt, aber nun, da immer höhere Wolkenkratzer jenseits der 500-Meter-Marke errichtet werden – etwa der Burj Khalifa in Dubai mit 828 Metern Höhe –, sind Sicherheitskonzepte erforderlich. Denn gerade in den schnell wachsenden Städten der Zukunft wird es immer mehr Hochhäuser geben, in denen Zigtausende von Menschen leben und arbeiten.

Für eine Studie mit dem Namen „Security Scraper" entwarfen Forscher eine grundlegende Struktur für Wolkenkratzer, die einerseits den Aufprall eines Flugzeugs, eine Explosion, ein Erdbeben oder ein Feuer übersteht, andererseits aber den Architekten alle Freiheiten der Gestaltung lässt. „Wir haben vertikale Flucht- und Rettungswege vorgesehen, die durch einen Gebäudekern aus ultrahochfestem, faserverstärktem Beton geschützt sind", sagt EMI-Chef Klaus Thoma. „Außerdem sorgen redundante Stützstrukturen dafür, dass lokale Beschädigungen ausgeglichen werden. Da diese Maßnahmen im Inneren des Gebäudes verborgen sind, lassen sich die unterschiedlichsten Design- und Fassadenkonzepte damit umsetzen."

Ein Verfahren, mit dem man Gebäudeteile vor Brand und Hitze schützen kann, entwickeln Forscher am Fraunhofer-Institut für Chemische Technologie ICT. Sie beschichten die Flächen mit Stoffen, die bei Hitze aufquellen oder keramische Eigenschaften ausbilden. „Damit kann man Holz, Stahl oder Kunststoffe bis zu mehrere Stunden lang vor Feuer und Hitze bis 3000 Grad schützen", sagt ICT-Forscher Dr. Dirk Röseling. „Solche

Schichten kann man zum Brandschutz, zum Verschließen von Öffnungen und Hohlräumen und zum Schutz gegen heiße Gasströmungen verwenden. Und man kann sie sogar transparent herstellen."

DIE GEHEIMNISVOLLEN TERAHERTZ-WELLEN

Auch in der Morgenstadt wird es besonders gefährdete Orte geben, an denen sich viele Menschen aufhalten, etwa Bahnhof und Flughafen, oder Gebäude, in denen reger Publikumsverkehr herrscht. Diese Plätze gilt es zu überwachen, ohne die Freiheit der Bürger allzu sehr einzuschränken. Ideal wäre es, wenn man dafür sorgen könnte, dass keine gefährlichen Stoffe an diese Orte gelangen. Sensoren, die Forscher am ICT entwickeln, könnten dies gewährleisten. „Sie spüren mit Hilfe elektrochemischer Verfahren kleinste Mengen explosiver Substanzen auf, egal, ob in Luft, Wasser oder Erdboden", sagt Dr. Karsten Pinkwart. „Zusätzlich zu den üblichen Sprengstoffen können sie auch selbstgebastelte, unkonventionelle Substanzen nachweisen."

In jeder Stadt sind Brief- und Paketbomben eine ständige Gefahr. Der Briefbombenfund im Dezember 2011 bei der Deutschen Bank oder die Paketexplosion in Rom im Jahr zuvor zeigen dies mehr als deutlich. Wie kann man aber Postsendungen überprüfen, ohne das Briefgeheimnis zu verletzen? Forscher am Fraunhofer-Institut für Physikalische Messtechnik IPM in Kaiserslautern haben dazu mit Industriepartnern einen Briefscanner entwickelt.[100] Er arbeitet mit Terahertz-Wellen – auch Submillimeterwellen genannt –, die im Gegensatz zu den Röntgenstrahlen für den Menschen unbedenklich sind. Der Terahertz-Bereich ist ein bisher wenig genutzter Teil des elektromagnetischen Spektrums. Er liegt zwischen Mikrowellen und Infrarotlicht. Lange Zeit sprach man von der Terahertz-Lücke, da es bis in die 90er Jahre hinein keine praktikablen Quellen gab, die diese Wellen erzeugten. In den vergangenen Jahren wurden jedoch bei der Herstellung von Sendern und Empfängern enorme Fortschritte erzielt. Die von IPM entwickelten Systeme sind besonders kompakt, flexibel und robust.

Terahertz-Wellen durchdringen Papier, Pappe, Kleidung und Kunststoffe. Moleküle ergeben zudem einen eindeutigen chemischen Fingerabdruck in Form eines charakteristi-
schen Spektrums, so dass man Post nicht nur durchleuchten, sondern auch deren
Inhalt chemisch analysieren und beispielsweise Sprengstoff erkennen kann. Der
Briefscanner des IPM ist an nahezu jedem Ort einsetzbar: in der Postlogistik, in Justiz-
vollzugsanstalten, in Behörden, aber auch bei gefährdeten Privatpersonen zu Hause.

Aufgrund ihrer günstigen Eigenschaften sollen Terahertz-Wellen künftig auch zur routi-
nemäßigen Suche nach Sprengstoffen eingesetzt werden. Denkbar wäre das überall
dort, wo Personenschleusen zur Kontrolle vorhanden sind, etwa an Flughäfen oder am
Eingang zu öffentlichen Gebäuden oder zu Behörden. Die Verfahren hierzu wurden
bisher zwar getestet, aber noch nicht zur Anwendungsreife entwickelt.

Damit auch Seehäfen sicherer werden, entwickeln Forscher außerdem ein Durchleuch-
tungsverfahren, das in Frachtcontainern Explosiv- oder radioaktive Stoffe entdecken
kann. Es funktioniert wie die Computertomographie in der Medizin, nur in wesentlich
größerem Maßstab. Da für die Kontrolle eines Containers nur maximal 60 Sekunden zur
Verfügung stehen, mussten viele technische Probleme gelöst werden. Inzwischen
gelingt es bereits, Modellcontainer mit nur acht Röntgenblitzen dreidimensional so zu
durchleuchten, dass man gefährliche Fracht erkennen kann. Die Forscher gehen davon
aus, dass in der Morgenstadt automatische Containerkontrollen mit Röntgenstrahlen
zum Alltag gehören werden.

Der Flughafen der Morgenstadt wird nicht mehr so abgeschottet sein wie heute. Er wird
ein lebendiger Teil der Stadt sein, denn integrierte Sicherheitskonzepte und neue Sensoren sorgen für einen ungestörten, berührungsfreien Fluss der Passagiere vom äuße-
ren Bereich zu den Abflugsteigen. „Die Kontrollen sehen dann ganz anders aus: Dort,
wo sich früher lange Schlangen für die Personen- und Passkontrollen bildeten, kann der
Passagier nun ungehindert hindurchspazieren", malt Tobias Leismann die Vision aus.
„Der Einsatz hochsensibler Sensoren und optischer Analyseverfahren machen ein
Abtasten auf verbotene Gegenstände überflüssig. Handgepäck wird im Vorübergehen
auf ein Fließband gestellt und automatisiert multisensorisch untersucht und kann

einige Meter später einfach wieder aufgegriffen werden. Dreidimensionale Röntgensysteme lassen dem Sicherheitspersonal die erkannten Objekte am Bildschirm vorbeifahren."

Die neuen Methoden führen dazu, dass der Eingangsbereich eines Flughafens nicht von einem normalen Platz in der Stadt zu unterscheiden ist. Dazu tragen auch Entwicklungen des Fraunhofer-Instituts für Hochfrequenztechnik und Radartechnik FHR in Wachtberg bei, denn „Radarwellen eignen sich hervorragend dazu, versteckte gefährliche Objekte zu entdecken, gleichgültig, ob sie unter der Kleidung getragen oder im Boden vergraben werden", sagt FHR-Institutsleiter Joachim Ender. Bei den Forschungsarbeiten geht es um die abstandswirksame Kontrolle von Menschen. „Von besonderem Interesse sind hier Ansätze, bei denen Menschen sich möglichst frei bewegen können und die Sensorik nicht direkt sichtbar ist. Dadurch kann es langfristig möglich sein, Menschen innerhalb eines Kontrollbereichs so zu charakterisieren, dass nur ein kleinerer Teil, bei dem die Radarsensorik Verdachtskriterien ausgemacht hat, einer genaueren Kontrolle zugeführt wird."

MENSCHEN SCHNELL UND SICHER ERKENNEN

Für nicht-öffentliche Bereiche wird es auch in der Morgenstadt eigene Zugangsberechtigungen für Personen geben. Am Eingang erkennt ein Kontrollsystem bestimmte biometrische Merkmale des Besuchers und entscheidet gemäß der hinterlegten Datenbank, ob er eingelassen wird oder nicht. Dabei werden die Möglichkeiten weit über die heutigen Fingerabdrücke oder Gesichtskontrollen hinausreichen. „Wir gehen davon aus, dass biometrische Systeme in Zukunft alltäglich sein werden", sagt Professor Dieter W. Fellner, Leiter des Fraunhofer-Instituts für Graphische Datenverarbeitung IGD in Darmstadt. „Mit Biometrie wird es uns gelingen, Sicherheit mit Komfort zu verbinden. Man trägt eben seine biometrischen Merkmale immer bei sich, kann sie nicht vergessen, verlieren und zum Teil nur aufwendig fälschen. Und man muss sich keine Codes, Passwörter oder PINs merken." So arbeiten die Fraunhofer-Forscher beispielsweise daran, die Biometrie in zentralen Datenbanken datenschutzkonform zu ermöglichen. Bei Systemen, die mit Template Protection ausgestattet sind, wird gänzlich darauf verzichtet, ein biometrisches Merkmal in der Datenbank zu speichern. Stattdessen generiert das Programm über das biometrische Charakteristikum mittels verschiedener Techniken einen digitalen Schlüssel, der nichts mehr mit dem Körpermerkmal gemein hat. Ist der neuerzeugte Schlüssel bei einem Vergleich, zum Beispiel bei der Zutrittskontrolle, mit dem gespeicherten identisch, wird der Nutzer erkannt. Mit unterschiedlichen Einstellungen lassen sich aus ein und demselben Körpermerkmal beliebig viele Schlüssel generieren.

In der Morgenstadt wird nicht nur ein Körpermerkmal schnell und bequem erkannt, sondern gleich mehrere. Oder aber das biometrische Charakteristikum wird mit Wissen, etwa einem Passwort, oder Besitz, etwa einer Karte, kombiniert. Dies macht die Biometrie wesentlich fälschungssicherer. Sie wird auch den persönlichen Komfort im Alltag erhöhen, glaubt IGD-Abteilungsleiter Alexander Nouak: „Nach und nach werden uns unsere Wohnung, unser Auto und unser Büro als den erkennen, der wir sind, und sich unseren Wünschen anpassen." So können sich Türen ohne Schlüssel öffnen und Sitz- und Spiegeleinstellung im Auto automatisch anpassen. Bankgeschäfte benötigen keine Unterschrift mehr, sondern funktionieren mit einem Venenscan von Handfläche und Fingern. Dies erfolgt über ein mobiles Gerät, das jeder als Ausweisersatz dabei hat. Es ist so sicher, dass man es bedenkenlos verwenden kann.

SICHERHEIT IST AUCH EIN GEFÜHL

Technische Mittel allein genügen jedoch nicht, eine Stadt sicher zu machen. Zusätzlich muss auch ein soziales und psychologisches Klima herrschen, das den Bürgern das Gefühl von Freiheit, Geborgenheit und Optimismus gibt. Es ist ein Teufelskreis: Wenn die Bewohner einer Stadt beginnen, sich unwohl zu fühlen, ziehen viele weg. Dadurch stehen mehr und mehr Häuser und Wohnungen leer, verwahrlosen und verfallen. Das zieht Kriminalität an, die Bürger fühlen sich für ihre Nachbarschaft nicht mehr verantwortlich, soziale Netze zerfallen. Dies führt zum weiteren Niedergang eines Viertels oder der Stadt.

Umgekehrt kann auch das zu schnelle Wachstum eines Gemeinwesens zu sozialen und wirtschaftlichen Problemen führen: Gewachsene Infrastrukturen haben so oft keine Chance, sich zu entwickeln, Migranten drängen in die Stadt, Behörden und Ordnungskräfte sind dem Ansturm nicht gewachsen. Es bilden sich unzulängliche provisorische Strukturen heraus, die nur noch schwer zu ändern und zu verbessern sind. Oft können dann scheinbar zusammenhanglose Ereignisse zu plötzlichen Ausbrüchen von Gewalt führen wie etwa zu den sozialen Unruhen in Pariser oder Londoner Vorstädten in den vergangenen Jahren.

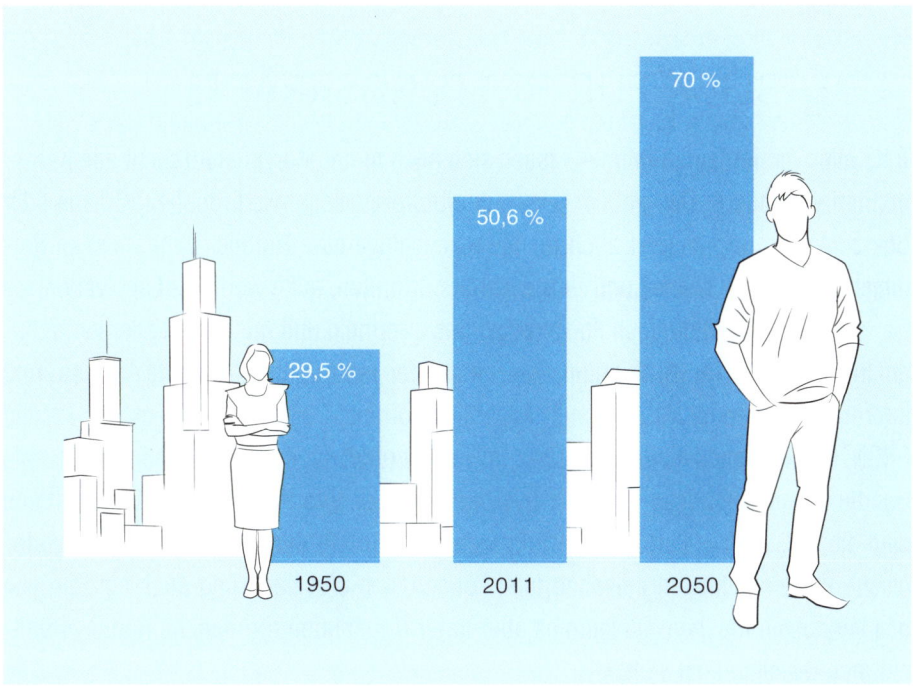

Der Anteil der Bevölkerung, der in urbanen Räumen lebt, wird sich bis 2050 auf 70 Prozent erhöhen. Versorgung, Verkehr, Infrastruktur der Ballungsräume gilt es daher besonders zu schützen. Quelle: UN

Unter diesen Gesichtspunkten steht jede Stadt, egal ob alt oder neu, unter einem starken sozialen Druck. Die Stadtplanung muss mit freiwilligen Aktivitäten, politischen Wünschen und menschlichen Bedürfnissen korrespondieren, um zu einem ausgewogenen Miteinander historischer Entwicklung und aktueller Anforderungen zu kommen. Um dies zu erleichtern, arbeiten Forscher des EMI an einer Studie mit, die die Situation mehrerer europäischer Städte untersucht und Indikatoren herausfiltern will, die auf drohende Probleme hindeuten. „Hier spielen die unterschiedlichsten Faktoren eine Rolle", sagt EMI-Chef Klaus Thoma „etwa die Zusammensetzung der Bevölkerung, Einkommensverteilung, Arbeitslosigkeit, Präsenz der Ordnungskräfte, aber auch die Bebauungsdichte, das Vorhandensein von Erholungsgebieten oder die Altersstruktur der Bewohner." Anhand dieses Frühwarnsystems können Politiker dann rechtzeitig gegensteuern.

ÜBERBLICK FÜR RETTUNGSKRÄFTE

Trotz aller Vorsichtsmaßnahmen lassen sich auch in der Morgenstadt nicht alle Katastrophen verhindern. Das gilt vor allem für Naturereignisse wie Erdbeben, Orkane oder Überschwemmungen, aber auch für Terroranschläge oder Unfälle. Dann müssen Rettungsmaßnahmen schnell und zielgerichtet stattfinden, auch wenn die Lage verworren ist. In diesem Fall steht deshalb zunächst das Sammeln und Auswerten aller verfügbaren Informationen im Vordergrund. Das Fraunhofer-Institut für Intelligente Analyse- und Informationssysteme IAIS in Sankt Augustin koordiniert zu diesem Zweck das Projekt PRONTO. Hier stehen nicht Warnungen im Vordergrund, sondern Rückschlüsse auf reale Handlungsempfehlungen, die sich aus der Fülle der Informationen ergeben. Vielfach sind die Personen in Leit- und Rettungszentralen überfordert, wenn zahlreiche telefonische Einzelmeldungen eingehen, und können sich erst nach und nach ein Bild von den Vorgängen machen. Da kann es aber unter Umständen für manche Rettungsmaßnahmen reichlich spät sein.

So etwas geschah beispielsweise am Sonntag, dem 27. Juli 2008 in Dortmund. In den Stadtteilen Marten und Dorstfeld fiel in fünf Stunden so viel Regen wie sonst nur in drei

Monaten: 200 Liter pro Quadratmeter. Die Emscher und ihre Zuflüsse konnten die Wassermassen nicht mehr aufnehmen. Als immer mehr Hilferufe von Betroffenen bei der Polizei eintrafen, brachte man diese zunächst nicht in einen Zusammenhang, da sie aus unterschiedlichen Straßen, ja Stadtteilen kamen. Erst ganz allmählich stellte sich das Ausmaß der Katastrophe heraus. Insgesamt kam es damals nach Auskunft des Gesamtverbands der Deutschen Versicherungswirtschaft zu Schäden in Höhe von 10 Millionen Euro.

Damit sich die Einsatzkräfte möglichst umgehend ein Bild von der Lage machen können, sammelt PRONTO eine Vielzahl von Informationen und wertet sie selbständig aus: digitale Landkarten, GPS, Signale von Wasser- oder Brandsensoren, Telefonanrufe, Fotos und Videos sowie die Meldungen der Einsatzkräfte auf Digitalfunkgeräten. „So wird schnell klar und übersichtlich auf Monitoren im Lagezentrum sichtbar: Wie sieht der Einsatzort aus? Wo befinden sich Einsatzfahrzeuge? Wo gibt es Platz für Hilfsmaßnahmen, etwa für die Lagerung von Verletzten?", erklärt Projektleiter Dr. Jobst Löffler.

Das A und O dabei ist die Digitalisierung und Zusammenführung sämtlicher Informationen, denn nur so kann Entscheidungswissen automatisch abgeleitet werden und ein Gesamtbild der Lage entstehen. Dazu ist sowohl automatische Sprach- als auch Bilderkennung direkt vor Ort notwendig. „Heute arbeiten viele Einsatzkräfte noch mit handschriftlichen Meldungen", sagt Löffler. „Bis diese erstellt und an einen Funker übergeben sind, dauert es oft bis zu 20 Minuten." Wertvolle Zeit, die den Rettungskräften anschließend fehlt. Unterstützt durch die von PRONTO bereitgestellten Informationen und Überblicke kann der Einsatzleiter hingegen schnell entscheiden, was zu tun ist.

Ein Phänomen, das gerade in jüngerer Zeit immer wieder Schlagzeilen machte, sind Amokläufe an Schulen. Bisher standen die Betroffenen den Ereignissen meist unvorbereitet gegenüber. Dem soll das Projekt ORIMA[101] abhelfen. Es entwickelt intuitiv bedienbare Kommunikationssysteme, die exakt auf derartige Probleme zugeschnitten sind. In der Morgenstadt können sich somit Schulen mit einer Kombination aus Alarm-, Kommunikations- und Benachrichtigungssystem ausrüsten, die zur besseren Bewältigung einer akuten Gewalt- oder Amoksituation auf dem Schulgelände dienen. Über Telefon,

SMS oder Internet werden Schüler und Lehrer angewiesen, sich möglichst schnell in den Klassenräumen zu verbarrikadieren. Ein Krisenteam in der Schule sollte unmittelbar per Telefonkonferenz miteinander in Kontakt treten. Parallel dazu werden Polizei und Rettungskräfte schnell, detailliert und zuverlässig informiert. „Wichtig ist, dass die Polizei Lagepläne der Schule auf ihre iPads laden kann", sagt Dr. Lothar Mühlbach vom Fraunhofer Heinrich-Hertz-Institut HHI in Berlin, „und diese dann auch interaktiv verändern kann, etwa für die Rettungskräfte markieren, wo Opfer sind oder wo sich Täter aufhalten."

SICHERHEIT IN GEFÄHRLICHEM GELÄNDE

Information ist alles, wenn es darum geht, schnell und effizient Rettungsmaßnahmen zu organisieren. In den Städten von morgen wird es dafür intelligente Lagezentren geben, wie sie Forscher des Fraunhofer-Instituts für Optronik, Systemtechnik und Bildauswertung IOSB in Karlsruhe entwickelt haben.

Der SmartControlRoom beispielsweise vereinfacht vieles: So kann er die anwesenden Personen an Gesicht und/oder Stimme erkennen, lokalisieren und ihre Funktion erfassen. Damit werden Anmeldungen überflüssig, denn die Zugriffsberechtigung einzelner Funktionsträger wurde vorher eingegeben. Außerdem kann man die Videowand intuitiv bedienen. Für jeden Benutzer gibt es eine personalisierte Schnittstelle, die auf seine Bedürfnisse, Aufgaben und Fähigkeiten abgestimmt ist. „In einem Kriseneinsatzraum benötigt der Koordinator von Notrufwagen beispielsweise andere Funktionen als der Feuerwehrführer", sagt IOSB-Forscher Dr. Michael Voit. „Durch Personentracking können solche personalisierten Benutzeroberflächen genau auf den Bildschirmen angezeigt werden, vor denen sich die entsprechenden Personen gerade befinden." Neben dem stationären kann es für kleinere Städte auch ein intelligent reagierendes mobiles Einsatzzentrum geben.

Wie kann man so schnell wie möglich die nötigen Informationen beschaffen? Gerade bei Unfällen oder Katastrophen, bei denen Feuer, Radioaktivität oder giftige Substanzen im Spiel sind, ist es meist schwer, genaue Daten über die aktuelle Lage zu erhalten. Aber diese werden gebraucht, damit man die Rettungskräfte wirksam einsetzen kann. Forscher am IOSB haben deshalb ein Softwaresystem entwickelt, das es ermöglicht, beispielsweise Mini-Hubschrauber oder Helium-Ballons mit Kameras oder Gassensoren als künstliche Sinne einzusetzen. In der Einsatzzentrale befindet sich die mobile Bodenstation, und „durch einfaches Anklicken auf dem Display lassen sich die Sensoren an die passenden Stellen schicken", erklärt Dr. Rainer Schönbein. „Von dort senden sie in Echtzeit Bilder oder Messwerte und erlauben eine bessere Beurteilung der Lage, auch in unzugänglichem Gebiet." Alles wird archiviert und ermöglicht es damit zusätzlich, zeitliche Entwicklungen aufzuzeigen.

Derartige Ballons, Hubschrauber oder mit Kameras ausgerüstete Modellflugzeuge werden in der Morgenstadt nicht nur eingesetzt, wenn ein Unglück passiert ist, sie können auch helfen, Katastrophen zu verhindern. Egal, ob auf Industrieanlagen, rund um Banken, Behörden oder in gefährdeten Gebäuden, ein Netz aus fest montierten und mobilen Sensoren kann Daten aufnehmen und zur Zentrale funken. „Der Vorteil unseres Systems ist, dass alle Arten von Fluggeräten, Robotern und Sensoren miteinander vernetzbar sind", betont Schönbein. „Einer sieht etwas, einer hört etwas, ein anderer riecht vielleicht etwas Ungewöhnliches." Damit in der Flut der irrelevanten Daten nicht wichtige Ereignisse verlorengehen, entwickeln Forscher auch am IOSB Softwareprogramme, die beobachten, ob sich Dinge verändern, ob also etwas Ungewöhnliches geschieht. „Das ist eine schwierige Aufgabe, denn beispielsweise die Szenen, die eine Kamera aufnimmt, ändern sich je nach Tageszeit, Wetter oder Beleuchtung", so Schönbein. „Wir wollen aber nicht jedes Mal einen Fehlalarm, wenn eine Fahne bei wechselnder Windrichtung plötzlich in eine andere Richtung weht."

Deshalb arbeiten die Forscher an intelligenten Algorithmen, die nicht nur Veränderungen melden, sondern auch feststellen können, ob diese relevant für eine Gefährdung sind. Heute muss jeweils noch ein Mensch im Kontrollzentrum entscheiden, wie gefährlich eine Veränderung ist. In den Städten der Zukunft kann vielleicht ein automatisches Auswerteprogramm wie das „Vigilant Eye System" (wachsames Auge) diese Aufgabe übernehmen, das Forscher am Fraunhofer-Institut für Angewandte Informationstechnik FIT entwickeln. „Es kann anhand von Bewegungsmustern verdächtige Situationen entdecken", sagt Dr. Marina Kolesnik. „So fallen zum Beispiel abgestellte Gegenstände dadurch auf, dass sie sich nicht mehr bewegen. Das System erkennt eine Gefahr und identifiziert und verfolgt den Verursacher."

Derartige Hilfsmittel sind vor allem wichtig, wenn viele Menschen auf geringem Raum zusammenkommen, sei es bei Fußballspielen, Pop-Konzerten oder anderen Massenveranstaltungen. Seit der Tragödie bei der Love Parade 2010 in Duisburg suchen Forscher nach Möglichkeiten, rechtzeitig gefährliche Brennpunkte zu erkennen und zu entschärfen. Über eine besonders kreative Idee machen sich Experten am ICT in Pfinztal Gedanken. „Wir haben erkannt, dass sich Menschenmassen ähnlich bewegen wie Flüssigkeitsströmungen", sagt Wilhelm Eckl. „Das wollen wir ausnützen, um Menschenströme reibungslos zu lenken. Denn immer dort, wo sich in der Strömung eine Turbulenz bildet, besteht ein Gefahrenherd." Flüssigkeitsströme kann man dadurch auswerten, dass man kleine, kontrastreiche Partikel zugibt und deren Weg mit der Kamera verfolgt. Die Forscher versuchen nun, dies auf die optische Auswertung der Bilder von Menschenmassen zu übertragen, und dabei könnten ihnen Bilder zugutekommen, wie sie die IOSB-Forscher mit ihren Fluggeräten erfassen. „Ich glaube, dass es in der Morgenstadt an etlichen Stellen Ballons geben wird, die die Umgebung aus der Luft überwachen", glaubt Rainer Schönbein. „Sie haben den Vorteil, dass sie eine große Fläche beobachten können, so benötigt man nicht an jeder Straßenecke Kameras und Sensoren. Ballons liefern ständig ein Life-Bild, und sie sind unschlagbar billig. Man kann sie sogar noch als Werbefläche vermieten."

Manchmal behindern Rauch, Nebel oder Schneefall den freien Blick auf die Szenerie. Forscher am IOSB haben deshalb eine verblüffende Methode entwickelt, die es erlaubt, sogar durch solche Hindernisse hindurchzuschauen. „Wir nennen dieses Verfahren Gated Viewing oder selektives Sehen", sagt Benjamin Göhler. „ Es erlaubt den Blick in eine genau definierte Entfernung. Die Dinge davor und dahinter werden ausgeblendet. So kann man beispielsweise auch hinter eine Rauchwolke schauen." Das Verfahren funktioniert sogar bei Dunkelheit, denn es benutzt einen kurzen infraroten Laserpuls, um das Sichtfeld zu beleuchten. Eine Kamera fängt anschließend das reflektierte Laserlicht auf. Eine passend eingestellte Verschlusszeit der Kamera schneidet nun genau die Lichtscheibe heraus, die der gewünschten Tiefe entspricht. „Da der Laserstrahl unsichtbar ist, eignet sich das Verfahren, um bestimmte Bereiche sogar noch aus mehreren Kilometern Entfernung unbemerkt zu beobachten, etwa Innenstadtbereiche, Bahnhofsareale oder Flughäfen", so Göhler.

BESSERER SCHUTZ FÜR DIE RETTER

Wenn eine Katastrophe eingetreten ist, steht die Rettung von Menschenleben im Vordergrund. In der Morgenstadt könnte dazu beispielsweise die vom Fraunhofer-Institut für Integrierte Schaltungen IIS in Nürnberg entwickelte awiloc-Technologie dienen. Durch diese lässt sich mit Hilfe eines Smartphones der eigene Standort in Städten und Gebäuden ermitteln. Im Gegensatz zu den heute üblichen Navigationsgeräten, die zur Ortung nur Funksignale der Satelliten des GPS benutzen, beruht diese Lösung auf der gemessenen Sendeleistung der vielen WLAN-Sender, die es heute schon in Innenstädten gibt. Es benötigt also kein GPS-System. An jeder Stelle der Stadt kann man Signale von mehreren WLAN-Sendern empfangen, je näher, desto stärker. Daraus ergibt sich ein charakteristisches Muster, mit dem man auf dem mobilen Endgerät die Position bestimmen kann.

Forscher an anderen Fraunhofer-Instituten haben Möglichkeiten entwickelt, wie man auch in verrauchten Gebäuden jeden Retter lokalisieren und mit ihm kommunizieren kann. Dazu zählt auch intelligente Kleidung für die „first responder", wie sie am IIS erforscht wird. „Die sensorische Schutzkleidung erfasst automatisch die Umgebung und meldet sie weiter, etwa Temperatur, Position oder die Belastung durch Gefahrstoffe", sagt René Dünkler. „Außerdem erkennt das System den physiologischen Zustand des Trägers, weil es Puls, Atemfrequenz, Sauerstoffsättigung, Aktivität oder die Körpertemperatur überwacht." Überschreiten die Werte bestimmte Grenzen, sendet die Kleidung eine Warnung oder Alarmmeldung an die betroffenen oder nachfolgenden Einsatzkräfte sowie an die Leitstelle.

„Man tut alles, um die Ersthelfer zu unterstützen", sagt EMI-Chef Klaus Thoma. „Und wir ziehen dabei die Lehren aus den Vorgängen nach dem Attentat auf das World Trade Center. Viele der dort tätigen Rettungskräfte könnten noch am Leben sein, wenn es gelungen wäre, sie zu orten und rechtzeitig zu warnen, dass der Einsturz des zweiten Turms bevorsteht. Aber so war die Lage zu chaotisch, als dass einzelne Retter den Überblick behalten konnten – mit den bekannten tragischen Folgen."

Thoma als Sprecher des Fraunhofer-Verbunds Verteidigungs- und Sicherheitsforschung stimmt dabei mit der ganzheitlichen Sicht von Professor Annette Schavan überein, der Bundesministerin für Bildung und Forschung. Sie schreibt im Vorwort zum aktuellen Sicherheitsforschungsprogramm: „Innovation meint ... nicht nur technische Neuerungen, sondern beinhaltet auch innovative organisatorische Konzepte und Handlungsstrategien. Interdisziplinäre Projekte mit Beteiligung der Geistes- und Sozialwissenschaften, Wissenstransfer in die Öffentlichkeit, Begleitforschung zu kritischen Fragen und Transparenz sind in der Sicherheitsforschung Voraussetzungen für den Erfolg."[102]

KAPITEL 7
ARBEITSWELT

Besuch in einer Fabrik in Japan: Ein großer Montage-roboter steht mitten in der Werkhalle und beginnt zu arbeiten. Derartige Roboter sind darauf ausgelegt, zentnerschwere Teile zu heben, zu bewegen, zu bearbeiten und zu transportieren. Damit sie mit ihren übermenschlichen Kräften niemandem gefährlich werden können, ist das Umfeld, in dem sie sich aufhalten, in deutschen Fabriken meist mit Zäunen und Absperrplanken gesichert. In Japan verlässt man sich eher auf die Einhaltung von Regeln. Auf die etwas ängstliche Nachfrage, warum es in dem besuchten Werk keine Absperrgitter gibt, lächeln die japanischen Gastgeber freundlich und sagen: „Wieso? Hier befindet sich doch eine gelbe Linie auf dem Fußboden, und unsere Mitarbeiter wissen, dass sie sie nicht überschreiten dürfen."

Edle Perserteppiche auf Eichenparkett, tiefe Sofas, Kaffeeautomaten und gedämpfte Beleuchtung empfangen gut 200 Mitarbeiter der Credit Suisse in Zürich jeden Morgen, wenn sie ihren Arbeitsplatz betreten. Nein, es handelt sich nicht um die Mitglieder des Vorstands, sondern um ganz normale IT-Mitarbeiter. Sie kümmern sich um Bank-Applikationen, Sicherheitsfragen und den reibungslosen Ablauf des Handels. Dass sie in einem so komfortablen Ambiente arbeiten, haben sie einem Pilotprojekt zu verdanken, das die Schweizer Bank seit gut eineinhalb Jahren durchführt.

„Wir wollen hier die Arbeitsplätze der Zukunft erproben", sagt Dr. Martin Kleibrink, der als Corporate Architect der Credit Suisse das Projekt ins Rollen gebracht hat. „Es geht nicht mehr darum, eine bestimmte Fläche unter Beachtung aller gesetzlichen Regelungen mit möglichst vielen Schreibtischen zu füllen, sondern wir wollen Arbeitsplätze schaffen, die die Mitarbeiter inspirieren, motivieren und zur Kooperation anregen." So gibt es hier neben dem Lounge-Bereich einen „Business Garden" mit viel Grün, eine „Project Area", die sich für längerfristige Projektarbeit, aber auch Workshops eignet und den Bedürfnissen der verschiedenen Teams angepasst werden kann, und eine Zone, in der Telefonieren und Sprechen verboten ist. Solch eine Nutzungsvielfalt lässt sich wirtschaftlich nur in einem nonterritorialen Konzept, also ohne fest zugeordnete Arbeitsplätze, verwirklichen. Verortet sind die Mitarbeiter in ihrer „Homebase", wo sie ihren persönlichen Schrank haben und sich Standardarbeitsplätze mit ganz normalen Schreibtischen befinden.

Zwei Leitlinien haben Kleibrink zum Entwurf der innovativen Bürolandschaft inspiriert: „Erstens habe ich mich in die Rolle derer hineinversetzt, die später dort arbeiten, denn ich will Design *für* die Menschen machen. Und zweitens wandelt sich die Arbeitswelt: Es gibt kein Kästchendenken mehr, jeder muss unterschiedliche Tätigkeiten ausführen, mal allein, mal im Team. Der kulturelle Wandel, dem wir alle unterliegen, kommt auch im Büro zum Ausdruck."

Umfangreiche Vorstudien und Befragungen ergaben, dass jeder mal das Bedürfnis verspürt, ganz in der Stille zu werkeln, andererseits aber auch oft Besprechungen hat oder in unterschiedlichen Teams arbeitet. „Der einzige Weg, diese Mischung aus Konzentration und Kollaboration zu gewährleisten, ist es, das Büro komplett zu flexibilisieren", sagt Architekt Kleibrink. Und so geschah es dann auch. Auf insgesamt 2250 Quadratmetern wurden 158 Arbeitsplätze geschaffen, bis auf wenige Ausnahmen kann jeder der rund 200 Mitarbeiter stets neu entscheiden, wo er arbeiten will.

Bereits nach fünf Monaten hatte sich das Experiment als so erfolgreich erwiesen, dass Credit Suisse die neue Arbeitsplatzgestaltung auch in einem Gebäude für 2500 Mitarbeiter einführte, das Ende März 2012 bezogen wurde. Die erforderlichen zusätzlichen Investitionen in die innovativen Büros hat die Bank gern aufgebracht, denn die Verantwortlichen wissen: Es lohnt sich. Umfragen aus dem Pilotprojekt zeigen, dass 54 Prozent der Mitarbeiter sich stärker motiviert fühlen, 35 Prozent geben an, bessere Arbeitsergebnisse zu erzielen, und ebenso viele fühlen sich besser ins Team integriert. „Was mich am meisten freute, war aber, dass 87 Prozent der Kollegen angaben, dass sie stolz auf ihr Büro sind", sagt Kleibrink.

Motiviertere Mitarbeiter sind immer ein Gewinn für eine Firma, hinzu kommt aber noch eine erhebliche Platzersparnis: Da die Angestellten arbeiten können, wo sie wollen, muss man nicht für jeden einen eigenen Schreibtisch vorhalten, der leer steht, sobald sein „Besitzer" im Urlaub, krank oder unterwegs ist. „Bei der Credit Suisse haben wir zum Teil eine Auslastungsquote der Arbeitsplätze um die 50 Prozent", sagt Kleibrink. „Das entspricht dem europaweit beobachteten Wert in dieser Branche. Damit ist die Immobilie aber extrem schlecht ausgenutzt." Wenn man nur 20 Prozent weniger Arbeitsplätze vorhält, gibt es keinen Engpass, und die Firma spart viel Geld. In den flexiblen Büros lässt sich das verwirklichen, denn jeder sucht sich jeden Tag den passenden Ort, an dem er sitzen will. Seinen Laptop und andere persönliche Dinge transportiert er nicht in einem Wagen, der wiederum nur Platz wegnimmt, sondern in schicken Tragetaschen, die die Bank extra dafür entwerfen ließ. So werden in dem neuen Bürohaus 2500 Mitarbeiter unterkommen anstatt der ursprünglich geplanten 2080, und dafür sind 1950 der neuen, flexiblen Arbeitsplätze ausreichend – ein Gewinn für Mitarbeiter und Unternehmen.

ARBEITEN, WANN UND WO MAN WILL

Eine neue, dem Menschen besser angepasste Organisation von Arbeit wird prägend für die Morgenstadt sein. Professor Dieter Spath, Chef des Fraunhofer-Instituts für Arbeitswirtschaft und Organisation IAO in Stuttgart, verweist auf eine Branche, wo heute schon Flexibilität im Vordergrund steht: „Ein Beispiel für perfekte Arbeitsorganisation sind Flughäfen. Dort gibt es irrsinnig hohe Schwankungen, aber dank guter Organisation läuft meist alles reibungslos. Mitarbeiter sind mit mobilen Geräten ausgestattet, immer erreichbar und somit flexibel einsetzbar."

Gerade im Dienstleistungssektor verändert sich die Arbeitswelt schon heute rapide, und die Veränderungen, die noch auf uns zukommen, sind kaum abzuschätzen. Moderne Informationstechnologie und das Internet sorgen dafür, dass man jederzeit und überall arbeiten kann. Damit verlieren stationäre Büros und feste Arbeitszeiten an Bedeutung. Die Globalisierung tut ein Übriges: Wer ständig mit Partnern rund um den Globus zusammenarbeitet, muss sich nach unterschiedlichen Zeitzonen richten. So sind neue, andere Organisationsformen erforderlich.

Dies bietet für die Stadt von morgen auch große Chancen: Die festgefügten Raster bei der Arbeitszeit lösen sich auf, künftig kann im Idealfall jeder arbeiten, wann und wo er will. „Heute kontrollieren wir Verhalten, etwa über Zeiterfassungssysteme", sagt Prof. Wilhelm Bauer, stellvertretender Institutsleiter des IAO. „Morgen hingegen wird es darum gehen, dass man Ergebnisse liefert, das heißt, die Mitarbeiter agieren wie einzelne kleine Unternehmer."

Gleichzeitig soll die Stadt attraktiv für ihre Bewohner bleiben oder werden, das heißt, man muss die heutige Trennung zwischen Wohnung und Arbeitsplatz aufheben. „Wir wollen keine Autostädte, in denen man zweimal am Tag stundenlang im Stau steht, sondern Menschenstädte", so Bauer. „Das heißt im Bereich der Wissensarbeit, dass man mit den digitalen Devices dort arbeitet, wo man ist, und im Produktionssektor, dass man Fabriken und produzierende Betriebe wieder an und in die Stadt bringen muss." Wenn die Wege zum Job kürzer werden, steigt die Lebensqualität: Man kann vielleicht sogar zu Fuß zur Arbeit gehen, Luftverschmutzung und Lärm durch den Autoverkehr nehmen ab. Man spart Zeit, Nachbarschaften gewinnen wieder an Bedeutung, die Stadt wird zum Lebensraum, und zwar Tag und Nacht: Nächtliche Geisterstädte gehören der Vergangenheit an.

Die neuen Freiheiten bei der Arbeitsgestaltung bringen auch neue Herausforderungen an die Organisation von Arbeit mit sich: „Künftig wird es weniger darum gehen, Arbeitszeiten zu erfassen, sondern darum, Zielvereinbarungen zu schließen, die beschreiben, was vom Mitarbeiter erwartet wird", sagt Walter Ganz, Leiter des Geschäftsfeldes Dienstleistungs- und Personalmanagement am IAO. „Vieles werden die Mitarbeiter selbst untereinander absprechen, und zwar in Einklang mit den Erfordernissen. Denn nicht jeder kann arbeiten, wann er will, sondern auch in Zukunft müssen sich viele Arbeitnehmer an festen Arbeitszeiten orientieren, vor allem in der Produktion."

Wie aber kann man Leistung erfassen? „Die Arbeitsabläufe werden besser strukturiert sein und damit auch besser messbar werden", sagt IAO-Forscher Hartmut Buck. „Gleichzeitig müssen wir darauf achten, dass in dem Spannungsfeld zwischen Mitarbeiterzufriedenheit, Kundenbedürfnissen und Rentabilität ein Gleichgewicht gefunden wird." Die Aus- und Weiterbildung der Mitarbeiter wird dabei eine noch größere Rolle spielen als heute. Auch die Art der Bezahlung wird sich künftig ändern: „Der Trend geht dahin, dass man künftig ein Grundgehalt erhält, das hoch genug ist, dass man davon gut leben kann", sagt Arbeitsforscher Wilhelm Bauer. „Dazu gibt es dann ein Prämiensystem, das sich an den Leistungen orientiert. Diese Anteile am Einkommen werden wohl weiter zunehmen."

In den kommenden Jahrzehnten wird es in Deutschland immer schwieriger werden, gut ausgebildete Arbeitskräfte zu finden, da die Geburtenrate sinkt und deshalb der Nachwuchs fehlt. Die Situation wird sich noch erheblich verschärfen, das zeigt schon ein Blick auf die Statistiken. Bis 2025 soll sich die Zahl der Erwerbstätigen bundesweit um 6,5 Millionen verringern. Um diesen gewaltigen Aderlass auszugleichen, genügt es nicht, das Renteneintrittsalter um zwei Jahre zu erhöhen oder Hausfrauen verstärkt zu rekrutieren. Neue Arbeitszeitmodelle könnten die Lage etwas entspannen. Denn Herr über die eigene Zeit zu sein ist ein hohes Gut, sei es nun die tägliche Arbeitszeit oder die Balance zwischen Arbeit und Altersruhestand.

Das Durchschnittsalter der Belegschaften steigt schon jetzt mit jedem Jahr. Der Anteil der Erwerbstätigen, die 55 Jahre oder älter sind, nahm zwischen 2000 und 2008 von 12,7 auf 15,2 Prozent zu. Beim Triebwerksbauer MTU beispielsweise ist das Durchschnittsalter der Belegschaft in den vergangenen fünf Jahren von 42,2 auf 45,6 Jahre gestiegen – und wird weiter klettern.

Unternehmen werden also zunehmend Mühe haben, ihre offenen Stellen qualifiziert zu besetzen, und sie müssen der Tatsache Rechnung tragen, dass ihre Belegschaften immer älter werden und ihnen mit dem massiven Ausscheiden der altgedienten Mitarbeiter viel Erfahrung verlorengeht. „In Zukunft wird es voraussichtlich einen Wettbewerb geben, wer auch für ältere Mitarbeiter attraktive Arbeitsplätze zur Verfügung stellen kann", so Ganz. „Angesichts des steigenden Rentenalters werden schon jüngere Bewerber darauf achten, ob ihnen eine Firma auch noch in späteren Jahren ihren Arbeitsplatz garantieren kann."

BEGEGNUNG UND KOOPERATION FÖRDERN

Die Probleme des demographischen Wandels spielen für aufstrebende Städte in anderen Erdteilen keine Rolle: Dort wird es auch in Zukunft genügend junge Leute geben, die Arbeit suchen. Dennoch werden auch in diesen Ländern die Anforderungen an die Qualität der Arbeitsumgebung wachsen. Gesundheitsschädliche Arbeitsplätze werden zunehmend geächtet, und die Ansprüche der Mitarbeiter steigen, je besser sie ausgebildet sind.

In Riad, der Hauptstadt von Saudi-Arabien, soll beispielsweise in den nächsten Jahren eine Forschungsstadt entstehen, die King Abdul Aziz City for Science and Technology (KACST). Hier sollen dereinst 12 000 Mitarbeiter Labors, Büros, soziale Räume und die nötige Infrastruktur vorfinden. Dr. Alexander Rieck vom IAO, der an der Planung beteiligt ist, weiß, wie schwer die Anforderungen an einen modernen Bildungs- und Wissenscampus mit den klimatischen Bedingungen dieser Region zu vereinbaren sind: „Das Vorbild ist Harvard mit seiner kleinteiligen Struktur und den vielen Möglichkeiten der Begegnung", sagt er. „In einem Land wie Saudi-Arabien, in dem im Sommer rund 45 Grad Hitze herrschen, kann man aber den Leuten nicht zumuten, hinaus in die Sonne zu treten, um von einem Gebäude zum anderen zu gelangen. Wir müssen deshalb eine ganz andere Campusstruktur planen." Sie könnte generell zum Vorbild werden für eine moderne Stadtplanung in Regionen mit ähnlichem Klima.

Autos und Infrastruktur verschwinden im Erdgeschoss, die Fußgänger in den Geschossen darüber werden so nicht vom Verkehr gestört. Im Fußgängerbereich darüber haben die Architekten ein enges Netz von Atrien, Subatrien und Begegnungspunkten geplant, in denen sich Forscher und Studenten treffen und austauschen können. Die Gebäude spenden sich gegenseitig Schatten, die Durchgänge sind aus diesem Grund schmal. Wege werden tagsüber durch Sonnendächer geschützt, die man nachts öffnet, damit die Hitze des Tages ins Weltall abstrahlen kann. So entsteht eine Komfortzone, in der man sich gerne aufhält, obwohl man im Freien ist. Farbgebung und Beleuchtung sollen das Wohlbefinden der Nutzer zusätzlich fördern. „Im Gegensatz zu Europa ist hier die Sonne ein Feind, vor dem es sich zu schützen gilt", sagt Architekt Rieck, „deshalb werden Räume gern abgedunkelt und immer klimatisiert. Und niemals wird ein Fenster geöffnet. Wir wollen aber dennoch mit Tageslicht arbeiten." Gekühlt werden muss auf dem Campus auch der Car-Park, denn sonst können künftige Elektroautos dort nicht abgestellt werden: Bei der großen Hitze würden die Batterien versagen.

Insgesamt versuchen die Architekten in Riad, den Campus so anpassungsfähig wie möglich zu planen, denn wie und womit sich die Gebäude füllen, hängt von der künftigen Entwicklung ab und lässt sich nicht einfach hochrechnen. So ist beispielsweise heute auch noch nicht absehbar, wie viele Frauen in Zukunft das Gelände nutzen werden. Sie dürfen in diesem Kulturkreis nicht mit Männern in Berührung kommen – auch darauf muss man sich einstellen.

Derartige Probleme hat man bei Siemens in der Regel nicht, aber auch dort müssen die Planer und Architekten flexibel auf die Herausforderungen reagieren. Denn der Konzern will bis zum Jahr 2017 ein Arbeitskonzept mit einer offenen Bürolandschaft bei 140 000 Mitarbeitern weltweit einführen. „Seit August 2010 leben wir das Konzept", sagt Petra Schiffmann, die zusammen mit Jens Lauschke die moderne Arbeitswelt bei Siemens einziehen lässt. „Inzwischen haben rund 28 000 Kolleginnen und Kollegen ein Siemens-Office – so nennen wir diese neue Art von Arbeitsplatz."

Stolz spricht der Siemens-Vorstand von einem Paradigmenwechsel: Man will Trendsetter sein für neue Arbeitsumgebungen, die sowohl das konzentrierte Arbeiten Einzelner als auch das Teamwork fördern. Gleichzeitig will das Unternehmen die modernen Kommunikationstechnologien so einsetzen, dass möglichst jeder seine tägliche Arbeit unabhängig von fest installierten Computern erledigen kann. So erhofft man sich nicht nur größere Kreativität und Motivation der Mitarbeiter, sondern auch eine hohe Anziehungskraft auf junge Talente, die man als Mitarbeiter gewinnen will.[103]

In der Praxis sieht die neue Bürolandschaft bei Siemens so aus: Weitläufige und durch Offenheit geprägte Räume sind durch verschiedene Elemente und (möglichst wenige) Wände in unterschiedliche Funktionszonen unterteilt. Da wechseln sich Standardarbeitsplätze ab mit Besprechungsnischen, mit Sofas oder kleinen Lounge-Ecken, es gibt schalldichte Besprechungsräume und Telefonkabinen, Cafeterias und Pausenräume, außerdem eine zentrale Aktenablage. Alle Mitarbeiter bewahren ihre persönlichen Gegenstände in einem Schrankfach auf, aus dem sie jeden Morgen ihre Arbeitsutensilien holen und mit einem kleinen Trolley zu einem der Arbeitsplätze fahren. Diesen wählen sie so, dass er den Plänen für den Tag am besten entspricht.

„Es hat am Anfang natürlich ein Umdenken erfordert, dass nun nicht mehr jeder seinen festen Schreibtisch hat", sagt Petra Schiffmann. „Aber man gewöhnt sich schnell daran. Und alle, die in die neuen Büros wechseln, werden zunächst von Kollegen betreut, den sogenannten „Change Agents", die Probleme lösen und für Gespräche zur Verfügung stehen." Sie räumen nach und nach Vorbehalte aus und führen die Vorteile vor. Auch die Führungskräfte erhalten eine Schulung; Ihnen wird gezeigt, dass Vertrauen gewinnbringend sein kann: für sie persönlich sowie für den Arbeitnehmer und somit in letzter Konsequenz auch für die Firma. Die Kommunikation unter den Mitarbeitern nimmt zu und hat eindeutig gewonnen.

Für die Arbeitsplätze in der Morgenstadt bringen solche neuartigen Bürostrukturen viele Vorteile. Manche Betroffene werden allerdings ein wenig umdenken müssen: Gerade junge, aufstrebende Manager bedauern es oft, wenn das eigene Chefbüro als Symbol für die erreichte Karrierestufe nun plötzlich nicht mehr existiert. Andere hingegen sind froh, dass sie nun nicht länger mit einem ungeliebten Kollegen zwangsweise das Büro teilen müssen, oder sie „fühlen sich aus der Einzelhaft befreit", wie ein Angestellter es formulierte.

Aktuelle Forschungsergebnisse geben den Büro-Pionieren recht: So fanden die Professoren Sigal G. Barsade von der Universität Pennsylvania und Hakan Ozcelik von der California State University in einer gemeinsamen Studie heraus, dass Personen, die sich an ihrem Arbeitsplatz einsam fühlen, weniger produktiv sind: „Dazuzugehören ist ein kritischer Faktor im Arbeitsleben", sagt Barsade.[104] Die Zusammenarbeit mit Kollegen, aber auch Gespräche oder gemeinsames Kaffeetrinken können dieses Gefühl stärken. Denn die Einsamkeit am Schreibtisch ist gefährlich, sie kann sogar ansteckend wirken und das Betriebsklima vergiften, so Barsade.

AKUSTIK IN BÜRORÄUMEN

Große Räume, in denen viele Menschen arbeiten, leiden manchmal unter einer nicht optimalen Akustik. Schwierig wird es, wenn beispielsweise die Kommunikation am Telefon in einem Klangteppich aus Echos, Hall und Hintergrundgeräuschen untergeht und der Teilnehmer am anderen Ende der Leitung nur noch Kauderwelsch empfängt. Damit dies im Büro der Morgenstadt nicht so ist, arbeiten Forscher des Fraunhofer-Instituts für Digitale Medientechnologie IDMT gemeinsam mit Wissenschaftlern des Hörzentrums Oldenburg und dem Akustikbüro Oldenburg an Gegenmaßnahmen.

Die Forscher gehen das Problem von zwei Seiten an. Einerseits versuchen sie, die Störgeräusche aus dem akustischen Signal herauszufiltern: „Wir bringen in die Kooperation unser Wissen über die Verarbeitung akustischer Signale ein", sagt Jan Rennies, IDMT-Projektleiter in Oldenburg. Inzwischen sind aus der Kooperation mehrere Sprachverarbeitungsprototypen hervorgegangen, die Stimme und Störsignale sauber trennen. Deren Basis sind Algorithmen, welche die Stimme anhand bestimmter Charakteristika aus dem Klangbrei herausfiltern. So folgt Alltagssprache beispielsweise einem typischen Vier-Hertz-Rhythmus mit vier Silben pro Sekunde, das hilft bei der Filterung.

Auf der anderen Seite steht die Planung und Evaluierung der akustischen Eigenschaften von Büroräumen. Je nach Anwendung sieht das jeweils anders aus: „So stellt man an einen Callcenter-Großraum andere Anforderungen als an ein Telefonkonferenzzimmer", sagt Dr. Christian Nocke vom Akustikbüro Oldenburg.

Die neue, offene Arbeitsstruktur der Büros schlägt sich nicht nur im Ambiente, sondern auch in der Organisation nieder: Jeder kann — in gewissen Grenzen — entscheiden, wann und wo er arbeiten will. „Unser Ziel hier bei Siemens ist es, die work life integration zu verbessern", sagt Lauschke, „das heißt, wir wollen, dass die Mitarbeiter die Arbeit besser in ihr Leben integrieren können. So kann man auch mal einen Tag zu Hause arbeiten oder zwischendurch zwei Stunden ins Fitnesscenter gehen. Oder man geht früher nach Hause, weil man später am Abend noch Telefonate mit Kollegen in den USA führen muss. Wir vertrauen den Mitarbeitern, dass sie ihre Arbeit auf jeden Fall sorgfältig erledigen."

Die Zeiten, in denen Chefs mit Stechuhren und Anwesenheitskontrolle darüber wachten, wer wie lange im Büro saß, sind in der Morgenstadt vorbei. Jeder ist für sich und sein Ergebnis selbst verantwortlich. „Unsere Mitarbeiter sind schließlich gestandene Leute, die auch außerhalb der Arbeit viel leisten", sagt Lauschke. „Sie gründen eine Familie, bauen ein Haus, betreiben ihre Hobbys mit großem Engagement. Warum sollten sie ausgerechnet in der Arbeit nicht so zielstrebig sein?"

Die offenen Strukturen – zusammen mit Einrichtungen zur Kinderbetreuung – geben den Mitarbeitern auch mehr Chancen, Arbeit und Familie zu vereinbaren. So werden Männer wie Frauen in der Morgenstadt die Möglichkeit haben, Karriere zu machen, ohne dafür auf ein erfülltes Privatleben verzichten zu müssen.

DER COMPUTER ALS STÄNDIGER BEGLEITER

Niemand kann in die Zukunft schauen. Aber ein Blick in die Vergangenheit ist aufschlussreich, wenn man erahnen will, wie sich die Arbeitsplätze der Zukunft im Vergleich zu heute ändern werden. Es ist noch keine 20 Jahre her, da drückte man sich verlegen in eine Häuserecke, wenn man auf der Straße mit dem Handy telefonieren musste. Wer in der Öffentlichkeit mit dem Telefon am Ohr erwischt wurde, erntete bestenfalls ein herablassendes Lächeln oder wurde als Wichtigtuer wahrgenommen. Heute besitzt schon fast jeder Schüler ein Smartphone, und auch die Computer werden immer leichter, kleiner und können immer mehr.

Experten vermuten, dass diese rasante Entwicklung in den kommenden Jahrzehnten so weitergeht. Jeder wird seine virtuelle Identität mit sich tragen, sei es in Form eines Telefons, eines anderen Geräts oder als Chip in der Kleidung oder am Körper. Er wird jederzeit und überall Zugang finden zu allem, was im Netz erreichbar oder abrufbar ist: Informationen, Dienstleistungen, Kontakt mit anderen, aber auch seine eigenen Daten – vielleicht auch Programme – in der Cloud. Damit löst sich zumindest im Dienstleistungsbereich die Bindung an feste Arbeitsplätze auf. So wird man in der Stadt von morgen am Computer arbeiten können, egal, wo man ist.

Viele Morgenstadtbewohner werden auch in kleinen und mittelständischen Wissensmanufakturen tätig sein, die ihre Kapazitäten international erfolgreich und zu hohen Wertschöpfungserträgen anbieten. Dort werden sie in hochdynamischen, kreativen und maximal produktiven Arbeitsprozessen erfolgreich Ideen, Konzepte, Produkte und Dienstleistungen entwickeln, die aufgrund ihrer hohen Individualität und Nachhaltigkeit weltweit nachgefragt werden.

Auch der Umgang mit dem Computer wird sich verändern: So wie iPhone und iPad den Touchscreen und das Darüberwischen salonfähig gemacht haben, werden künftig die Menschen immer intuitiver mit ihren Geräten umgehen. Niemand wird mehr einen Computerkurs besuchen müssen, um zu lernen, wie man ein Programm bedient; Hebel, Knöpfe und Tasten – sogar Fernbedienungen – werden immer weiter in den Hintergrund treten. „Man wird in der Morgenstadt weitgehend mauslos arbeiten", meint Dr. Manfred Dangelmaier vom IAO. „Überall dort, wo man die Hände für andere Dinge braucht, wird man den Computer mit den Blicken steuern. Das heißt, man fixiert mit den Augen beispielsweise eine knappe halbe Sekunde ein Icon auf dem Bildschirm, das wirkt dann wie ein Mausklick." Forscher haben diese Interaktion mit dem Computer eigentlich für Menschen mit Behinderung entwickelt, aber sie kann für alle im täglichen Leben von großem Wert sein.

Ähnliches gilt für Gesten, die der Rechner versteht. Heute in erster Linie üblich bei Spielekonsolen, wird diese Art der Mensch-Maschine-Kommunikation künftig immer mehr an Bedeutung gewinnen. Und nicht zuletzt die Sprachsteuerung: Sie ist nicht nur im Ambient Assisted Living ein großes Hilfsmittel: In besonderen Umgebungen, etwa im Auto, ist sie eine gute Möglichkeit, mit dem Computer in Verbindung zu treten und Geräte wie Navi, Radio oder Klimaanlage zu steuern. Bei beiden Arten der Kommunikation – über Gestik und über Sprache – muss allerdings gewährleistet sein, dass sie für die Maschine eindeutig verständlich sind, ohne dass der Nutzer vorher lange Test- und Übungsphasen durchstehen muss, wie das heute üblich ist.

Matthias Peissner, Leiter des Competence Centers Human-Computer Interaction am IAO, geht mit seinen Prognosen sogar noch einen großen Schritt darüber hinaus: „In der Morgenstadt könnte es neuroadaptive Arbeitsplätze geben, die automatisch den emotionalen Zustand des Nutzers erkennen und sich darauf einstellen." Dies gilt natürlich in erster Linie für den Arbeitsplatz Auto, aber auch in anderen Situationen, wo es darauf ankommt, dass Ärger, Enttäuschung oder Müdigkeit keinen negativen Einfluss auf die Qualität der Arbeit haben.

„Außerdem sollte der Mensch mit der Technik möglichst leicht und gut umgehen können, das ist unser Ziel", sagt der Psychologe. So könnte sich Peissner vorstellen, dass man künftig Formulare ausfüllt, indem man auf dem Bildschirm die betreffende Zeile anschaut und dann diktiert, was dort stehen soll. „Oder in Reinräumen, wo aus Hygienegründen keine Tastaturen und Knöpfe möglich sind, wäre diese Art der berührungslosen Steuerung sehr hilfreich."[105] Erste, einfache Versuche hat Peissners Labor zusammen mit Siemens gemacht: Es ging um ein elektronisches Rezeptbuch, das über ein Display am Kühlschrank abrufbar war. „In der Küche, wo man oft fettige oder klebrige Finger hat, ist die Blicksteuerung ein wunderbares Mittel der Kommunikation mit dem Bildschirm", sagt der Forscher, „aber auch bei Wartungsarbeiten, die über einen Monitor begleitet werden."

WENN ROBOTER FENSTER PUTZEN

Roboter werden in der Stadt der Zukunft eine weit größere Rolle spielen als heute. „Wir müssen uns freimachen von der Vorstellung, dass Roboter immer große Ungetüme sind", sagt Martin Hägele vom Fraunhofer-Institut für Produktionstechnik und Automatisierung IPA in Stuttgart. „Viele Roboter der Zukunft werden kleiner und leichter sein und lassen sich als flexible Helfer des Werkers einsetzen. Auch mobile Roboter werden häufiger anzutreffen sein, sie werden schwere Dinge präzise und verlässlich transportieren." So können dem Werker assistierende Roboter auch in kleinen und mittelständischen Betrieben Einzug halten, etwa in Schreinereien, im Stahlbau oder in der Lebensmittelproduktion.

Aber nicht nur in der Fabrik lassen sie sich einsetzen, sondern auch für andere Aufgaben wie die Wartung von Außenanlagen, Boden- oder Fassadenreinigung oder Kanalinspektion. Auch in unserem Lebensumfeld werden die Gesellen zu finden sein: „Die Anzahl der auf dem Markt befindlichen Kleinroboter für Haushaltsanwendungen wächst ständig", sagt IPA-Forscher Martin Hägele. „Diese Roboter müssen billig und robust, einfach und ohne Schulung zu bedienen sein und auch mit einer unbekannten Umgebung zurechtkommen." Bisher kann man derartige Roboter zum Staubsaugen, Wischen und Rasenmähen kaufen. „An weiteren Anwendungen wie zum Beispiel der Fensterreinigung arbeiten wir derzeit", sagt Hägele.

Einen besonders intelligenten und vielseitigen Alltagsroboter haben er und seine Kollegen vom IPA schon entwickelt: „Haushaltsassistent" nennen sie den mobilen Roboterassistenten Care-O-bot 3[106], den sie in 10-jähriger Arbeit nun in der dritten Generation entwickelt haben. Der rund 1,20 Meter große Roboter in seinem eleganten schwarzgrauen und sanften Schaumstoffkleid kann Menschen im täglichen Leben aktiv unterstützen, etwa wenn sie behindert sind oder aufgrund ihres Alters Bewegungseinschränkungen haben: Als interaktiver Butler ist der Roboter in der Lage, typische Haushaltsgegenstände zu erkennen, zu greifen und sicher mit dem Menschen auszutauschen. „Er kann Türen öffnen, Getränke servieren, Dinge holen und bringen, Blumen gießen, den Tisch decken, sogar einfache Mahlzeiten in der Mikrowelle zubereiten", so Hägele. „Für selbständiges Wohnen zu Hause könnten derartige Serviceroboter eine wichtige Rolle übernehmen." Dann spielt es vielleicht auch keine so große Rolle mehr, dass solche Geräte auch in Zukunft vergleichsweise teuer sein werden: „Sich einen Serviceroboter anzuschaffen wird auch künftig für einen Privathaushalt eine große Investition sein. Er verursacht Kosten, die denen eines Kleinwagens vergleichbar sind", sagt Oliver Kleine vom Fraunhofer-Institut für System- und Innovationsforschung ISI in Karlsruhe, der zusammen mit Martin Hägele und Nikolaus Blümlein vom IPA in einer Studie die Wirtschaftlichkeit von Servicerobotern in gewerblichen Anwendungen untersucht hat. „Man könnte aber Finanzierungsmodelle entwickeln, die eine solche Anschaffung erleichtern, etwa Leasing oder eine Finanzierung durch Banken oder Krankenkassen."

Ein weiteres Problem gilt es noch zu überwinden, ehe derartige technische Assistenten Einzug ins Alltagsleben halten können: Sie müssen so sicher sein, dass sie keine Gefahr für den Menschen darstellen. Besonders im Haushalt, wo sich auch Kleinkinder oder ältere Menschen aufhalten, steht Sicherheit ganz hoch im Kurs.

Beim Care-O-bot 3 ist das Problem dadurch gelöst, dass der Roboter dem Benutzer seine Vorderseite zuwendet, an der ein Tablett angebracht ist. Es enthält einen Touchscreen für die Kommandoeingabe und klappt bei Nichtgebrauch automatisch ein. Seinen (einzigen)

Arm benutzt das Gerät dann lediglich dazu, Gegenstände auf das Tablett zu stellen oder von diesem wegzunehmen. Er wird sofort gestoppt, sobald Personen in die Nähe kommen. Damit Roboter ihre Kraft nicht ungebremst gegen Menschen richten können, müssen sie Kollisionen fühlen und entsprechend darauf reagieren. So entwickeln beispielsweise Wissenschaftler am Fraunhofer-Institut für Fabrikbetrieb und -automatisierung IFF in Magdeburg technische Lösungen, wie diese Maschinen ihre Umwelt auf vielfältige Art erkennen, Hindernissen und Menschen ausweichen können. „Grundsätzlich gibt es zwei Sicherheitskonzepte", sagt Dr. Norbert Elkmann, Leiter des Geschäftsfeldes Robotersysteme am IFF. „Entweder der Roboter erkennt mit Hilfe von Kameras oder Laserscannern, wenn er sich einem Hindernis nähert, und bremst dann ab oder bleibt stehen, oder er reagiert auf Berührung." In den meisten Anwendungen ist die Umsetzung beider Strategien notwendig, um hohe Produktivität, Verfügbarkeit und Sicherheit zu gewährleisten.

Er und sein Team haben eine neue Sensortechnologie entwickelt, die wie ein Maßanzug den Roboter komplett umhüllt und mit einer weichen Dämpfungsschicht versehen ist. „So erkennt der Roboter jede Berührung und bleibt in einem solchen Fall sofort stehen. Man kann ihn mit dem Sensorsystem auch bewegen oder programmieren, indem man ihm durch Führen vormacht, was er tun soll", sagt Elkmann. Sichere und intuitiv bedienbare Roboter wird es in naher Zukunft geben. Sie sind ein wesentlicher Meilenstein für zukünftige Anwendungen.

DIE SAUBERE FABRIK – MITTEN IN DER STADT

Der Dienstleistungssektor wird in der Morgenstadt breiten Raum einnehmen, aber es wird dort auch Produktionsstätten geben. Der Vorteil: kurze Arbeitswege. Voraussetzung ist natürlich, dass die Produktionstätigkeiten keine größeren Belastungen für das Umfeld bringen als modernes Wohnen. Dies gilt für Fabriken, die im Weichbild von Städten liegen, weil diese im Lauf der Zeit um sie herum gewachsen sind, ebenso wie für Werke, die neu errichtet werden.

So hat sich beispielsweise die WITTENSTEIN AG dazu entschlossen, in Fellbach im Ballungsraum Stuttgart ihre neue Produktionsstätte für die Tochterfirma WITTENSTEIN bastian zu bauen, in der seit Jahresbeginn 2012 rund 80 Mitarbeiter tätig sind. Das Unternehmen entwickelt, produziert und vertreibt innovative Verzahnungstechnik für den Einsatz im Maschinenbau, in der Robotertechnik, der Luft- und Raumfahrt oder im Automobilbau. Am neuen Standort wird ein innovatives Gesamtkonzept für Urbane Produktion verwirklicht: „Im Zusammenspiel von Prozessoptimierung, Gebäudetechnik und Energieversorgung werden wir unsere Produkte der Verzahnungstechnik künftig noch energieeffizienter herstellen", verspricht Geschäftsführer Philipp Guth. Gebäude- technik und Maschinen sind auf geringstmöglichen Ressourcenverbrauch und zugleich höchste technische Präzision ausgelegt. „Alle technischen Themen wie Lärm, Abgas, Abfall, CO_2-Ausstoß, Wasser und Abwasser in dem 5400 Quadratmeter großen Produk- tions- und Verwaltungsgebäude sind ebenso gründlich berücksichtigt wie die architek- tonische Einbindung in das direkt benachbarte Wohnumfeld", sagt Wilhelm Bauer vom IAO, das die Firma bei dem Projekt mit Pilotcharakter beraten hat. Strom und Wärme werden beispielsweise über mit Biogas betriebene Mikroturbinen erzeugt.

Dass eine Produktion auch mitten in der Stadt möglich ist, zeigen große Automobilher- steller in Deutschland, sei es BMW, Daimler oder Porsche. Sie arbeiten oft fast Wand an Wand mit Wohnhäusern in Großstädten. Die Werke, die einst bei der Gründung noch weit außerhalb der Stadtgrenzen lagen, sind inzwischen Teil der sich immer weiter ausbreitenden urbanen Landschaft. Die Herausforderungen, die sich daraus ergeben, werden von den Herstellern sehr ernst genommen, vor allem beim Neubau oder bei der Restrukturierung von Produktionsanlagen.

So gehört für den bayerischen Automobilhersteller BMW der Aspekt der Nachhaltigkeit entlang der gesamten Wertschöpfungskette zum unternehmerischen Selbstverständ- nis. Die Firma hat sich schon frühzeitig ehrgeizige Ziele auferlegt: Zwischen 2006 und 2012 wollen die Münchner bis zu 30 Prozent an Ressourcen einsparen, berichtete Hubert Lehnert aus dem Stab des Konzernbeauftragten Umweltschutz der BMW Group auf einem Fraunhofer-Forum im Dezember 2011.[107] Eine besondere Herausforderung war die Umstellung des Werks München – in dem rund 9000 Mitarbeiter tätig sind –

auf die Fertigung des neuen 3er BMW. Der Platz ist beschränkt, und die nächsten Wohnhäuser grenzen praktisch unmittelbar an das Gelände an. Um die gesamte Fertigung von über 200 000 Fahrzeugen pro Jahr dort unterzubringen, mussten die Planer die Produktion auf bis zu fünf Gebäudeebenen stapeln. Dazu wurde das alte, zu niedrige Karosseriebaugebäude demontiert und eine komplett neue Fertigungshalle errichtet. Auch das Logistik-, Anlieferungs- und Kommissionierungszentrum zur effizienten Materialversorgung des Montagebandes wurde neu erbaut.

Um ein Höchstmaß an Präzision und Effizienz sicherzustellen, haben die BMW-Ingenieure in sämtlichen Produktionsbereichen neue Fertigungsstrukturen geschaffen. So kommt beispielsweise eine neue Großpresse zum Einsatz. Mit 17 Hüben pro Minute gehört die Anlage zu den modernsten der Welt. Sie leistet einen Durchsatz von 600 Tonnen Stahl pro Tag, die Presskraft beträgt 650 bis 2500 Tonnen. Damit setzt die Anlage innerhalb von nur 12 Tagen so viel Stahl um, wie für den Bau des Pariser Eiffelturms notwendig war. Und dennoch belästigt sie die Anwohner weder durch Lärm noch durch Vibrationen. Dem Schutz der Nachbarn vor produktionsbedingtem Lärm tragen innovative Schalldämpfer, Ventilatoren und schalldämmende Verkleidungen sowie die Optimierung der Transportlogistik Rechnung. Geruchsbelastungen durch die Lackiererei verhindern modernste Filteranlagen und die regenerative Nachverbrennung der Abluft.

Im Karosseriebau hat BMW in dem vorbildlichen Werk zahlreiche neue Roboteranlagen installiert, darunter Laserroboter der neuesten Generation sowie Kleberoboter. Auch in der Lackiererei kommen innovative Roboteranlagen zum Einsatz. Mithilfe dieser Produktionsprozesse, Herstellungsanlagen und Fertigungstechniken setzt das Werk München Standards für eine nachhaltige und umweltverträgliche Produktion. So ist es BMW beispielsweise gelungen, eine praktisch restmüllfreie Fertigung zu realisieren, die Abfall-, Abwasser- und Emissionsentwicklung beinahe auf null zurückfährt. Pro gefertigtem Auto entstehen jetzt nur noch unglaubliche acht Gramm Restmüll.

Mit diesen Effizienzmaßnahmen zeigt BMW, wie die industrielle Produktion in Zukunft aussehen kann: In der Morgenstadt wird es ein System geschlossener Kreisläufe geben, die erhebliche Einsparpotenziale ermöglichen.[108]

Was den Nachbarn der Fabriken eine saubere Umwelt garantiert, bringt den Unternehmen selbst ebenfalls Vorteile: Zwangsläufig müssen sich die Manager fragen, an welchen Stellhebeln der Produktion sie drehen können, um Emissionen zu reduzieren, Ressourcen zu schonen und CO_2 zu vermeiden. So bleiben sie ständig an vorderster Front der Technologie und können die erworbenen Erfahrungen beim Bau und Betrieb anderer, auswärts gelegener Werke anwenden. BMW gelingt es damit beispielsweise, im chinesischen Shenyang die nachhaltigste „grüne" Lackiererei der Welt zu bauen: „Wir werden dort pro lackierter Karosse nur noch 500 Kilowattstunden Energie benötigen", sagt Lehnert. „Das ist nur noch ein Drittel dessen, was vor 10 Jahren üblich war."

AUSBLICK AUF DIE FERTIGUNG VON MORGEN

„Roboter haben ihre Stärke in der Wiederholung von einfachen Handgriffen. Menschen dagegen sind mit ihren kognitiven Fähigkeiten einzigartig, etwa mit ihrem Verständnis der Aufgabe", sagt IPA-Forscherin Rebecca Hollmann. „Die Kombination von Mensch und Roboter kann die Stärken von beiden miteinander verbinden." So lassen sich Aufgaben, deren komplette Automatisierung zu teuer oder zu komplex ist, wenigstens teilweise rationalisieren.

In der Morgenstadt werden Fabriken oft auch anders aufgebaut sein als heute, da sie flexibler und schneller auf veränderte Marktbedingungen reagieren müssen. „Wir erforschen schon heute, wie man wegkommt vom Konzept des starren Takts und der festgelegten Produktionslinie", sagt Martin Hägele. „Wandlungsfähige Logistiksysteme und schneller Informationsaustausch erlauben es, dass man künftig Fabriken modular aufbauen kann. Dies gilt besonders in der Automobilproduktion — weg von der starren Großserie, hin zu individuellen Fahrzeugen."

Immer mehr werden auch Kommunikationsmedien in die Arbeitsabläufe integriert werden: So werden in der Fabrik von morgen Trainingssimulatoren eingesetzt, oder man wird Reparaturanleitungen virtuell übertragen. Manfred Dangelmaier vom IAO geht sogar noch weiter. Er meint: „Ohne computergenerierte Bilder und realitätsgetreue Simulationen läuft in der Industrie bald nichts mehr, vom Design bis zum Verkauf."[109]

Der Trend zeigt sich heute schon ganz ausgeprägt in der Automobilindustrie, denn je hochwertiger ein Produkt ist und je größer sein Entwicklungsaufwand, desto eher lohnt es sich, Geld für die Visualisierung auszugeben. Sie erleichtert es Entscheidern, eine neue Produktidee zu präsentieren oder Designskizzen miteinander zu vergleichen. „Ein gutes Beispiel ist neben der Fahrzeugindustrie auch die aktuelle Entwicklung in der Baubranche. Weil im Modellbau die physischen Architekturmodelle zunehmend durch digitale Modelle ergänzt oder gar ersetzt werden, ist es möglich, die geplanten Gebäude in virtuelle Stadtansichten zu integrieren oder den Bauherrn auf einen ersten virtuellen Rundgang mitzunehmen", so Dangelmaier.[110]

Und IAO-Chef Dieter Spath ergänzt: „Architekten können dann sich und den betroffenen Bürgern ihren Entwurf der Morgenstadt schon im Planungsstadium in drei Dimensionen vor Augen führen: Eine Stadt, in der die Wege zwischen zu Hause, Arbeit und Freizeit kurz sind, in der man sich wohl fühlt, weil sie sauber und leise ist, aber dennoch von Leben erfüllt, und zwar bei Tag und Nacht. Eine Stadt, in der Leben und Arbeiten gleichermaßen Spaß macht."

KAPITEL 8
VER- UND ENTSORGUNG

Auf Reisen sieht man die unterschiedlichsten Abfallkörbe in der Stadt. So findet man in Brasilien häufig an den Straßen große Gestelle auf eisernen Füßen, die wirken, als wären sie zur Aufnahme von Blumenkübeln gedacht. In Wirklichkeit laden die Bewohner ihre Mülltüten dort ab. Die aufwendige Konstruktion dient dazu, Hunde, Katzen und vor allem Ratten von den Abfällen fernzuhalten. In den USA hingegen hat bei der Müllsammlung in manchen Städten schon die Kommunikationstechnik Einzug gehalten. Beschriftet mit dem Namen BigBelly stehen beispielsweise in Boston dunkle Abfallkisten, die dadurch auffallen, dass auf ihrem Deckel Solarmodule montiert sind. Auf Nachfragen erfährt man, dass in den Kästen eine kleine Müllpresse steckt, so dass fünfmal so viel Müll hineinpasst wie in normale Abfallbehälter. Ein Computer im Inneren steuert die Presse und meldet der Zentrale, wenn der Kasten voll ist; die nötige Energie stammt aus den Solarzellen. Damit spart man unnötige Fahrten für die Müllmänner. Inzwischen gibt es solche Abfallkörbe auch in Deutschland, seit März 2012 beispielsweise in München.

Sotschi ist ein mondäner Kurort am Schwarzen Meer, in dem sich die Reichen gern erholen: im Sommer am Strand und im Winter in den Skigebieten des Kaukasus, dessen Berge unmittelbar hinter der Stadt aufragen. So ist der Ort eingezwängt zwischen Wasser und Gebirge. Das beschert ihm ein subtropisches Klima und macht ihn zur malerischen „russischen Riviera", schränkt aber die Möglichkeit für Verkehrswege enorm ein.

Als im Juli 2007 die Entscheidung fiel, hier die Olympischen Winterspiele 2014 auszutragen, hatten die Verantwortlichen Sorge, Sotschi könne bei den anstehenden umfangreichen Bauvorhaben in der Stadt und im nordöstlichen Skigebiet einen Verkehrsinfarkt erleiden. Hinzu kommt, dass die Stadt nach Olympia auch noch Spielstätte bei der Fußballweltmeisterschaft 2018 werden wird, zudem soll der Große Preis von Russland der Formel 1 ab 2014 jährlich in Sotschi stattfinden. Ein Riesenprogramm für eine relativ kleine Stadt.

Allein für die Olympischen Spiele müssen mehr als 180 Bauwerke errichtet und etwa 60 Millionen Tonnen Baumaterial bewegt werden. Dafür ist die Infrastruktur der 350 000-Einwohner-Stadt nicht ausgelegt. Es gibt zwar zwei kleine Häfen, die aber eher für Touristenboote gedacht sind, einen Bahnhof für die eingleisige Eisenbahnstrecke entlang der Küste und eine Reihe von Straßen, die fast alle zu einem großen Kreisverkehr im Zentrum der Stadt führen. Die Gebirgsregion im Hinterland ist nur durch wenige schmale Serpentinenstraßen erschlossen, die für einen ausgedehnten Lastwagenverkehr nicht robust genug sind. Und obwohl schon seit 1984 ein neuer Flughafen existiert, ist immer noch der alte, kleine in Betrieb.

DEN VERKEHRSINFARKT VERHINDERN

Um Sotschis Infrastrukturprobleme zu lösen, erhielt 2008 das Fraunhofer-Institut für Materialfluss und Logistik IML in Dortmund den Auftrag, eine Ver- und Entsorgungsstrategie und die Logistik für die Bauphase der Olympischen Spiele zu entwickeln. „Wir mussten folgende Fragen klären: Wie schafft man es, die benötigten Baustoffmengen rechtzeitig an die richtigen Stellen zu lenken? Wie kann man Hafen, Bahnhof, Flughafen und die diversen Baustellen optimal miteinander verbinden? Wo lassen sich größere Materialmengen zwischenlagern? Und wie gelingt es trotz der Belastungen, die Bevölkerung und die Kurgäste in der Stadt während der Bauphase nicht über Gebühr zu belästigen?", zählt Institutsdirektor Professor Uwe Clausen auf.

Eine echte Herausforderung für die Spezialisten des IML also, zumal sie sich auch noch mit fremder Sprache und Arbeitskultur auseinandersetzen mussten: „Es begann schon mit der Anreise, die in einer alten Tupolew von Aeroflot erfolgte", erzählt Joachim Kochsiek. „Da musste ich einen Kollegen mit Flugangst erst einmal überreden einzusteigen. Aber alles ging gut, und wir landeten auf dem alten Flughafen von Sotschi, der nicht einmal eine moderne Gepäckausgabe hat. Wir mussten unsere Koffer von einem Lastwagen vor dem Gebäude selbst abholen." Dafür freuten sich die Forscher über die schönen Hotels, denn „die waren auf Westniveau, sowohl was den Luxus als auch was die Preise betrifft".

Nun galt es, möglichst genaue Daten der vorhandenen Infrastruktur zu erhalten und die benötigten Transportmengen für die Bauvorhaben realistisch abzuschätzen. „Die russischen Partner waren auch mehrfach bei uns in Dortmund und haben sehr detaillierte Informationen mitgebracht", sagt IML-Forscher Bernd Schmidt, der für das Softwaresystem zuständig war. „Schnell wurde klar, dass während der Bauzeit in der Stadt teilweise mehr LKWs unterwegs sein würden als Privatautos. Wir mussten also Lösungen ermitteln, wie man alles unter einen Hut bringen kann. So erarbeiteten wir beispielsweise Vorschläge, wie man den Zugang zu den beiden Häfen möglichst effizient gestalten kann, die massiv ausgebaut werden sollten. Es wurde sogar ein Sumpf trockengelegt, damit man mehr Platz für die Infrastruktur erhält."

Joachim Kochsiek erinnert sich, wie er und seine Kollegen im Februar 2009 bei milden 20 Grad Wärme die Stadt und ihre Zugangswege inspizierten. Viele Skitouristen waren auf dem Flughafen, denn die Skisaison war in vollem Gange, und an einigen Bahnhöfen war das Militär präsent, denn kurz zuvor hatte es einen Konflikt mit dem benachbarten Georgien gegeben. In intensiven Gesprächen mit den russischen Partnern war schnell klar, dass ein zweigleisiger Ausbau der Bahnlinie entlang der Küste unabdingbar war und dass eine Entlastungsstraße vom „Coastal Cluster" hinauf ins Gebirge zum „Mountain Cluster" für den allgemeinen Bauverkehr – und nicht nur für ein Unternehmen – freigegeben werden musste. „Solche Vorschläge haben die russischen Offiziellen heftig diskutiert, es gab viele Telefonate, wahrscheinlich mit vorgesetzten Stellen", vermutet Kochsiek. „Wir machten immer wieder die Erfahrung, dass die Hierarchien in Russland eine weitaus größere Bedeutung haben als bei uns. Das erzeugt manchmal Probleme, aber es hat auch zur Folge, dass einige Dinge sehr gut funktionieren, zum Beispiel die Staatsbahn."

Am Ende erhielten die russischen Partner, was sie wollten: Ein Programm, mit dem sie die Belastungen vorab simulieren und auf diese Weise die Auswirkungen der Maßnahmen abschätzen konnten. Damit können sie beispielsweise ermitteln, welche Folgen ein Brückenbau für das Gesamtsystem hat, der das reibungslose Linksabbiegen an einer Kreuzung ermöglicht, oder welche Kapazität die einzelnen Zwischenlager bieten. „Wir haben erforscht, welche Veränderungen in der Infrastruktur nötig sind, um die angestrebten Ziele zu erreichen", sagt Kochsiek, „und welche Straßen oder Bahnlinien man zusätzlich bauen muss, um Ausfallrisiken zu vermeiden." Ob ihre Vorschläge schließlich umgesetzt wurden, konnten die Forscher nicht mehr mitverfolgen, aber „es reizt mich sehr, wieder nach Sotschi zu fahren, um mir die Veränderungen in der Stadt anzusehen", meint der Ingenieur.

MEHR MENSCHEN AUF ENGEM RAUM VERSORGEN

Die Organisation großer Baustellen ist eines der Geschäftsfelder des IML. „Je dichter ein Raum besiedelt ist, desto größer ist die Herausforderung für die Logistik von Bauvorhaben", sagt Uwe Clausen. „Das gilt für die Morgenstadt in besonderem Maße, denn dort wird es nicht nur Neubauten geben, sondern auch energetische Sanierung und Umbau der bestehenden Gebäude auf die Bedürfnisse zum Beispiel älterer Menschen, aber auch den Abriss alter Bauten, etwa von Kraftwerken." Bei all diesen Vorhaben muss man für den reibungslosen Ablauf sorgen, die Informationsplattformen für alle Beteiligten organisieren und so nachhaltig wie möglich arbeiten. So sollte man beispielsweise überlegen, wie man den Bodenaushub von U-Bahnen im engeren Umfeld wieder zur Landschaftsgestaltung einsetzen kann.

Aber nicht nur Baustellen benötigen eine vorausschauende Planung, sondern die gesamte Ver- und Entsorgung der Stadt der Zukunft. „Prognosen gehen von einem Zuwachs des Lieferverkehrs in den nächsten 20 Jahren um 60 Prozent aus. Manches wird sich durch Selbstorganisation regeln, aber bei weitem nicht alles. Und vieles nicht in optimaler Art und Weise", sagt Clausen. So wird man auf engerem Raum mehr Güter transportieren und verteilen müssen. Um bei steigendem Verkehrsaufkommen diese Aufgabe zu lösen, ist eine stärkere Bündelung der Warenströme, eine effizientere Verknüpfung aller Transportmittel sowie eine verbesserte Verfolgung des Materials nötig.[111] Die Kommunikationstechnik wird dafür sorgen, dass Güter in der Lage sind, ihren Transport teilweise selbst zu organisieren und dabei Aufwand und Wege zu minimieren.

SILBER SURFER UND TANTE EMMA 2.0

Die Verbraucher werden künftig neue Möglichkeiten nutzen, um einzukaufen. Sie werden nicht nur in großen Handelszentren und Malls „shoppen" gehen, sondern zunehmend auch wieder den kleinen Laden in der Nähe bevorzugen. Vor allem ältere Mitbürger, die weite Wege scheuen, werden die lokale Versorgung mit Lebensmitteln und Konsumgütern schätzen. Viele werden ihre Einkäufe auch online erledigen oder mit Hilfe neuer elektronischer Bestellsysteme an öffentlichen Terminals. Das erzeugt zusätzlichen Lieferverkehr. Allein im Jahr 2010 wurden im deutschen Kurier-, Express- und Paketdienstsektor rund 2,25 Milliarden Sendungen befördert. Gegenüber 2009 entspricht dies einer Steigerung um etwa 114 Millionen Sendungen oder 5,3 Prozent.[112]

Schon in den kommenden 10 bis 20 Jahren werden sich deshalb die Strukturen des städtischen Einzelhandels verändern. „Der Bedarf an Nahversorgung steigt", sagt IML-Forscherin Christiane Auffermann. „Wir sprechen dabei von Tante Emma 2.0. Wie man die Logistik am besten organisiert, erforschen wir derzeit im Rahmen des Effizienz-Clusters LogistikRuhr." Dieses vom Bundesministerium für Bildung und Forschung geförderte Exzellenzcluster hat das Ziel, die Logistik von morgen zu erforschen und neue technische Ansätze und Geschäftsmodelle für die Materialströme in der Stadt der Zukunft zu entwickeln.

Mehr und kleinere Läden haben die logistische Folge, dass geringere Warenmengen häufiger an mehr Ziele geliefert werden müssen. Zusätzlich wollen immer mehr Menschen auch übers Internet Waren bestellen, die ins Haus gebracht werden. Dr. Christoph Windheuser von der Beratungsfirma Capgemini sprach auf der CeBit 2012 in diesem Zusammenhang von einer „Atomisierung" der Liefermengen. Andreas Roeren, Sprecher des Markenvorstands Volkswagen Nutzfahrzeuge, bestätigt diesen Trend und benennt seine Folgen: „Auf Basis einer Modellrechnung für den Großraum Köln führt der Online-Handel zu einem Rückgang des motorisierten, privaten Einkaufsverkehrs um 7,7 Millionen Fahrzeugkilometer bei gleichzeitiger Zunahme des Lieferverkehrs um 1,8 Millionen Fahrzeugkilometer. Eine Entlastung von 5,9 Millionen Fahrzeugkilometern, die sich insbesondere auf die Innenstadt auswirkt, während der Lieferverkehr vor allem im Umland und in den Stadtbezirken zunimmt."[113]

Nach Dr. Christoph Windheusers Ansicht lassen sich diese Zuwächse nur dann ökologisch schonend bewältigen, wenn eine Zusammenarbeit zwischen Herstellern und Händlern stattfindet. Transport, Anlieferung und Verteilung sollten künftig nicht von jedem Handelshaus einzeln organisiert werden, sondern von allen gemeinsam. „Schon heute haben angesichts der Staus auf den Straßen manche Hersteller Probleme, ihre Lieferungen rechtzeitig in die Filialen zu bringen", sagt er. „Deshalb ist es sinnvoll, Lieferströme zu bündeln. Der Wettbewerb findet im Supermarktregal statt, nicht auf dem LKW. Wir schlagen vor, sogenannte Urban Hubs einzurichten, das sind logistische Zentren am Stadtrand, von denen aus dann ein neutraler Dienstleister die Verteilung in den Innenstädten vornimmt." Das hätte einige Vorteile: Die Händler teilen sich die Kosten − so kann man beispielsweise auch in umweltfreundliche Elektrofahrzeuge investieren −, und die Effizienz steigt, weil die Laderäume besser ausgenutzt werden und nicht so viele Fahrten nötig sind.

Im größten deutschen Ballungsraum, dem Ruhrgebiet, soll diese Idee in den kommenden Jahren in einem Pilotprojekt in die Tat umgesetzt werden. „Im Raum Dortmund-Bochum-Essen ist ein solcher Urban Hub geplant", weiß Christiane Auffermann. Sie und ihre Abteilung im IML beschäftigen sich gemeinsam mit Windheuser mit Konzepten einer innovativen Distribution der Handelsunternehmen, die auch zunehmend Internetbestellungen und ihre Konsequenzen auf die Logistik betreffen. „Diese sind dabei keineswegs nur auf junge, internetaffine Nutzer beschränkt", sagt die Forscherin, „auch immer mehr Personen über 50 nutzen diesen Vertriebsweg. Häufig nennt man sie die Silber Surfer."

Die elektronischen Kunden werden künftig nicht nur zu Hause ihre Bestellung in den Computer eintippen, sondern auch die Möglichkeiten des Mobile Commerce nutzen. Die Firma Tesco hat das Verfahren in Korea schon ausprobiert – nach Firmenangaben mit durchschlagendem Erfolg. Es funktioniert so: In U-Bahnhöfen hat das Unternehmen große Tableaus angebracht, auf denen Lebensmittel abgebildet sind, jeweils mit einem Quick-Response-Code versehen. Fotografiert man mit dem Handy das Produkt bzw. seinen Code, lässt es sich automatisch bestellen. Der Warenkorb mit dem Einkauf wird dann noch am selben Abend ins Haus geliefert. „Wir machen damit die Wartezeit unserer Kunden zur Einkaufszeit", freut sich Tesco, das in Korea unter dem Namen Home-Plus firmiert.[114] Und die Nutzer müssen nicht mehr ihre Freizeit opfern, um in Supermärkten Schlange zu stehen.

LADERÄUME BESSER NUTZEN

Die Fahrzeuge, mit denen die Lieferungen in der Stadt bewältigt werden, zeigen künftig wohl eine weitaus größere Bandbreite als heute. Sogar unterirdische Transportsysteme, die eine völlige Trennung der Güter vom Personenverkehr erlauben, wären möglich. Vorarbeiten dazu gibt es schon an der Ruhr-Universität Bochum, wo das System Cargo-Cap entwickelt wird, und in der Schweiz. Dort planen Forscher der Fachhochschule Nordwestschweiz das Projekt Swiss Cargo-Tube.[115]

Wissenschaftler des Fraunhofer-Instituts für System- und Innovationsforschung ISI legen in ihrer Studie „Vision für nachhaltigen Verkehr in Deutschland" nahe, dass „im städtischen Warenverkehr ... 2050 vornehmlich elektrische Lieferfahrzeuge eingesetzt [werden]. Hierdurch wurde neben der Umwelt- und Klimawirkung das Lärmproblem in Wohngebieten umgangen, wodurch die Lieferzeitfenster deutlich ausgedehnt werden konnten."[116] „Ideal wäre, wenn alle Fahrzeuge emissionsfrei fahren", sagt Uwe Clausen, „da kann es dann viele Varianten geben: vom Elektro-LKW bis hin zum Wiederaufleben der Zweiräder. Schon heute erledigen ja Fahrradboten viele Aufträge in der Stadt, und auch das Lastenfahrrad wird es wieder häufiger geben."

Manchmal sieht man es schon heute: Nicht nur Postboten benutzen seit Jahr und Tag Fahrräder, um Briefe und Päckchen auszutragen, sondern auch der Paketlieferservice UPS in Köln. Seit über acht Jahren stellt er seine Pakete in der Innenstadt zu Fuß und per Rad zu. Dafür wurde das Konzept der „mobilen Depots" entwickelt. Es handelt sich um zwei 7,5-Tonnen-LKW, von denen aus der Umkreis zu Fuß und per Lastenfahrrad beliefert wird. Die Stadt kann auf diese Art spürbar von Lärm und Abgasen entlastet werden. Außerdem muss man keine Parkplätze suchen, und die Lastenfahrräder sind inzwischen bei den Kölnern sehr bekannt und haben so auch einen gewissen Werbe-Effekt.[117] Das IML will diese Art von Fahrzeugen nun auch in seinem Projekt Green Logistics einsetzen.

Generell werden alle Verkehrsmittel, die zur Ver- und Entsorgung der Städte dienen, aufs engste miteinander verknüpft sein. „Wichtig ist ein integratives, flexibles Verkehrsmanagement", so Clausen, „sowohl was die Wege als auch was die Lieferzeiten angeht. Manche Dienstleistungen lassen sich vielleicht in die Nacht verlagern, wo der Verkehr wesentlich geringer ist."

Die Tourenplanung von Lieferwagen ist ein kompliziertes Geschäft, das viel Erfahrung und gute Computerprogramme erfordert. So verfügen Speditionen heute über Software, mit der sie ermitteln können, welche Routen ihre LKWs nehmen sollten, damit sie mit möglichst geringem Aufwand alle Kunden erreichen. Parallel dazu gibt es Programme, die dafür sorgen, dass die Waren so in den Laderaum des Lieferwagens gepackt werden, dass sie möglichst den ganzen Platz ausfüllen und in der richtigen Reihenfolge wieder herausgeholt werden können. Was bisher allerdings fehlte, war die Zusammenführung der beiden Optimierungshilfen. Das IML hat unter dem Namen Efficient Load eine solche Software entwickelt, die Einsparungen von 12 bis 20 Prozent bringen soll. „Plane die Packung und die Tour so, dass sie zusammenpassen", nennt Clausen das Ziel. „Mit dem Programm lassen sich auch Einsammel- und Mischtouren optimal organisieren." In der Morgenstadt werden solche Hilfsmittel selbstverständlich sein.

DAS INTERNET DER DINGE

Moderne Funktechnik macht es möglich, dass man viele Gegenstände jederzeit orten kann, das bringt völlig neue Möglichkeiten für die Logistik. Der Fachausdruck heißt „Radio-Frequency-Identification", abgekürzt RFID. Das Prinzip ist im Grunde einfach: Man stattet das Objekt mit einem Funkchip aus, der eine Identifikationsnummer und ganz nach Wunsch auch noch weitere Informationen — etwa Daten von bestimmten Sensoren — enthält. Ein Gerät liest dann berührungslos die Botschaft des Chips aus. Es kann als kleiner Detektor im Handy integriert sein, in mobilen Computern oder in Durchgangsschleusen stecken.

Teurer, aber auch leistungsfähiger sind aktive RFID-Bausteine, die mit Hilfe ihrer Batterie aktiv funken können. Die Tags können die unterschiedlichste Gestalt haben: Etiketten zum Aufkleben, Schlüsselanhänger, Armbanduhren oder Vorhängeschlösser. Sie können in Kleidung eingenäht oder in winzige Glaszylinder eingegossen sein, die man Tieren unter die Haut implantieren kann. Es gibt viele Varianten in Form und Funktion, und Prof. Alexander Pflaum vom Fraunhofer-Institut für Integrierte Schaltungen IIS schlägt deshalb vor, lieber von „intelligenten Objekten" zu sprechen. Sie werden in der Stadt der Zukunft allgegenwärtig sein.

Das Unternehmen Geis Global Logistics setzt beispielsweise die Vorteile der RFID-Technik in seinem Logistikzentrum in Erlangen-Frauenaurach ein. „Die Anlage bietet weit mehr als ein herkömmliches Logistikzentrum", sagten Hans-Georg und Wolfgang Geis, geschäftsführende Gesellschafter der Geis-Gruppe, bei der Eröffnung der Anlage im April 2011. „Für Siemens Enterprise Communications und weitere Kunden bündeln wir darin Kontraktlogistik, Montagetätigkeiten und Verpackungsleistungen. Wir sprechen daher von einem Multiuser-Logistik- und Technologiezentrum."

Auch die Deutsche Post DHL vertraut intelligenten Funkchips wenn es darum geht, ihre Wechselbrücken zu orten. Dabei handelt es sich um Frachtcontainer auf Stelzen, die sowohl auf Lkws als auch auf Zügen transportiert werden können. Kürzlich hat nun Agheera, eine Ausgründung der DHL Solutions & Innovations, 15 000 Wechselbrücken mit RFIDs ausgestattet. Die Transponder auf dem Dach des Containers haben Internetanschluss und ein GPS-Ortungssystem; ein Solarpaneel und ein Akku sorgen für die Energieversorgung. „Ist die Brücke unterwegs, erkennt ein eingebauter Bewegungssensor das, der Chip meldet seinen Standort dann übers Internet, so oft der Kunde das wünscht, in der Regel alle 15 Minuten", sagt Frank Josefiak, technischer Direktor von Agheera. Künftig soll ein Chip auch melden, wenn die Türen des Containers geöffnet werden, oder sogar Temperaturwechsel während des Transports sowie Stöße aufzeichnen. Bei empfindlichen Waren könnte der Spediteur so nachweisen, dass eventuelle Schäden nicht durch den Transport verursacht wurden.

RFID wird immer intelligenter, prognostiziert Wolf-Rüdiger Hansen, Geschäftsführer des Verbands für Automatische Identifikation, Datenerfassung und Mobile Datenkommunikation. „Der Trend geht hin zur Integration der Funketiketten in Objekte und Smart Cards, auch in Kreditkarten. Mit der Europäischen Empfehlung für den RFID-Datenschutz und dem darauf aufbauenden Privacy Impact Assessment wurde auch ein rechtlicher Rahmen geschaffen, um diese Marktentwicklung zu fördern." Auch IIS-Experte Alexander Pflaum gibt der Sicherheit einen hohen Stellenwert: „Früher lag die Intelligenz zentral am Server, heute verlagert sie sich immer mehr an den Rand des Netzwerks, in die Tags hinein. Das macht die Systeme angreifbarer, andererseits sind sie aber auch robuster, weil sie dezentral organisiert sind." Auf jeden Fall, so glaubt er, werden Sicherheitsfragen immer wichtiger.

Auch Professor Michael ten Hompel, Institutsleiter am IML, setzt auf diese Entwicklung: „Von der einfachen Datenspeicherung über die Erfassung der Umgebung mit Sensoren bis zur ‚bewussten' Verarbeitung und spontanen Vernetzung mit anderen Tags und der Umgebung erschließt die Technik immer größere Bereiche der echtzeitnahen Datenverarbeitung. Ein Paket, das sein Ziel und seine Umgebung kennt, fragt nicht mehr nach dem Weg. Zugleich kann es aber ungleich mehr Informationen über seinen Inhalt geben – Daten, die wiederum von einem überlagerten System bei Bedarf abgerufen werden. So entsteht das Internet der Dinge." In der Morgenstadt wird es üblich sein, dass man jederzeit und überall Informationen erhält. Mehr dazu im Kapitel Kommunikation.

KEINE MÜLLBERGE IN DER STADT

Je besser die Versorgung funktioniert, desto größer ist die Versuchung, viel zu konsumieren. Steigender Lebensstandard auch in ärmeren Regionen, dazu die Wegwerfmentalität, die immer weiter um sich greift, führen zu wachsenden Abfallhalden. So ist Müll die Kehrseite von Konsum und Wohlstand. Von der Einmalwindel, in die man als Baby gewickelt wird, über Coffee to go in Pappbechern, hygienisch verpackten Lebensmitteln und Tausenden von Plastiktüten bis hin zu Handys oder modischer Kleidung, die alle paar Jahre durch das nächste Modell ersetzt werden: Jeder von uns trägt zum Müllberg bei. Angesichts der steigenden Weltbevölkerung kann das so nicht weitergehen. „Die verschwenderische Wirtschaftsweise, der wir in den vergangenen zwei Jahrzehnten frönten, wird uns auf einem Planeten, der im Jahre 2050 9 Milliarden Bewohner tragen wird, schwer zu schaffen machen", warnt Achim Steiner, Direktor des UN-Umweltprogramms UNEP in Nairobi.[118]

Insbesondere in den Städten müssen neue und bessere Lösungen gefunden werden als das bloße Sammeln und Verkippen auf Müllhalden. Immer noch werden in Europa jedes Jahr mehr als 1,8 Milliarden Tonnen Abfall produziert. Die Abfallmenge steigt schneller als das Bruttoinlandsprodukt, und europaweit wird weniger als ein Drittel des Abfalls wiederverwertet.[119] Und das, obwohl die Rohstoffe unseres Planeten immer knapper werden. Bereits heute gibt es Substanzen, bei denen die Nachfrage das Angebot weit übersteigt und die deshalb fast unerschwinglich teuer sind.

Die Aktivitäten in der Morgenstadt werden sich nicht auf den Haushaltsmüll beschränken, aber auch für diesen wird es neue Lösungen geben, denn es geht um gewaltige Mengen: Im Jahr 2008 entfielen auf jeden Bürger Deutschlands 522 Kilogramm davon, also fast eine halbe Tonne.[120] Tröstlich immerhin, dass wir in der Recycling-Bilanz von Verpackungen hinter Luxemburg und den Niederlanden auf Platz drei stehen. Spitzenreiter ist Belgien mit nahezu 80 Prozent. Schlusslicht Rumänien recycelt dagegen nur ein Drittel des gesamten Verpackungsmaterials, Zypern nicht viel mehr.

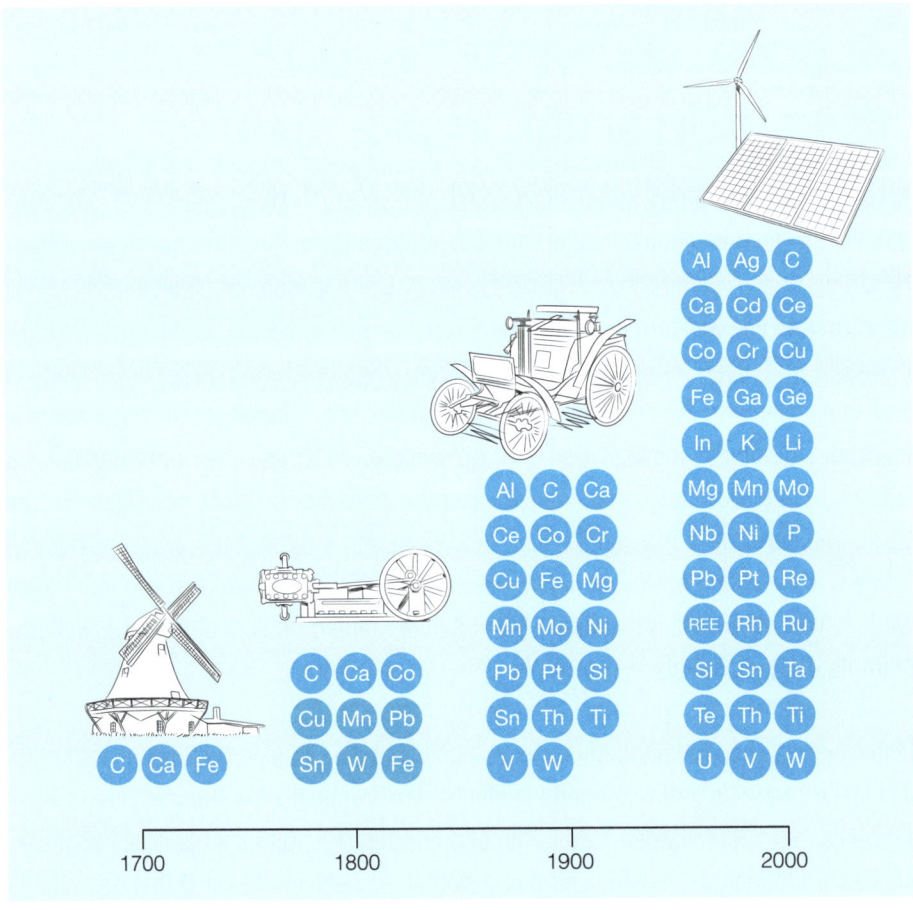

Der Ge- und Verbrauch von Werkstoffen hat sich vervielfacht. Zukünftig werden die Rohstoffe effizienter genutzt und in Stoffkreisläufen wiederverwertet werden. Quelle: Universität Augsburg

Insgesamt werden in der Morgenstadt Kreislaufprozesse angestrebt. Das gilt auch für die Nutzung von Investitions- und Konsumgütern. Die Abfälle der Stadt werden so zum Ausgangspunkt für die Gewinnung wertvoller Rohstoffe, etwa durch das Recycling elektronischer Geräte. Dieses Vorgehen — urban mining genannt — wird ökonomisch umso lohnender, je mehr sich bestimmte Rohstoffe verteuern, etwa seltene Erden oder hochwertige Metalle. Auch das Kunststoffrecycling gewinnt an Bedeutung, da die Erdölpreise voraussichtlich weiter steigen werden. „Erstmals entstanden im vergangenen Jahr durch Recycling in Deutschland neue Wertstoffe im Gegenwert von mehr als 10 Milliarden Euro", sagt Peter Kurth, Präsident des Bundesverbands der Deutschen Entsorgungs-, Wasser- und Rohstoffwirtschaft.[121] Um die Abfallströme zu verringern und die Ressourcen zu schonen, müssen aber noch weit mehr Erzeugnisse rezykliert werden. Um dies wirtschaftlich gewinnbringend durchzuführen, muss man Produkte so entwerfen und herstellen, dass man sie nach Gebrauch relativ leicht sortenrein zerlegen und ihre Bestandteile dem Stoffkreislauf erneut zuführen kann. Gleichzeitig ist es nötig, rationelle Verfahren zu entwickeln, die es erlauben, aus bestimmten Abfallfraktionen die Wertstoffe zu extrahieren und zu reinigen.

BIOGAS AUS MARKTABFÄLLEN

Jede Art von Abfall erfordert andere Methoden der Verwertung. Beispielsweise organische Abfälle verfaulen, verwesen, stinken, locken Ungeziefer und Bakterien an. Deshalb müssen sie schnell verwertet werden. Das Fraunhofer-Institut für Grenzflächen- und Bioverfahrenstechnik IGB in Stuttgart hat in der ersten Jahreshälfte 2012 eine Pilotanlage in Betrieb genommen, die vorbildlich zeigt, wie man diese Art von Biomüll sinnvoll weiterverarbeiten und daraus Wertstoffe gewinnen kann.

Es geht um matschige Tomaten, braune Bananen und überreife Kirschen, aber auch um Salat, Blumenkohl, Kartoffeln oder Möhren, die ihre Lagerfrist überschritten haben: die Obst- und Gemüseabfälle der Großmarkthalle Stuttgart. Bisher waren sie bestenfalls auf dem Kompost gelandet. Künftig sollen sie besser genutzt werden: In der neuentwickelten IGB-Anlage lassen sie sich vergären. Dabei entsteht Methan – auch Biogas genannt –, das als Kraftstoff Autos antreiben kann.

Das Projekt ist untergekommen im Gaskraftwerk der EnBW Kraftwerke AG, direkt neben dem Großmarkt und nur einen Katzensprung entfernt von Daimler. Alle arbeiten hier zusammen: Zweimal pro Woche bringt ein Kipplader bis zu drei Tonnen Abfälle aus der Markthalle nebenan und schüttet sie in den Zerkleinerer. Der fertigt daraus eine dickflüssige Pampe, die in vier großen grünen Vorratsbehältern lagert und dann in die eigentlichen Reaktoren gepumpt wird: Es sind zwei große, blitzblank glänzende Stahltanks, die man eigentlich eher in einer Weinkellerei vermuten würde als in einer Biogasanlage. Aber vergoren wird auch hier: Die Bio-Suppe wird im Reaktor von Mikroorganismen zersetzt, das Gemisch gärt – es entsteht Methangas. Rohre leiten es in die Aufbereitungsanlage, wo es gereinigt und von CO_2 und Schwefel befreit wird. In Flaschen gefüllt steht es in der angeschlossenen Tankstelle für Autos bereit. „Ansonsten bleibt von den organischen Abfällen nur Wasser übrig, in dem die anorganischen Nährstoffe gelöst sind, und ein geringer fester Rest, den wir an Partner liefern, die ihn chemisch umwandeln und dabei nochmals Methan erzeugen", sagt die Projektleiterin Dr. Ursula Schließmann. „Die Nährstoffflüssigkeit nutzen wir selbst in unserer Algenanlage in Reutlingen."

Einen ähnlichen Anlagenbetrieb hat das IGB bereits in Americana, einer Stadt im Staat São Paulo/Brasilien, zur Vergärung von organischen Abfällen realisiert. Er dient dort Lehr- und Ausbildungszwecken sowie der Ermittlung von Grundlagendaten. Die Anlage verwertet Küchenabfälle aus der Kantine des örtlichen Wasserwerks. Sie liefert Biogas und Dünger.

Für viele Gemeinden wäre eine solche Methangewinnung aus Bioabfällen eine gute Sache. „Eine Potenzialstudie hat ergeben, dass mindestens 95 Stellen in Deutschland dafür geeignet wären", sagt die IGB-Forscherin Schließmann. „Dort jeweils den anfallenden Müll direkt vor Ort sinnvoll zu nutzen wäre auf jeden Fall besser, als ihn quer durchs Land in große, zentrale Anlagen zu fahren. Mit dem Methan könnte man dann gleich die Fahrzeugflotte der Gemeinde betreiben."

Ebenfalls gut in der Stadt zu verwenden ist ein Produkt, das die Ingenieure Dr. Axel Kraft und Dr. Jürgen Grän-Heedfeld vom Fraunhofer-Institut für Umwelt-, Sicherheits- und Energietechnik UMSICHT in Oberhausen aus Biodiesel-Abfällen herstellen: ein neuartiges Enteisungsmittel. „Es handelt sich im Wesentlichen um Lösungen von Natriumlaktat in Wasser. Wir können sie auf der Basis von Glyzerin herstellen, das als Reststoff bei der Herstellung von Biodiesel gebildet wird. Zukünftig ist dies auch aus nichtessbaren Zuckern machbar, die beim Aufschluss von Holz anfallen", sagt Kraft. „Man kann es wie Streusalz auf die Straßen geben, es als Enteisungsmittel auf Flughäfen einsetzen oder als Frostschutzmittel beispielsweise in Wärmepumpen verwenden. Es ist bioverträglich und – anders als konventionelles Streusalz – im Boden biologisch abbaubar."

KUNSTSTOFFE – ZU WERTVOLL ZUM VERBRENNEN

Die Wieder- und Weiterverwertung von dem, was wir heute oft verächtlich „Müll" nennen, wird in der Morgenstadt zur Regel werden. „Abfälle sind Ressourcen, die man erneut nutzen kann", sagt IML-Leiter Uwe Clausen. „Man findet darin so viele Wertstoffe, dass man die Stadt und ihr Abfallaufkommen eigentlich als Mine für Rohstoffe betrachten kann. Daher auch der Ausdruck ‚urban mining'. Er bedeutet, dass man diese Rohstoffe wie in einem Bergwerk abbauen kann." Und Dr. Andreas Middendorf vom Fraunhofer-Institut für Zuverlässigkeit und Mikrointegration IZM in Berlin betont: „Abfälle sind im Prinzip Materialien, über die man keine Information hat."

Papier und Metallschrott sind Stoffe, bei denen schon heute die Wiederverwertung in Deutschland gut funktioniert. Das liegt in erster Linie daran, dass sie sortenrein gesammelt werden. Die meisten Produkte des Alltagslebens bestehen jedoch aus einem vielfältigen Materialmix – sie enthalten verschiedene Metalle, Kunststoffe, Holz, Mineralien, Farben und Zusatzstoffe. Landen sie im Abfall, müssen die Materialien erst einmal wieder auseinanderdividiert werden.

Beim Kunststoff lag bisher das Problem darin, dass man ein Gemisch aus unterschiedlichen Plastikarten nur schwer trennen konnte, außerdem enthalten viele Teile bro-
mierte Flammschutzmittel, die beim Erhitzen giftige Stoffe freisetzen. Vor allem in Alt-
autos und Elektronikschrott sind große Mengen davon enthalten. Künftig wird man
nicht mehr umhinkönnen, als diese wieder zu nutzen, allein schon um die Ressourcen
zu schonen. „Denken Sie mal an den langen Weg von der Erdölexploration zur -aufbe-
reitung", sagt Dr. Thomas Probst vom Bundesverband Sekundärrohstoffe und Entsorgung. „Dann wird das Erdöl gecrackt, nach Europa transportiert und zu verschiedenen
Produkten verarbeitet. Wenn ich diese aber nur verbrenne, nutze ich den großen Ener-
gie- und Wertstoffanteil des Kunststoffs nicht mehr."[122]

Besser wäre also Recycling, beispielsweise für die Kunststoffe im Elektronikschrott. Die
etwa 2 Millionen Tonnen davon, „die in deutschen Haushalten und Gewerbebetrieben
pro Jahr anfallen, würden einen Güterzug von Flensburg bis Garmisch füllen", so Dr.
Martin Schlummer, Recyclingexperte am Fraunhofer-Institut für Verfahrenstechnik und
Verpackung IVV in Freising. „Neben Stahl, Kupfer und Edelmetallen würde dieser über
400 000 Tonnen Kunststoffe transportieren. Gelänge es, auch nur die Hälfte dieser
Menge wiederzuverwerten, könnten daraus zum Beispiel Gehäusekunststoffe für mehr
als 400 Millionen Laptops, Kaffeemaschinen oder Staubsauger neu entstehen. Dies
entspricht einem Materialwert von gut 200 Millionen Euro."[123]

Er und seine Kollegen am IVV haben deshalb ein Verfahren entwickelt, mit dem man aus
einem bunten und mit Flammschutzmitteln verschmutzten Plastikgemisch wieder reine
und saubere Kunststoffe zurückgewinnen kann. Sie lösen die Mixtur in besonderen,
ungiftigen Lösungsmitteln auf, trennen die ebenfalls darin gelösten Schadstoffe ab und
fällen dann die gewünschte Substanz aus. Das Lösungsmittel wird wieder zurückge-
führt und erneut verwendet. Tests haben gezeigt, dass die so gewonnenen Materialien
rein genug sind für eine erneute Verarbeitung, auch ihre mechanischen Eigenschaften
sind so gut wie bei Neumaterial.

DIE STADT ALS ROHSTOFFMINE

Die Technisierung unserer Welt hat eine Umwälzung herbeigeführt, die noch kaum ins Bewusstsein der Öffentlichkeit gedrungen ist: Während man im 18. Jahrhundert mit den Materialien zurechtkam, die man im näheren Umkreis fand – Kohlenstoff, Kalzium, Eisen –, benötigte die Technik der Dampfmaschine und später das Ölzeitalter Substanzen, die man von weither anliefern musste: Buntmetalle, später auch Elemente, die selten anzutreffen und deshalb teuer waren, etwa Platin und Molybdän für Katalysatoren. In den letzten 20 Jahren hat sich dieser Prozess beschleunigt: Heute benötigt man fast das gesamte Periodensystem zur Herstellung moderner Geräte: „Photovoltaik, die ursprünglich auf Silizium beruhte, bewegt sich nun zu Mischungen, die unter anderem Cadmium, Gallium, Germanium und Tellur enthalten. Windkraftanlagen benötigen Hochleistungsmagnete, um effizient zu arbeiten; und dafür braucht man seltene Erden. Lithium und Lanthan sind die Materialien der Wahl für Hochleistungsbatterien – unabdingbar für elektrische Fahrzeuge. Und zwischen Generatoren und Verbrauchern und im Inneren nahezu jedes elektrischen Geräts befindet sich Kupfer, möglicherweise *das* Element des elektrischen Zeitalters", schreiben Forscher der Universität Augsburg.[124] Und Matthias Fischer vom Fraunhofer-Institut für Bauphysik IBP in Stuttgart sagt: „Die Kupferkonzentration in der Stadt ist schon heute teilweise höher als in einer Mine."

Die Abhängigkeit von Rohstoffen, die früher wenig Bedeutung hatten, hat zu einer neuen Situation im globalen Markt geführt. Forscher des ISI finden dafür in ihrer Studie „Rohstoffe für Zukunftstechnologien" deutliche Worte: „Die Nachfrageeffekte technischer Innovationen wurden nicht rechtzeitig erkannt und führten zu Fehleinschätzungen auf den Rohstoffmärkten. Dies ließ die Preise sprunghaft steigen und trifft die Industrie in der Produktion in ihrem mit Abstand größten Kostenblock, den Materialkosten. Aber es sind nicht nur die Kosten, welche durch die Rohstoffe mit bestimmt werden; der Rohstoffabbau, ihre Verhüttung und Weiterverarbeitung zu Werkstoffen und Vorprodukten ist auch mit erheblichen Umweltlasten verbunden. Vor diesem Hintergrund ist die effiziente Nutzung von Rohstoffen und Werkstoffen und die Schließung von Stoffkreisläufen durch das Recycling eine Herausforderung der Zukunft, deren Bedeutung dem Klimaschutz entspricht."[125] Es würde sich auch mengenmäßig lohnen: „Man hat zum

Beispiel errechnet, dass 1 Million Tonnen Werkstoffe wieder in den Wirtschaftskreislauf gelangen können, wenn jeder Bürger in der EU nur vier Kilogramm Altgeräte pro Jahr in die Sammlung und damit Verwertung geben würde", berichtet das Bundesumwelt-ministerium auf seiner Homepage.[126]

Zum Beispiel Handys: „Für die Herstellung eines Mobiltelefons benötigt man rund 30 verschiedene Metalle", sagt Professor Gerhard Sextl, Leiter des Fraunhofer-Instituts für Silicatforschung ISC in Würzburg. „Und bisher wurden weltweit etwa 12 Milliarden Handys hergestellt", ergänzt sein Kollege Professor Armin Reller von der Universität Augsburg, der gern von „Gewürzmetallen" spricht, da man jeweils nur eine Prise davon für ein Gerät braucht. „Aber sie sind unentbehrlich. Für ein Smartphone-Display benö-tigt man ein Milligramm Indium, ohne das geht es nicht. Das ist so, wie man ohne eine Prise Safran kein Safranrisotto kochen kann." Die beiden Forscher plädieren deshalb dafür, alte Handys zu zerlegen und gleichartige Teile zu sammeln. Das gilt auch für Elektromotoren, Computer, Fernseh- und andere elektrische Geräte. „Wir müssen der stetigen Verdünnung der Materialien entgegenwirken", sagen sie. „Wenn sie erst einmal gleichmäßig in der Umwelt verteilt sind, hat man keine Chance mehr, sie zurückzuho-len. Auf diese Weise gehen auf der Erde heute schon rund vier Tonnen Platin pro Jahr verloren, bei einer Jahresproduktion von nur 170 Tonnen."

Um neue Verfahren fürs Recycling zu entwickeln, aber auch um sinnvolle Strategien für den Umgang mit Rohstoffen zu erforschen, hat das ISC in Alzenau im September 2011 eine Projektgruppe für Werkstoffkreisläufe und Ressourcenstrategie IWKS gegründet. In einem weiteren Schritt will man dort auch an der Substitution von Werkstoffen arbei-ten, deren Verfügbarkeit als kritisch beurteilt wird. „Unser Traum für die Morgenstadt ist es, dass alles im Kreislauf geführt wird und dass es keine Abfälle mehr gibt", so Sextl und Reller. Sie schlagen sogar vor, Deponien beispielsweise von Handys als „sekundäre Minen" zu bilden und diese so lange zu lagern, bis man entsprechende Technologien entwickelt hat, um die Gewürzmetalle zu wirtschaftlichen Kosten wieder herauszuholen. „In einer Tonne Erz, die in Südafrika gefördert wird, findet man durch-schnittlich 50 Gramm Gold", sagt Achim Reller. „In einer Tonne Handyschrott aber stecken 200 bis 250 Gramm Gold, also vier- bis fünfmal so viel!"

Da hierzulande aber das Recycling geringer Mengen meist noch viel zu teuer ist, wird Elektronikschrott häufig unter falscher Etikettierung beispielsweise nach Afrika exportiert, wo er auf Mülldeponien in Ghana und anderen Ländern Westafrikas landet. Dort ist seine Verwertung eine wichtige Einnahmequelle: In Accra, der Hauptstadt Ghanas, leben beispielsweise angeblich rund 5000 Menschen von den Metallen, die sie aus Elektronikschrott herauslösen[127] – ohne Rücksicht auf die eigene Gesundheit. „Diese Arbeit ist oft die Lebensgrundlage für ganze Familien", sagt IZM-Forscher Middendorf, der sich in EU-Hilfsprojekten in Westafrika[128] engagiert. Am Rand von Accra sieht man Kinder, die Kabel verbrennen, damit sie an das Kupfer der Leitungen herankommen. Es ist ein wichtiger Rohstoff, den sie zu Geld machen können. Was sie dabei nicht bedenken – und offenbar stört es auch sonst niemanden –, ist die Tatsache, dass sie dabei die giftigen Dämpfe einatmen, die bei der Verbrennung der Kabel entstehen. Beobachter berichten, dass das Vorgehen der Kinder in Ghana kein Einzelfall ist: Ähnliches wurde auch in indischen Städten und in Dakar im Senegal beobachtet.[129]

TRENNUNG AUF MOLEKULARER EBENE

Je enger Werkstoffe miteinander verbunden sind, desto schwieriger ist es naturgemäß, sie wieder zu trennen. „In der Automobilbranche etwa werden heute leichte Hochleistungswerkstoffe zu Hybridbauteilen kombiniert, Montageträger und Dachstrukturen etwa bestehen aus solchen Bauteilen. Diese werden in der Morgenstadt ebenfalls zum Recycling anstehen. Solche Hochleistungswerkstoffe erfordern aber neue Trenn- und Sortiertechniken", sagt Dr. Jörg Woidasky vom Fraunhofer-Institut für Chemische Technologie ICT. „Mit konventionellen Recycling- und Produktionsprozessen werden sich Primärrohstoffe künftig in vielen Fällen nicht mehr wirtschaftlich sinnvoll ersetzen lassen." Deshalb wollen die Wissenschaftler sogar bis hinunter zur kleinsten erforderlichen, das heißt bis zur molekularen Ebene gehen: „Molecular Sorting" nennt sich dieses Vorgehen.

Wie so etwas aussehen kann, demonstrieren Forscher des ISC am Beispiel von Glas, einem mineralischen Rohstoff. Für Photovoltaik und Solarthermie sind Gläser erforderlich, die extrem wenig Eisen enthalten, da dieses die Lichtdurchlässigkeit senkt. Die Wachstumsdynamik dieser Branche ist aber so groß, dass weder die natürlichen eisenfreien Rohstoffquellen noch die Recyclingmenge von ausgedienten PV-Modulen mit hochtransparenten Gläsern ausreichen. Hier bietet sich Flachglas als Rohstoffquelle an, das bisher etwa zu billigem Behälterglas verarbeitet wird. Das Problem: Der Eisengehalt von Flachglas ist zu hoch. Bislang wird es chemisch entfärbt, dadurch erhöht sich die Transmission jedoch nicht.

ISC-Experten entwickeln jetzt Verfahren, welche das Eisen auf molekularer Ebene vom Glas trennen sowie verbleibende geringste Eisengehalte so umwandeln, dass die Transmission nicht mehr beeinträchtigt wird. Die Stofftrennung erfolgt bei rund 1500 Grad Celsius in der Glasschmelze. „Im Prinzip fischen wir in der Glasschmelze die Eisenatome heraus", sagt Dr. Jürgen Meinhardt. „Wir nutzen dabei Alt-Flachglas als Rohstoffquelle, um hochtransparentes Glas herzustellen."

Am besten wäre es natürlich, wenn Produkte von Haus aus so hergestellt würden, dass sie leicht wieder demontiert und sortenrein zerlegt werden können. Doch bisher steckt das recyclinggerechte Produzieren noch in den Kinderschuhen. In der Morgenstadt wird es wohl immer häufiger anzutreffen sein, denn es stellt das Grundprinzip aller Kreislaufwirtschaft dar: am Anfang schon ans Ende denken.

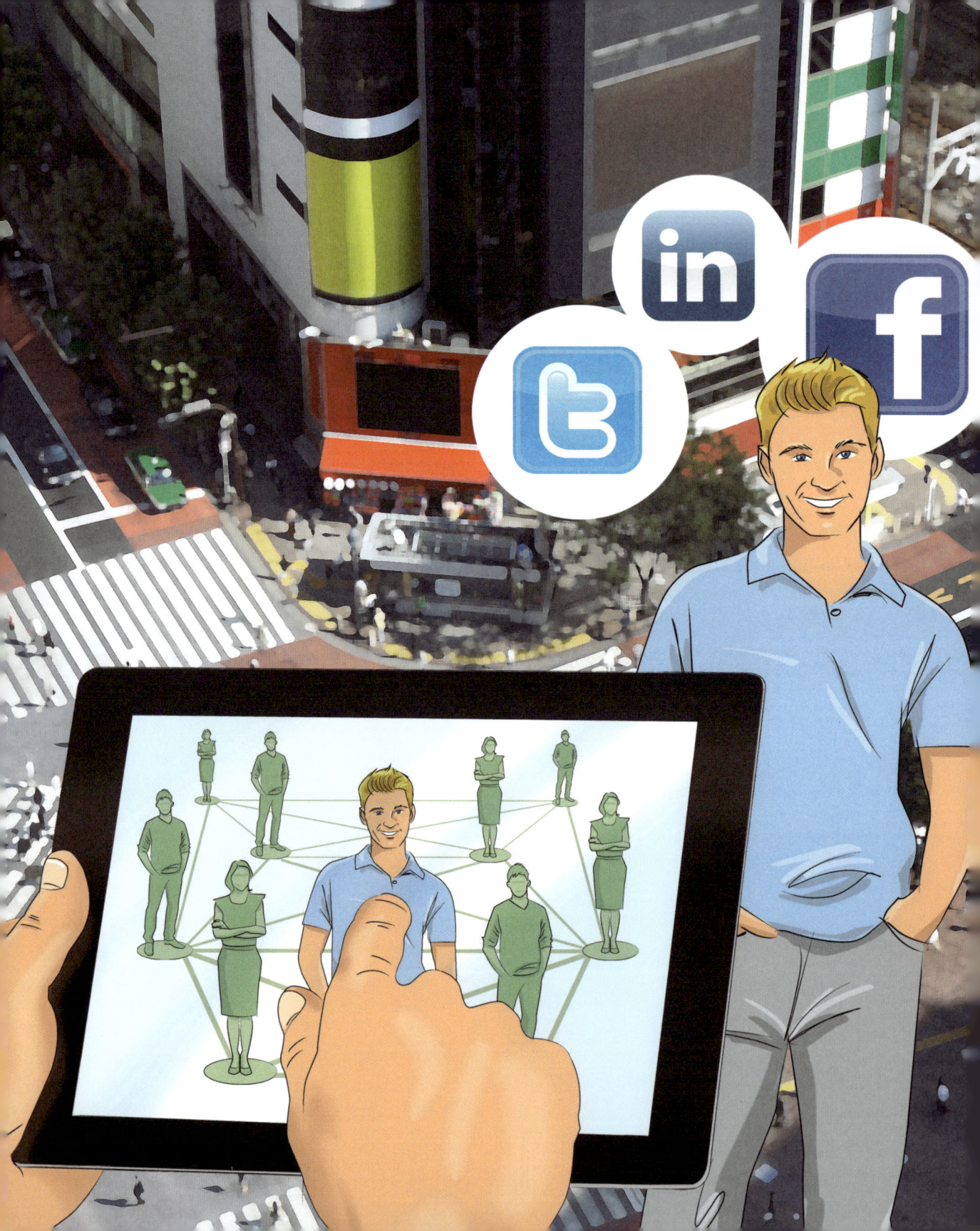

KAPITEL 9
KOMMUNIKATION

Immer und überall erreichbar zu sein bringt manchmal auch skurrile Situationen hervor: Während eines Besuchs im Wüstenstaat Dubai, wo wir Kontakte mit lokalen Industrievertretern und politischen Repräsentanten knüpfen, trifft ein Anruf der Bundeskanzlerin ein. Leider ist der Empfang etwas außerhalb der Stadt ziemlich schlecht. Allgemeine Hektik bricht aus, denn der direkte Draht zu Frau Merkel soll natürlich nicht an technischen Widrigkeiten scheitern. Die Lösung ist schnell gefunden: Auf einer Sanddüne, die in wenigen Minuten zu erklimmen ist, funktioniert das Netz wieder einwandfrei. Der Kommunikation zwischen Berlin und Dubai steht nichts mehr im Wege.

Singapur, 1. August 2010, kurz nach Mitternacht. Über dem Stadtteil Bukit Batok geht gerade ein Wolkenbruch nieder. Taxis – eines der wichtigsten Fortbewegungsmittel in der Stadt – würden dort dringend gebraucht. Die meisten halten sich aber zunächst im Zentrum viel weiter südöstlich auf. Das geht aus einer virtuellen Karte hervor, in der das Senseable City Lab am MIT in Boston Standortdaten von Taxis mit Wetterinformationen kombiniert hat. Sie zeigt auch die zeitliche Entwicklung der Taxiverteilung: Wo fahren freie Wagen hin, wo sind vorbestellte unterwegs? Die Auswertung der Daten ergibt noch eine weitere interessante Information: An diesem Tag kann man vom Zentrum aus mit dem Taxi durchschnittlich in 20 Minuten fast jeden Punkt der Stadt erreichen.[130]

Singapur, 6. September 2010, 16.40 Uhr: In der Stadt ist es heiß – alle Klimaanlagen laufen auf Hochtouren. Der Energieverbrauch ist hoch, es gibt zwei Hotspots: einen direkt im Zentrum und einen in der Hafenregion. Eine Karte des Senseable City Lab zeigt, wie in manchen Zonen der Stadt die Temperatur im Lauf des Tages um mehrere Grad ansteigt. Die Forscher haben dies aus einer Kombination von Energieverbrauch und Windgeschwindigkeit ermittelt. Ein Balkendiagramm macht auch die zeitliche Entwicklung sichtbar.

Singapur, 25. März 2011, 0.19 Uhr: 1763 Seecontainer werden in den nächsten zwölf Stunden im Seehafen umgeladen, der einer der wichtigsten Umschlagplätze der Welt ist. Eine Weltkarte von Senseable City macht deutlich, wo sie herkommen und wo sie hingehen: Viele kommen aus Hamburg, Australien und Südamerika, etliche gehen nach New York. Nur wenige bleiben in der südostasiatischen Stadt.

Singapur, 4. April 2011, 17.15 Uhr: Rush Hour. Die Menschen streben nach Hause. Wo sich gerade wie viele aufhalten, das lässt sich ebenfalls aus einem Diagramm des Senseable City Lab ablesen. Die Forscher haben dazu die Mobilfunkdaten und die Menge der Textbotschaften ausgewertet. Ein Bild zeigt nun, wie sie sich über die Insel verteilen. Jeder Einwohner in Singapur besitzt im Durchschnitt 1,5 Handys, und er benutzt sie auch. So lassen sich urbane Verteilungen sogar in Echtzeit anzeigen.

DAS LEBEN IN DER STADT SICHTBAR MACHEN

Diese beeindruckenden Bilder, die man nicht so schnell wieder vergisst, sind am MIT entstanden. Sie zeigen, dass eine Stadt ein Organismus ist, ein lebendiges Gebilde: Ständig wird sie durchströmt von Autos und Menschen. Informationen und Waren fließen hinein, heraus und durch sie hindurch. Tag und Nacht, Jahreszeiten, Wind und Wetter wechseln ständig, die Einwohner richten sich danach. Wie aber kann man ein solch riesiges, komplexes Gebilde erfassen, das sich sekündlich ändert? Satellitenfotos haben uns immerhin den geographischen Überblick von oben verschafft, über das tatsächliche Leben sagen sie jedoch nur wenig aus. Hier kommen den Forschern nun die modernen Kommunikationsmedien zu Hilfe. Jeder, der heute ein Handy bei sich trägt, kann lokalisiert werden, jeder Tweet, jede SMS hinterlässt Spuren, die man auswerten kann. In manchen Ländern ohne Festnetz telefonieren die Menschen nur mit mobilen Geräten, selbst in Europa sind sie weit verbreitet: In Tschechien beispielsweise nutzen 81 Prozent der Haushalte nur Handys zum Telefonieren, in Österreich 47 Prozent, in Deutschland rund 12 Prozent.[131]

Der kanadische Künstler Jer Thorp hat an einem Beispiel verdeutlicht, wie sich die Spuren der Mobiltelefone sichtbar machen lassen: Eine Erdkugel dreht sich vor unseren Augen, und wie Feuerwerkskörper schießen an vielen Orten farbige Punkte hoch: An manchen Stellen sind sie besonders dicht und groß, an anderen gibt es nur wenige. Die bunte Welle schwappt rund um den Globus: Sie zeigt, wie viele Menschen an einem Tag wann und von wo aus per Twitter „guten Morgen" gewünscht haben.[132] Thorp hat dazu 11 000 Guten-Morgen-Tweets in 24 Stunden ausgewertet und sichtbar gemacht: Grüne Säulen zeigen Tweets in aller Frühe, Orange steht für Wünsche rund um 9.00 Uhr, und rote Säulen stammen von Spätaufstehern. Wer außerhalb dieser Zeit „guten Morgen" twittert, ist schwarz eingefärbt. So faszinierend der kleine Film ist, Thorp meint dennoch: „Ich gebe zu, dass das keine besonders nützliche Visualisierung ist", denn er hat sie eigentlich mehr zum Spaß angefertigt.

Dass solche Darstellungen in der Morgenstadt aber zu weit mehr dienen können als nur zur Unterhaltung, macht seit 2005 der italienische Architekt Professor Carlo Ratti als Vorreiter der Echtzeitkartierung deutlich.[133] In seinem „Senseable City Lab" am MIT in Boston entwickelt er mit seinem Team Darstellungen wie die oben geschilderten Filme des Projekts LIVE Singapore!, die das Leben in einer Stadt bildlich vor Augen führen, die aber gleichzeitig Stadtplanern helfen können, Verbesserungen in der Struktur von Metropolen zu entwickeln.

Dirk Hecker, Geograph am Fraunhofer-Institut für Intelligente Analyse- und Informationssysteme IAIS in Sankt Augustin, nutzt ebenfalls diese neuen Möglichkeiten, um daraus Wissen zu extrahieren. „Wir sprechen von Mobility Mining", sagt der Wissenschaftler, „und wir stellen unseren Kunden aus der Werbung, der Immobilien-, Telekommunikations- oder der Automobilbranche Informationen zur Verfügung, die man früher mit konventionellen Mitteln nur sehr schwer ermitteln konnte."

So hat er beispielsweise herausgefunden, dass in Köln in der Schildergasse pro Tag die meisten Fußgänger in ganz Deutschland entlanggehen. So etwas ist für die Werbewirtschaft interessant, denn sie will wissen, wo in einer Stadt es sich lohnt, Plakate aufzustellen. „Um herauszufinden, wo täglich wie viele Personen vorbeikommen, mussten wir früher Leute an die Straßen stellen, die Passanten und Autos zählten", sagt Hecker, „dazu kamen Daten aus automatischen Autozählungen mit Induktionsschleifen. Das ist bei fast 7 Millionen Straßenabschnitten in Deutschland natürlich ein riesiger Aufwand." Die Lage besserte sich, als kleine GPS-Geräte verfügbar waren. In einer gemeinsamen Studie mit der agma Arbeitsgemeinschaft Media-Analyse e. V. stattete das Institut 12 000 repräsentative Probanden in allen deutschen Großstädten mit GPS-Geräten aus und verfolgte deren Wege sieben Tage lang. „Das heißt, wir wissen, wann sie aus dem Haus gegangen sind, wie lange sie außer Haus waren und wie viele unterschiedliche Wege eine Person begangen hat. Daraus entstehen enorme Datenmengen, die man zunächst verarbeiten muss"[134], so Hecker. Die Forscher leiteten aus den Ergebnissen Mobilitätsmuster ab, die sie auf ganz Deutschland verallgemeinern konnten, und fertigten Mobilitätsmodelle an, die für alle Straßenabschnitte hierzulande prognostizieren, wie viele Personen dort entlanggehen oder -fahren.

Seit sie auch Mobilfunkdaten heranziehen, sind die Aussagen der IAIS-Wissenschaftler noch genauer geworden: „Wir werten Netzperformance-Daten aus, die von den Mobilfunkmasten stammen", sagt Hecker. „Daraus erfährt man, wie viele Menschen wann in bestimmten Funkzellen telefoniert haben. Alles bleibt aber völlig anonym und berücksichtigt den Datenschutz." Will man aber auch noch wissen, wie alt die Personen sind und ob es sich um Mann oder Frau handelt, muss man auf die Abrechnungsdaten der Mobilfunkanbieter zurückgreifen. „Um hier die Anonymität zu wahren, setzen wir Technologien ein, die diese Personendaten unkenntlich machen. Wir fassen sie in Gruppen zusammen und verschleiern somit die individuellen Informationen. Dieses Vorgehen lässt keinen Rückschluss mehr auf Einzelpersonen zu, die Privatsphäre bleibt gewahrt", so der Forscher.

In der Morgenstadt werden Personen zu Sensoren, weil sie durch ihr Handy jederzeit lokalisierbar sind. Das bedeutet: Allein in Deutschland sind damit potenziell rund 84 Millionen Sensoren unterwegs. Das eröffnet Möglichkeiten, die heute noch kaum vorstellbar sind. Man kann die Informationen dazu nutzen, an jeder Ecke auf digitalen Werbeflächen die passenden Angebote einzuspielen, aber auch für die Planung der Infrastruktur oder für Aufgaben wie den Katastrophenschutz. So wurde nachträglich bekannt, dass beim Love-Parade-Unglück in Duisburg die Informationen über die Vorgänge an den kritischen Stellen per Mobilfunk sofort nach außen drangen, die Rettungskräfte brauchten länger, um zu erkennen, was vorging. Auch die Meldungen über ein Erdbeben verbreiteten sich über Twitter schneller als über die offiziellen Warnsysteme. Wenn es beispielsweise gelingt, mit Hilfe von solchen digitalen Informationen Prognosen für den Katastrophenschutz zu machen, könnte das viele Menschenleben retten.

SMART CITY – DIE INTELLIGENTE STADT

Die Informations- und Kommunikationstechnologie wird in der Morgenstadt eine überragende Rolle spielen, und zwar in fast allen Bereichen. „Neben Nutzern mit schon heute weit verbreiteten Endgeräten wie Smartphones oder Notebooks werden beispielsweise Fahrzeuge, Straßen, Gebäude oder Haushaltsgeräte in die neue Infrastruktur eingebunden", schreiben Forscher des Fraunhofer-Instituts für offene Kommunikationssysteme FOKUS in Berlin. „Im Zentrum steht nicht mehr die einfache Verbindung zwischen zwei Personen oder Endgeräten, sondern die Vernetzung unzähliger Nutzer, Geräte und Systeme untereinander über das mobile Internet." [135]

Wie schon geschildert, werden die neuen Technologien mit Hilfe von Smart Grids dafür sorgen, dass dezentral erzeugte Energien sinnvoll und preisgünstig verteilt werden, und sie werden die Gebäude so steuern, dass diese möglichst wenig Energie verbrauchen. Im Inneren der Häuser sorgen die Smart Grids für Komfort und Sicherheit der Bewohner, im Gesundheitswesen ermöglichen sie rationellere Strukturen.

Sie werden ferner unerlässlich sein, um die Verkehrsströme zu kanalisieren und die unterschiedlichen Transportmittel aufeinander abzustimmen. Dies gilt nicht nur für den Personenverkehr, sondern auch für die Logistik von Warenströmen. Auch in der Produktion werden sie mit Hilfe der RFID-Technik einen immer größeren Raum einnehmen, die die Verfolgung von Dingen in der realen Welt ermöglicht (siehe dazu auch das Kapitel Ver- und Entsorgung). Und künftige Technologien werden die Stadt immer sicherer machen: „Intelligente, selbstheilende Netze und Informationssysteme werden in Zukunft Ausfälle und sicherheitskritische Angriffe erkennen und selbständig Gegenmaßnahmen ergreifen", schreiben Fraunhofer-Forscher in einer Konzeptstudie.[136]

Immer stärker werden auch Fahrzeuge in die mobile Kommunikation mit einbezogen. Künftig werden Autos einerseits zu rollenden Internetusern, andererseits werden sie auch intern ähnliche Techniken benutzen wie das Internet, um die Daten im eigenen System zu steuern. Damit es da zu keinem Durcheinander und zu keinen ungewollten Übergriffen kommt, sind umfangreiche Sicherheitsmaßnahmen nötig. „Die Fahrzeughersteller bauen die Kommunikation in der Regel in Form eines Schalenmodells auf", sagt Peter Schoo von der Fraunhofer-Einrichtung für Angewandte und Integrierte Sicherheit AISEC. „Den Kern bildet der Fahrer, der über ein extrem zuverlässiges Netz verfügen muss, das die Technik im Auto steuert, wie Bremsen, Motor, ABS, Scheibenwischer und Ähnliches. Das darf nicht angreifbar sein. Die nächste Schale betrifft alle Systeme, die für Komfort zuständig sind, also zum Beispiel die Rückfahrkamera, Musik oder die Inboard-Kommunikation. Und die äußerste Zone übernimmt den Kontakt zur Außenwelt." Logisch, dass es verschiedene Betriebsmodi geben muss: So muss bei notwendigen Reparaturen die Werkstatt die Möglichkeit bekommen, auch ins innerste System einzugreifen. All dies wird durch Protokolle geregelt, die weltweiten Standards unterliegen.

RECHNEN IN DER WOLKE

Der Bewohner der Stadt von morgen wird nicht nur Sensor sein, der Daten über sein Verhalten preisgibt, sondern er wird selbst ganz neue Möglichkeiten der Information bekommen. Er wird immer und überall Zugriff haben auf alles, was er wissen will. Dazu verhilft ihm die Cloud, also die Datenwolke, in der künftig alle Inhalte verfügbar und jederzeit abrufbar sein werden.

„Cloud Computing", zunächst nur ein Schlagwort, findet mehr und mehr Anhänger. Es handelt sich dabei um die Verlagerung von Rechen- und Speicherprozessen in Echtzeit auf auswärtige Computer, die übers Internet zu erreichen sind. So hat der Einzelne Zugriff auf beliebig viel Rechnerleistung und Speicherplatz – weit mehr, als sein eigener Computer ihm bietet. Insbesondere für Unternehmen stellt das Cloud Computing eine Möglichkeit dar, schnell und flexibel auf wirtschaftliche Herausforderungen zu reagieren, muss doch Hard- und Software nicht kostenträchtig im eigenen Haus vorgehalten und gewartet werden.

Seinen Namen hat das Konzept, das seit einigen Jahren die Netzarchitekten umtreibt, von dem Symbol, mit dem in Diagrammen gern das Internet dargestellt wird, nämlich als Wolke. Und ebenso wolkig wie die Bezeichnung ist zunächst noch die konkrete Ausfüllung des Begriffs. Da gibt es Streit um Definitionen, um die Abgrenzung gegenüber anderen Konzepten und um die Frage, wie umfassend das Cloud Computing eigentlich aufgefasst werden muss. Gehört nicht das Empfangen und Versenden von E-mails auch schon dazu? Oder das Pokerspielen mit unbekannten Partnern im virtuellen Raum? Immer wieder gab es auch alarmierende Meldungen über Pannen, die potenzielle Anwender nicht gerade ermuntern, ihre IT-Prozesse einer diffusen Wolke anzuvertrauen.

Dennoch glauben viele, dass Cloud Computing die Zukunft der Kommunikationstechnik maßgeblich beeinflussen wird. Allerdings lauern im Netz auch vielfältige Gefahren: Was passiert beispielsweise, wenn beim Cloud Computing Daten verlorengehen? Theoretisch könnte dabei die Existenz von ganzen Firmen auf dem Spiel stehen, wenn deren Daten im Nirwana verschwinden, weil das Angebot eines Cloud-Dienstleisters durch eine technische Störung nicht mehr erreichbar ist – oder der Cloud-Provider pleitegeht. Fachleute des Fraunhofer-Instituts für Sichere Informationstechnologie SIT in Darmstadt machen sich darüber natürlich Gedanken. Bei den Eberbacher Gesprächen zum Thema Cloud Computing hat das Institut zusammen mit Unternehmen hierzu Ideen entwickelt, berichtet Institutsleiter Michael Waidner. Denkbar wäre etwas Ähnliches wie der Anlagensicherungsfonds bei Banken. „So wie dieser einspringt, wenn eine Bank pleitegeht, könnte man beim Cloud Computing versuchen, die Daten abzusichern, wenn ein Provider sein Angebot nicht mehr aufrechterhalten kann."

Manche Unternehmen nutzen die Cloud dazu, ihre Firmendaten dort als Backup zu speichern. Wie Forscher des SIT in einer Studie feststellten, bieten die meisten der aktuellen Cloud-Speicherdienste aber keine ausreichende Sicherheit. Deshalb haben sie mit OmniCloud eine eigene Softwarelösung entwickelt, die Daten lokal verschlüsselt, bevor sie in die Cloud wandern. Außerdem bieten sie eine Art Umzugsservice, wie man ihn aus dem Bereich der Stromanbieter kennt. Dadurch verhindert die Software des SIT, dass Unternehmen ungewollt von einem Provider abhängig werden. Gleichzeitig hilft das Programm Speicherplatz und damit Kosten sparen. „Oft sind Dateien im Unternehmen mehrfach vorhanden. Schickt der Chef zum Beispiel eine Rundmail an alle Mitarbeiter, dann liegen dieselben Daten auf zahlreichen Rechnern. OmniCloud findet diese Dopplungen und berücksichtigt sie bei der Backup-Erstellung", sagt Michael Herfert vom SIT.

Ein anderes Problem ist die Vertraulichkeit von Informationen, die nicht in andere Hände gelangen dürfen, selbst wenn man auf fremden Computern rechnet. Auch die Einhaltung des Datenschutzgesetzes und anderer Vorschriften muss gewährleistet sein. Für derartige Fragen gibt es in den Cloud-Konzepten vielfach noch kein ausgeprägtes Bewusstsein. Damit jeder Anbieter aber die Sicherheitsinteressen seiner Kunden perfekt bedienen kann, bietet die AISEC nun einen „Cloud Leitstand" an, den sie individuell den Gegebenheiten jedes Providers anpasst. „Er funktioniert ähnlich wie der Leitstand in einem Industriebetrieb", sagt Dr. Niels Fallenbeck, der dafür verantwortlich ist. „Der Anbieter kann jederzeit erkennen, wo sich welche Daten befinden und welchen Einschränkungen sie jeweils unterliegen. So dürfen manche Daten beispielsweise die Grenzen des Bundeslandes nicht überschreiten. Mit dem Cloud Leitstand kann der Provider das sicherstellen und seine Kunden jederzeit über den Systemzustand informieren."

KOCHEN AUF DEM MONITOR

Als Endgeräte werden die Bürger wohl weiterhin ihre Smartphones nutzen, aber es dürfte auch neue Erfindungen geben: Brillen, in die die Informationen je nach Standort automatisch eingespiegelt werden, Kleidung, die über Lautsprecher im Kragen mit dem Träger kommuniziert, oder Tablets, die man bei sich trägt oder die im Auto angeschlossen sind. Große, extrem dünne oder auch durchsichtige Displays werden die Stadt erobern: Bald wird man sie in Verkehrsmitteln und an vielen Hauswänden sehen, vielleicht sogar im Fußboden. Wer will, kann sein Wohnzimmer damit auskleiden, und im Büro wird man nicht mehr auf die Schreibtischmonitore beschränkt sein. Auch Kochherde mit Monitor unter der Ceranplatte sind denkbar.[137]

All diese Geräte müssen natürlich erst einmal entwickelt und ihre Verbindung zu Informationsplattformen sowie Schnittstellen zu den Datenquellen hergestellt werden – eine gigantische Aufgabe für Softwarespezialisten, der sich mehrere Fraunhofer-Institute widmen. „Das Internet der Zukunft wird die Kommunikation, wie wir sie heute kennen, revolutionieren", so FOKUS. „Ziel ist es, verschiedene, bereits bestehende Kommunikationsnetze miteinander kompatibel und interoperabel zu gestalten. So kann eine flexible Kommunikationsinfrastruktur entstehen, die Datenübertragungen beim Netzwechsel nahtlos und ohne Qualitätseinbußen ermöglicht und sich selbst permanent kontrolliert und wartet, so dass stets das höchste Maß an Sicherheit und Zuverlässigkeit gewahrt bleibt."

Den sicheren Austausch von vertraulichen Daten kann beispielsweise eine Technologie gewährleisten, die die AISEC unter dem Namen „Tab'n'Drop" entwickelt hat. „Bisher machte man das entweder mit einem USB-Stick oder per verschlüsselter Email", sagt AISEC-Chefin Professor Claudia Eckert. „Doch das war entweder nicht hundertprozentig sicher oder sehr unbequem. Deshalb haben wir ein Verfahren entwickelt, das sicher und einfach ist. Man muss nur mit dem Smartphone den Funkchip berühren." Tab'n'Drop beruht auf dem NFC-Standard (Near Field Communication), der bald in allen Smartphones und in Zukunft wohl auch in Computern verfügbar sein wird. Zudem nutzt es Speicher in der Cloud als sicheren Ablageort — unabhängig vom Cloud-Anbieter, weil die Daten stets verschlüsselt sind und der Schlüssel sich auf dem Smartphone befindet. Da die Reichweite des NFC-Chips nur sehr gering ist, können die Daten nicht von außen gelesen werden, außerdem gilt der Schlüssel jeweils nur für die Dauer einer definierten Session.

DATEN FÜR ALLE ZUGÄNGLICH

Professor Ina Schieferdecker, die am FOKUS das Projekt „Berlin Open Data" gegründet hat, weiß, welche Voraussetzungen für die Kommunikation in der Morgenstadt nötig sind: „Sie braucht eine Plattform für urbane Daten, Dienste und Applikationen im technischen und organisatorischen Sinne. Zum einen wird eine technische Infrastruktur zur Integration und Bereitstellung der heterogenen und verteilten Datenquellen benötigt, zum anderen ein organisatorisches Rahmenwerk. Dieses regelt die Bereitstellung, Aufbereitung, Weitergabe und Nutzung der Daten für die beteiligten Akteure — prozesstechnisch, rechtlich und wirtschaftlich." Sie und ihr Team arbeiten daran und haben schon eine ganze Reihe von praktischen Beispielen vorzuweisen. Die Forscherin verweist auf gesellschaftspolitische Forderungen und den Erfolg der Piratenpartei. Sie ist überzeugt: „Es führt kein Weg mehr an der Öffnung öffentlicher Datenbestände und deren Nutzbarmachung über die Grenzen der Verwaltung hinweg vorbei."

Erste Schritte gibt es bereits, etwa das Open-Data-Portal Berlin[138], in dem Interessierte viele Daten über Berlin abrufen können, die bisher nur sehr schwer zugänglich waren. Und die Bewegung geht weiter; in der Morgenstadt werden solche Portale wohl selbstverständlich sein. So meint Ina Schieferdecker: „Immer mehr Städte und Kommunen bekennen sich zu Open Data und öffnen ihre Datenbestände. Bald werden viele gutausgestattete und miteinander vernetzte Open-Data-Portale existieren. Dann lassen sich nicht nur die Einwohnerdichten und Altersstrukturen von einzelnen Stadtteilen europäischer Großstädte im Zeitverlauf visualisieren, sondern auch mit weiteren Merkmalen wie Lebenszufriedenheit und Bruttoinlandsprodukt pro Einwohner korrelieren. Open Data eröffnet vollkommen neue Nutzungs- und Entwicklungsmöglichkeiten für Bürger, Unternehmen und öffentliche Institutionen. Open Data ist bei weitem keine Utopie mehr. Open Data ist im Alltag angekommen."[139]

BÜRGER UND VERWALTUNG – ENGER VERNETZT

Beispielsweise im britischen Stoke-on-Trent. Dort gab es immer wieder Grund zur Klage: So beschwerten sich Bürger etwa, es habe abends auf dem Nachbargrundstück Müll gebrannt. Andere fanden, dass auf bestimmten Gehwegen zu wenig Schnee geräumt werde und dass die Kisten mit Streumaterial immer leer seien. Wieder andere meldeten, dass ein zerschlissenes Sofa einfach am Straßenrand herumstehe. Auch Lärmbelästigung gab es, Graffiti und Schlaglöcher in den Straßen. All dies berichteten besorgte Anwohner über ihren PC an die Stadtverwaltung. Die Internetseite fixmystreet.com macht das landesweit möglich. Hier kann jeder Beschwerden eingeben und sich über Missstände in der Nachbarschaft informieren. Die Seite ist sehr beliebt, denn kaum jemand macht sich die Mühe und schreibt einen Brief an seine Stadtverwaltung oder versucht, telefonisch den richtigen Ansprechpartner zu bekommen, wenn ihm etwas im näheren Umkreis auffällt. So aber ist die Behörde nur wenige Mausklicks entfernt.

Schlaglöcher oder eine kaputte Parkbank: Jeder sieht diese oder ähnliche Probleme laufend im öffentlichen Raum. In der Stadt der Zukunft kann man die richtige Stelle in der öffentlichen Verwaltung elektronisch darauf aufmerksam machen. Mashup-Technologie und mobile Anwendungen erlauben es, entsprechende Lösungen umzusetzen. Das Wort „mashup" kommt aus dem Englischen von „to mash", zu Deutsch vermischen, neu kombinieren, und es bezeichnet die Kombination von Daten, Präsentationsformen oder Funktionalität aus unterschiedlichen Quellen, um damit neue Dienste zu erstellen. Die britische Webseite ist quasi die Urmutter derartiger Anwendungen.

Davon inspiriert entwickelten Dr. Stefan Arbanowski und sein Team in Berlin diesen Ansatz weiter. FixMyStadt heißt die Internetseite, auf der die FOKUS-Forscher Bürgern bereits heute die Möglichkeit geben, schnell mit den richtigen Ansprechpartnern in der Verwaltung in Kontakt zu treten. Schadensmeldungen können per Mobiltelefon mit GPS-Koordinaten versehen und eingestellt werden. Der Bürger kann sich auch auf einfache Weise Übersicht verschaffen und nachschauen, ob dieselbe Beschwerde schon von anderen Personen eingegangen ist. „Damit kann jeder die zuständige Behörde sofort auf Beschädigungen des öffentlichen Raumes — wie Schlaglöcher und Risse in der Straße — aufmerksam machen", sagt Arbanowski. „So entsteht ein echter Mehrwert für alle Beteiligten: Die Bürger unterstützen ihre Verwaltung und können direkten Einfluss nehmen. Die Behörden treffen ihre Entscheidungen auf einer breiteren Grundlage und beheben Schäden zeitnah und wirtschaftlich."

In der Stadt der Zukunft lassen sich mit dieser Technologie viele Zwecke verfolgen: Neben dem Beschwerdemanagement kann man etwa den Einsatz von Fördermitteln plastisch darstellen, Restaurantkritiken mit dem Ergebnis staatlicher Hygieneuntersuchungen verknüpfen, die Auslastung verschiedener Flughäfen darstellen, um die Bereitstellung karitativer Hilfe im Katastrophenfall zu koordinieren oder Statistiken und andere Behördendaten leichter zugänglich zu machen.

Auch der Umgang mit EU-Behörden wird durch die neuen Netzwerke einfacher. Heute steht der Europäische Binnenmarkt zwar offen für den freien Verkehr von Personen, Waren, Dienstleistungen und Kapital. Das bedeutet, dass jeder Unionsbürger in der gesamten Europäischen Union leben, arbeiten, studieren und seinen sonstigen Geschäften nachgehen kann. In der Praxis existieren aber noch viele Hindernisse, etwa verschiedene Genehmigungsverfahren. Seit die EU im Jahr 2009 eine gesetzliche Regelung erlassen hat, ist das Anbieten von Dienstleistungen europaweit wesentlich einfacher geworden, etwa durch einheitliche Ansprechstellen im Internet.

Für den ausländischen wie den deutschen Unternehmer bringt dies beachtliche Vorteile: Er muss nicht mehr persönlich „aufs Amt" gehen, sondern kann seine Angelegenheiten von zu Hause oder von der Arbeit aus erledigen. Aber die Umstellung barg auch große Probleme: „Voraussetzung für die Umsetzung der EU-Richtlinie ist ein intelligenter Einsatz der Informationstechnologie", erklärt FOKUS-Forscher Uwe Holzmann-Kaiser, der Behörden bei der Umstellung beraten hat, „denn diese Anlaufstelle muss wesentlich mehr können als nur Formulare annehmen." Sie muss eingereichte Dokumente erfassen, prüfen und verteilen. Fehlt etwas, muss sie das fehlende Dokument nachfordern. Anschließend muss sie die Daten an die nachgeordneten Behörden weiterleiten und den Genehmigungsprozess koordinieren. Das System bindet dabei die einzelnen Verwaltungsbehörden, die beispielsweise an einer Gewerbeanmeldung beteiligt sind, ein: Gewerbeamt, Industrie- und Handelskammer, Finanzamt und weitere Genehmigungsstellen.

Moderne Kommunikationsnetze können auch mehr Teilhabe der Bürger an politischen Entscheidungen ermöglichen, etwa an der Diskussion über Neubauten, Naturschutzgebiete oder Verkehrsführungen. Das von der EU geförderte Projekt FUPOL (Future Policy Modeling) soll zu diesem Zweck eine umfassende wissenschaftliche Datenbank zur Verfügung stellen, die zum Beispiel statistische Daten, Rechtsgrundlagen und Bedürfnisse der Bevölkerung visuell darstellt. Politiker können sie nutzen, um zu testen, ob die eine oder andere Idee sinnvoll ist oder nicht. Damit könnten sich Entscheidungen effizienter an tatsächlichen Gegebenheiten und Erfordernissen orientieren. Fehler sind damit leichter vermeidbar und unpopuläre Maßnahmen einfacher zu vermitteln.

Forscher vom Fraunhofer-Institut für Graphische Datenverarbeitung IGD steuern zu dem Projekt unter anderem Lösungen für die intelligente Visualisierung bei. „Unsere

SemaVis-Technologie wird die Aufgabe haben, komplexe Entscheidungsverfahren übersichtlich und verständlich darzustellen", erklärt Kawa Nazemi. „Sie ist der Fährtensucher im Gesetzesdschungel und wird es den Betroffenen erleichtern, sich in die politischen Entscheidungsprozesse hineinzufinden." Bei SemaVis handelt es sich um ein Softwaregrundgerüst zur übersichtlichen Darstellung von Informationen. Damit werden die Auswirkungen neuer Verordnungen oder Gesetze durch deren Verknüpfungen leichter erfassbar. Wird etwa eine neue Baumschutzsatzung erlassen, zeigt die Software an, welche aktuellen Bebauungspläne und Bauvorhaben hiervon betroffen sind.[140]

Überhaupt werden Verwaltung und Behörden in der Morgenstadt ganz selbstverständlich auf das Internet zurückgreifen. So wie es in vielen Unternehmen heute schon gang und gäbe ist, dass die interne Administration ebenso wie die Kommunikation nach außen auf elektronischem Wege ablaufen. Dies bedeutet nicht nur ein Umdenken in der Servicefreundlichkeit, sondern die neuen Möglichkeiten werfen auch viele Fragen auf zur Neugestaltung von Zuständigkeiten, Weiterleitungen und Zugriffsberechtigungen. Das FOKUS in Berlin erforscht, welche Softwarearchitekturen und Sicherheitskonzepte dabei helfen, die Abwicklung reibungslos und sicher zu machen, und entwickelt hierzu Prototypen und Lösungen.

DAS SMARTPHONE ALS ZEITMASCHINE

In der Stadt von morgen wird es insgesamt viel leichter sein als heute, sich jederzeit Informationen zu verschaffen. Etwa wenn man als Tourist unterwegs ist oder Kunstwerke in Museen betrachten will. Das Allard Pierson Museum in Amsterdam, eines der bedeutendsten Archäologiemuseen Europas, beschritt deshalb einen neuen Weg, der Vorbild werden könnte für die Zukunft: Mit Hilfe der Technologie Augmented Reality (AR) gab es seinen Besuchern während einer Ausstellung zu seinem 75-jährigen Bestehen die Möglichkeit, sich in die Vergangenheit des römischen Forum Romanum zurückzuversetzen. Dazu haben die Museumsmacher große Fotos des Forums an die Wand gehängt, davor stand ein drehbarer Monitor. Richtet man ihn auf eine bestimmte Stelle des Fotos, erscheinen auf dem Monitor Informationen zu dem Ausschnitt, der zu sehen war. So erfuhr man beispielsweise, um welches Gebäude es sich handelt, wie es im Originalzustand ausgesehen hat, wozu es diente usw. Außerdem konnte der Besucher viele Informationen zum Forum Romanum und seiner Umgebung abrufen.[141]

Ähnliche Beispiele gibt es inzwischen auch für Smartphone. Die AR-Technik macht es möglich, dass ein Kamerabild vom Computer analysiert und einem echten Ort zugeordnet wird. Sobald klar ist, um welches Objekt es sich handelt, holt der Rechner aus einer Datenbank die dazu passenden Informationen und spielt sie ein. Schon bald werden derartige Möglichkeiten für mobile, virtuelle Reiseführer zur Verfügung stehen. Die Vision ist: Der Tourist hält das Gerät einfach vor eine römische Ruine, ein barockes Fürstenschloss oder ein historisches Fachwerkhaus, und schon erscheinen auf dem Schirm die passenden Informationen – digital animiert und auf die Wünsche des Benutzers zugeschnitten.

Wie so etwas in der Praxis aussehen könnte, haben IGD-Wissenschaftler in Darmstadt bereits bei einem Projekt namens „iTACITUS" erprobt. Dort programmierte ein Team um Michael Zöllner einen tragbaren Computer so, dass er als elektronischer Touristenführer für das Königsschloss Reggia di Venaria Reale nahe Turin fungierte – ein Weltkulturerbe der Unesco. Auf dem Bildschirm wird zum Beispiel dargestellt, wie der Prachtbau in vergangenen Jahrhunderten aussah.[142]

Auch auf der Darmstädter Mathildenhöhe kann man neuerdings mit Augmented Reality in die Geschichte eintauchen, und zwar mit der dARsein App für das iPhone. Sie veranschaulicht die Zeitgeschichte des Darmstädter Olbrich-Hauses. Das Team um Jens Keil bringt die AR-Technik damit zum Besucher live vor Ort. Die interaktive Foto-Zeitreise informiert über die Historie des Gebäudes. AR-Technik überlagert dazu historische Informationen auf Fotos, die der Besucher vom Gebäude aufnimmt. Die Bilder bestimmen somit den Blick auf die Geschichte. „Vergangenheit und Gegenwart werden dadurch vergleichbar", sagt IGD-Forscher Hugo Binder. „Das Smartphone wird zur interaktiven Zeitmaschine."

Erweiterte Realität wird künftig allerdings nicht nur touristischen Zwecken vorbehalten bleiben. Schon heute kommt die Technologie in vielen Bereichen des Alltags zum Einsatz: Monteure oder Reparatur-Servicekräfte können sich den nächsten Arbeitsschritt direkt in ihr Sichtfeld einblenden lassen; Designer können mit tatsächlich und virtuell anwesenden Kollegen am selben dreidimensionalen Modell arbeiten, Ergonomen können beispielsweise die Bedienelemente im Auto virtuell überprüfen und optimieren. Forscher am Fraunhofer-Institut für Nachrichtentechnik, Heinrich-Hertz-Institut HHI haben mit der Technologie etwa einen virtuellen Spiegel entwickelt, vor dem man Kleider anprobieren kann, ohne sie anzuziehen. Es handelt sich um einen Bildschirm, der den Betrachter wie in einem Spiegel zeigt – nur die Kleidung wird künstlich dazu eingespielt und angepasst. Das System analysiert das aufgenommene Videobild des Benutzers, der sich ohne Hilfsmittel frei bewegen kann, und schätzt die Deformationen und Schattierungen des Stoffes ab. So entsteht ein realistisches Bild des Betrachters in der virtuellen Kleidung.[143]

Auch ein interaktives Schaufenster haben HHI-Forscher entwickelt: Damit wollen sie den Einkaufsbummel zum besonderen Erlebnis machen. Passanten können Schaufensterauslagen künftig per Gesten bedienen. Vier Kameras erfassen die 3D-Positionen von Händen, Gesichtern und Augen und wandeln diese in Befehle um. Waren lassen sich so auswählen und sofort kaufen – auch nach Ladenschluss. Interessierte können sich zudem Produktinformationen wie Herstellerangaben, Farbe, Material, Preis und Verfügbarkeit anzeigen lassen. „Vergleichbares gibt es in Deutschland bislang nicht. Bis dato werden in Schaufenstern – wenn überhaupt – nur Touchscreens eingesetzt. Mit unserem ‚Interactive Shop Window' kann man jedoch berührungslos interagieren. Ein Plus für alle, die Wert auf Hygiene legen", so HHI-Forscher Paul Chojecki.[144]

Eine besonders persönliche Art der virtuellen Erweiterung ist die Augmented Identity, kurz a.id. Jeder Nutzer kann seine persönlichen Daten wie eine unsichtbare Blase mit sich tragen, und jeder, dem er die Zugangsberechtigung dazu erteilt hat, kann mit dieser Blase Kontakt aufnehmen. In einem Fraunhofer-Forschungsprojekt entwickeln Spezialisten des Fraunhofer-Instituts für Arbeitswirtschaft und Organisation IAO einen Anwendungsdemonstrator, der den Einsatz der a.id beispielsweise für die Verwaltung von

Kundenkontakten auf Veranstaltungen, Messen oder privat zeigt. Auf mobilen Geräten können die digitalen Gesichter anonym oder mit Namen frei verschickt und für verschiedene Personen, Gruppen oder Services unterschiedlich freigegeben werden.[145]

Für Leute, die gern flirten oder aber auf Tagungen Kollegen erkennen wollen, bietet beispielsweise die schwedische Softwarefirma The Astonishing Tribe eine App namens Recognizer an, die die Identität anderer Personen ermittelt. Aus einem Foto, das man mit dem Smartphone macht, extrahiert sie das Gesicht der Zielperson und versucht, sie in einer Datenbank in der Cloud wiederzuerkennen. Ist das geschafft, erfährt der Nutzer alle Daten, die über Facebook oder andere soziale Medien über die Zielperson verfügbar sind — sofern diese die Daten freigeschaltet hat.[146] Allein schon dieses Beispiel zeigt, dass hier in Zukunft vielfältige Möglichkeiten zum Datenmissbrauch oder mindestens zur Indiskretion liegen. So warnt Andreas Poller vom SecurITy Test Lab des SIT, Fotos von sich oder seinen Kindern beliebig ins Netz zu stellen. „Jeder ist auf Sicherheit bedacht, aber seine Handlungen stehen dem oft entgegen", sagt der Forscher.

EINTAUCHEN IN VIRTUELLE 3D-WELTEN

Je mehr die Kommunikationsgeräte Teil unseres Lebens werden, desto wichtiger wird es, wie man mit ihnen umgeht. „Die Verbindung zwischen Mensch und Technik sollte möglichst angenehm ablaufen", sagt Matthias Peissner vom IAO in Stuttgart. „Neben der Ergonomie sollten auch emotionale Faktoren wie Motivation, Spaß und Vertrauen eine Rolle spielen." Dies gilt insbesondere auch für den Bereich Ambient Assisted Living, der dafür sorgt, dass ältere und eingeschränkte Personen mit ihrer Umgebung kommunizieren können (siehe dazu auch das Kapitel Bauen und Wohnen). Alle Sinne können dabei angesprochen werden, und vielfach kann der Nutzer sogar in drei Dimensionen eintauchen. Was inzwischen beim Kino mehr und mehr in Mode kommt, ist mittlerweile auch fürs Fernsehen möglich. Das HHI in Berlin entwickelte sogar eine Technologie, die es erlaubt, 3D-Fernsehen ohne Brille zu betrachten. Viele Neuerungen kommen auch aus dem Spielesektor, vor allem in Hinblick auf intuitiven Zugang, Aufmerksamkeit und Konzentration.

In der Morgenstadt werden stationäre und mobile Kommunikationsmedien alltäglich sein und das Leben noch weit mehr prägen als heute. Ganz nebenbei werden sie auch etwas leisten, was Generationen von Politikern, Lehrern und Missionaren im Lauf der Jahrhunderte nie vollständig gelungen ist: „Das Handy wird die Welt alphabetisieren", sagt Professor Armin Reller von der Universität Augsburg, „denn gerade junge Leute wollen natürlich lesen, was auf dem Display steht." So werden nicht nur die Geräte klüger, sondern auch die Menschen, die mit ihnen umgehen.

Eine ganz neue Qualität erhält der Kontakt zwischen Mensch und Computer oder Telefon, wenn die Geräte anfangen zu verstehen, was der Benutzer meint. Matthias Peissner ist zwar skeptisch, was die generelle Spracherkennung von Maschinen angeht, zu intuitiv ist seiner Ansicht nach die menschliche Sprache. Aber für Spezialanwendungen ist es schon jetzt möglich, sich dem Computer sprachlich verständlich zu machen, sei es schriftlich oder mündlich.

„Semantische Analysen" nennen Forscher die Technik, Inhalte zu erkennen, und sie nutzen sie heute schon für Marktanalysen. Forscher des IGD arbeiten im Rahmen des Verbundprojekts „Signal Tracing"[147] daran, Markttrends zu erkennen und zu bewerten. Unternehmen müssen Trends frühzeitig identifizieren und mit Markt- und Technologieentwicklungen gezielt umgehen, um auf den steigenden Wettbewerbsdruck und die schnellen Veränderungen in ihrer Branche reagieren zu können. Sie müssen frühe Signale aus der großen Menge an verfügbaren Informationen herausfiltern, um rechtzeitig die richtigen Weichen zu stellen.

Die Software muss zum Beispiel erkennen, ob sich hinter dem Begriff „Golf" ein Auto, eine Sportart oder eine geographische Gegebenheit verbirgt. Menschen begreifen die Bedeutung aus dem Zusammenhang. Ein Computer kann dies nicht direkt erfassen. Ihm fehlt die Wortbedeutung, also die Semantik. Um sie zu erkennen, nutzen die Forscher Verfahren, die Informationen erheben, verarbeiten und darstellen können. So spüren sie Signale des Marktes auf, analysieren und bewerten sie. „Als eine Art digitale Kristallkugel soll Signal Tracing Entscheidungsträgern helfen, ihr Unternehmen auf Basis fundierter Erkenntnisse in sichere, erfolgversprechende Bahnen zu lenken", sagt Dr. Thomas Kamps, Geschäftsführer von ConWeaver, einer Ausgründung des IGD.

Signal Tracing ist nicht allein ein Computerprogramm. „Es geht darum, einen Kommunikationsprozess rund um frühe Anzeichen oder Trends zu etablieren", erklärt Dr. Rainer Vinkemeier, Geschäftsführer der Beratungsfirma C21 Consulting. „Weil die frühen Signale sehr vielschichtig sind, lassen sie sich im wirtschaftlichen Kontext oft schwer verfolgen und beurteilen. Entwickler und Innovationsverantwortliche erhalten mit Signal Tracing ein Instrument, das ihnen die Arbeit entscheidend erleichtert."

Dr. Melanie Knapp, Forscherin am IAIS, nutzt semantische Analysen auch dazu, die Reaktion des Publikums auf neue Produkte zu ermitteln. „Wenn beispielsweise ein neues Automodell auf den Markt kommt, tauschen sich sofort viele Leute in Foren darüber aus", erzählt sie. „Wenn der Hersteller diese Äußerungen analysiert, kann er daraus ablesen, wie sein Auto ankommt und ob es die Erwartungen erfüllt." Wenn diese Techniken erst einmal etabliert sind, kann man sich viele Anwendungen dafür vorstellen. „So haben wir schon jetzt eine App entwickelt, die Beurteilungen für Restaurants analysieren und mir bei Bedarf immer das Lokal in meiner Nähe nennen, das am besten abgeschnitten hat", sagt Knapp.

WIE KANN MAN MISSBRAUCH VERHINDERN?

Die zunehmende Vernetzung vieler Lebensbereiche wird für Wirtschaft und Gesellschaft ungeahnte Möglichkeiten öffnen — leider jedoch auch für Angriffe im virtuellen Raum. „Wie verwundbar moderne Gesellschaften durch ihre Verflechtung mit dem Internet geworden sind, wurde durch die Ereignisse in Estland im Jahr 2007 augenfällig", sagt Dr. Jens Tölle, Leiter Cyber Defense am Fraunhofer-Institut für Kommunikation, Informationsverarbeitung und Ergonomie FKIE in Bonn. „Damals war das Internet schweren Angriffen ausgesetzt, wodurch weite Teile des öffentlichen Lebens zum Erliegen kamen."

Zu der Zeit waren viele Angriffe durch infizierte Rechner, sogenannte Botnetze, gleichzeitig auf Banken, Wirtschaftsunternehmen und Behörden gestartet worden, die zu einer fast vollständigen Überlastung der Netze führten. Das hatte massive Auswirkungen auf das Alltagsleben, beispielsweise konnte man kein Geld mehr an Automaten abheben. Schwierig ist es, bei einem solchen Angriff den Verursacher zu identifizieren. Zunächst wurde vermutet, dass russische Regierungsstellen hinter dem Angriff steckten. Viele Experten gingen aber eher davon aus, dass es sich um eine Vergeltungsaktion russischer Nationalisten handelte, die damit gegen die Versetzung eines sowjetischen Denkmals protestieren wollten. Sie hatten offenbar von kriminellen Hackern Botnetze gemietet, die den Angriff ausführten. Eine Verteidigung gegen diese Angriffe war sehr schwierig, die Lage besserte sich erst, als die Angriffe eingestellt wurden.

Spätestens seit diesem Vorfall ist klar, dass der Cyberspace ganz eigene Verteidigungsstrategien erfordert. Es ist ein ewiger Kampf: Kriminelle denken sich Angriffe auf Computer aus und schicken sie durchs Internet, während Software-Entwickler in Firmen und Behörden versuchen, diese abzufangen und die Nutzer vor Schaden zu bewahren. Aber kaum ist ein gefährlicher Code geknackt, erscheint wieder ein neuer im Netz. Solche Schadprogramme können in den infizierten Computern unerwünschte oder gar schädliche Funktionen ausführen, die meist unbemerkt im Hintergrund laufen, aber beträchtlichen Schaden anrichten. Dazu gehört die Manipulation oder das Löschen ganzer Dateien oder die unerwünschte Veränderung von Sicherheitssoftware, aber auch das ungefragte Sammeln von Daten zu Marketing-Zwecken oder zum Ausspionieren des Benutzers. Dadurch entsteht der Wirtschaft beträchtlicher Schaden.

Besonders unangenehm sind in diesem Zusammenhang Computerwürmer. Sie hängen nicht wie Computerviren an einer Datei, die der Benutzer aktiv öffnet, sondern verbreiten sich selbständig über Netze und versuchen, in andere Computer einzudringen. Tausende dieser Computerwürmer wurden bisher enttarnt, ihre Codes sind bekannt, deshalb können ihre Signaturen von passender Sicherheitssoftware, sogenannten Virenscannern, „erschnüffelt" und gebannt werden. Täglich kann aber neue Schadsoftware hinzukommen, die sich von der bisher bekannten unterscheidet. Eine der größten Bedrohungen geht von den Millionen „Cyber-Zombies" aus: Mit Schadprogrammen

(„Malware" = Malicious Software) infizierte Privat- und Firmencomputer werden –
meist unbemerkt von ihren Besitzern – über „Command-and-Control-Server" zu Bot-
netzen zusammengeschaltet und koordiniert zum Einsatz gebracht.

Im „Cyber Defense Lab" des FKIE werden Strategien entwickelt, um der Gefährdung der
Netze entgegenzuwirken. „Dabei gilt es, mit dem rasanten Fortschritt der Netzinfra-
strukturtechnologien und der gleichzeitigen Diversifizierung des Bedrohungspotenzials
Schritt zu halten", sagt Jens Tölle. „Das reicht von DoS-Angriffen, bei denen Computer
durch Überlastung lahmgelegt werden, und vom Versenden von Spam-Nachrichten
über zielgerichteten Informationsabfluss und Manipulation von Industriesteuerungs-
anlagen bis hin zum Ausspionieren von Nutzern, wie unlängst durch Beispiele wie
Conficker, Storm, GhostNet oder Stuxnet eindrucksvoll demonstriert wurde." Natürlich
lassen sich die FKIE-Forscher bei ihren Lösungsstrategien nicht in die Karten schauen,
damit eventuelle Gegner nicht vorgewarnt sind.[148]

Manchmal geht es aber gar nicht um ganze Netze, sondern um einzelne Angriffsstellen.
„Heute werden beispielsweise in Wasserkraftwerken die Schleusen noch über elektrische Kabel angesteuert", sagt Michael Waidner vom SIT. „In der Morgenstadt werden
aber viele derartige Dinge drahtlos ablaufen. Das ist zwar billiger, aber auch leichter
angreifbar." Um derartige Schwachstellen zu schützen, ist einerseits eine verschlüs-
selte Kommunikation nötig, andererseits aber auch eine ständige Beobachtung der
Systeme. Wenn sinnvolle Handlungsmuster durchbrochen werden, kann die Elektronik
Alarm geben. „Dazu muss man vorher definieren, was sinnvoll ist", sagt Waidner, „erst
dann kann die Software Anomalien erkennen."

Diese Strategie wird in der Morgenstadt auch helfen, Wirtschaftskriminalität zu erkennen. Unternehmen und Banken beobachten beispielsweise sämtliche Buchungen und
prüfen die Muster auf Plausibilität. Passieren beispielsweise besonders viele Mini-
Buchungen von nur wenigen Cent, ist das ein Hinweis, dass etwas faul ist. Oder gibt es
zeitliche Anomalien, etwa Überweisungen am Wochenende, ist ebenfalls Vorsicht
angebracht. Forscher entwickeln dazu Muster, mit denen Computer automatisch erkennen, wenn etwas aus dem Ruder läuft.

DAS EWIGE KREUZ MIT DEN PASSWÖRTERN

Wer kennt ihn nicht, den Wirrwarr mit den einzelnen Codes für Kreditkarten, Internet-zugänge, Mitgliedschaften oder für den Abruf persönlicher Informationen im Netz. „In der Morgenstadt wird das noch wesentlich weiter verbreitet sein", sagt Dr. Markus Schneider, stellvertretender Institutsleiter am SIT, „denn man wird für viele Dienstleistungen elektronische Codes benötigen: zum Carsharing, um ein Fahrrad zu mieten, für die Mitgliedschaft in einem Fitnessclub oder auch nur, um die Haustür zu öffnen. Kein Mensch kann sich all diese Geheimzahlen und -wörter merken." So speichern viele die Codes auf ihrem Handy und sichern die kleine persönliche Datenbank mit einem Master-Password ab. Geht das Handy verloren, sind sofort alle Zugangscodes in Gefahr. „Sie müssen sich das wie einen Schlüsselbund vorstellen, der Zugriff erlaubt auf eine Vielzahl von Räumen", so der Nachrichtentechniker. „Würde man ein extrem langes Passwort benutzen, wäre die Gefahr vielleicht nicht sehr hoch, aber die meisten Codes haben maximal zehn Stellen, mehr kann sich kaum jemand merken. Mit einem Wörterbuchangriff kann deshalb ein Dieb das Master-Passwort recht leicht knacken."

Schneider selbst war von der Situation so genervt, dass er sich eine besonders pfiffige Lösung ausdachte, um die Passwörter zu schützen: den MobileSitter.[149] Er und sein Team haben dafür ein Verfahren entwickelt, bei dem ein Hacker – oder seine Software – bei der Eingabe eines Master-Passworts nicht erkennen kann, ob er fündig wurde. Seine Entschlüsselungssoftware meldet ihm immer Erfolge, und die Codes, die er dann auf dem Handy findet, sehen so aus, als könnten sie korrekt sein, sind es aber nicht. Versucht er damit beispielsweise an einem Geldautomaten Bares abzuheben, wird er nach dem dritten Versuch scheitern. Wörterbuchangriffe oder der Test von Zahlenkom-binationen laufen so ins Leere, der Hacker muss aufgeben.[150]

Damit man in der Morgenstadt die umfassenden Möglichkeiten der Kommunikation ausnützen und ohne Bedenken gebrauchen kann, wird ein verbesserter rechtlicher Rahmen nötig sein, glaubt Peter Schoo vom AISEC. „Jeder muss die Möglichkeit haben zu wählen, welche Dinge er im Netz privat halten will. Es darf nicht sein, dass Daten automatisch mit anderen assoziiert werden, ohne dass ich als Nutzer das weiß." Auf jeden Fall rät der Forscher zwar zu einer gewissen „Datensparsamkeit", aber nicht zu autistischem Verhalten, das sich abschottet. „Es ist besser, Kontakte mit anderen zuzulassen, aber für ausreichende Netzsicherheit zu sorgen, damit die große Freiheit und Bequemlichkeit im Netz nicht erkauft wird durch unnötige Risiken."

KAPITEL 10
AUF DEM WEG ZUR MORGENSTADT

Nach Auslandsreisen, so interessant und ertragreich sie auch gewesen sein mögen, ist es immer wieder schön, nach Hause zu kommen. Man steigt in Stuttgart oder München aus dem Auto, Zug oder Flugzeug, und sofort umgibt einen die gewohnte Sicherheit, Verlässlichkeit, Pünktlichkeit. Dann spürt man: Moderne Technik allein ist es nicht, die unsere Städte lebenswert macht. Es gehört auch das Gefühl dazu, gut aufgehoben zu sein, Traditionen zu pflegen, Familie und Freunde zu haben und in einer Stadt zu leben, die man kennt und die nicht anonym und gesichtslos ist. All das macht einen großen Teil der Lebensqualität aus. Damit die Morgenstadt zum Erfolg wird, muss sie auf diese Bedürfnisse eingehen und ihren Bewohnern eine Heimat bieten.

Johannesburg ist nicht nur die größte Stadt in Südafrika, sondern auch ein Exempel dafür, was geschehen kann, wenn eine Metropole rasend schnell wächst. 1886 als Goldgräberlager gegründet, hatte sie schon nach zehn Jahren Großstadtgröße. Heute beherbergt sie rund 4 Millionen Einwohner im engeren Stadtgebiet, der Großraum umfasst sogar etwa 8 Millionen Menschen.

In diesen knapp 130 Jahren haben sich die einzelnen Stadtteile Johannesburgs komplett unterschiedlich entwickelt: Der eigentliche Stadtkern, gekennzeichnet von Hochhäusern, Bank- und Firmenpalästen und durchzogen von breiten Straßenschluchten, war ursprünglich das Geschäftszentrum, wurde aber nach und nach von afrikanischen Einwohnern übernommen und gilt heute für Weiße als gefährliches Pflaster. Banken, Unternehmen und Einkaufszentren sind weggezogen nach Sandton in die nördlich gelegenen Vorstädte. Dort — in einem Viertel ohne charakteristisches Gesicht — wohnen und arbeiten jetzt die Wohlhabenden, ihre Grundstücke sind gesichert durch hohe Mauern, Alarmanlagen und private Wachdienste.

Unmittelbar benachbart, nur getrennt durch einen winzigen, unsäglich verschmutzten Bach, befindet sich der Slum Alexandra. Hier leben rund 300 000 Menschen unter extrem schlechten Bedingungen in Wellblechhütten ohne sauberes Wasser, sanitäre Anlagen, reguläre Stromversorgung und befahrbare Straßen. Das Viertel gilt als einer der gefährlichsten Plätze Südafrikas, was angesichts der sozialen Kluft, die die Einwohner ständig vor Augen haben, nicht verwundert.

Soweto hingegen, das aus den einst berüchtigten südwestlichen Townships entstand, hat sich mit seinen geschätzten 3,5 Millionen Einwohnern im Lauf der letzten Jahre fast schon zu einer kleinbürgerlichen Großstadt entwickelt: So gibt es dort Schulen, Kirchen, Krankenhäuser, ein Straßennetz und eine Vielzahl von kleinen Gewerbebetrieben, sozialen Einrichtungen, Sportplätzen und Restaurants. Die Lebensbedingungen sind sehr bescheiden, aber inzwischen weit entfernt von einem Elendsquartier. [151]

Welche Ereignisse und Umschwünge steuern die Entwicklung einer Stadt? In Johannesburg war es zuerst die Entdeckung und Ausbeutung der reichsten Goldmine der Welt und danach die Apartheid, später deren Abschaffung. „In den Metropolen verdichten sich die menschlichen Probleme", sagt Wolfram Putz, Mitbegründer des Architekturbüros GRAFT in Berlin. „Da zeigt sich schnell, wie stark die politischen Institutionen sind: Gelingt es ihnen, Korruption zurückzudrängen und Partizipation der Bürger zuzulassen? Herrschen sie unkontrolliert diktatorisch? Oder überlassen sie alles der Selbstorganisation? Eine Stadt entsteht durch die Potenziale ihrer Akteure." Das gilt auch für die Metropolen der Zukunft: Dort ballen sich die Probleme wie unter einem Brennglas, dort wirken sich Fehler am stärksten aus, dort fokussieren sich ökologische Schwierigkeiten, dort entstehen soziale Konflikte am schnellsten.

Die Landflucht, die unvermindert anhält, sorgt dafür, dass in Asien, Afrika und Südamerika neue Metropolen aus dem Boden schießen. Dort leben Millionen Menschen, die arbeiten, sich bewegen und nach Möglichkeit auch ihr Glück finden wollen. Die Städte so zu gestalten, dass Fehlentwicklungen verhindert werden, sie funktionsfähig, sicher und resilient sind – also robust auf Störungen reagieren können – sowie flexibel auf neue Entwicklungen eingehen, ist eine enorme Herausforderung. Stadtplaner, Architekten, Soziologen, vor allem aber auch Wissenschaftler und Ingenieure müssen eng zusammenarbeiten, um diese Aufgabe zu bewältigen.

DIE NEUE VERNETZUNG

Neben den wirtschaftlichen Bedingungen sind es oft technische Errungenschaften, die das Wachstum und die Eigenart von Städten prägen. „Gäbe es die Erfindung der Klimaanlage nicht, wären Großstädte, wie wir sie heute kennen, in den heißen Ländern des Südens, in Arabien oder Afrika kaum denkbar", sagt Dr. Alexander Rieck, Architekt am Fraunhofer-Institut für Arbeitswirtschaft und Organisation IAO in Stuttgart. „Ein anderes Beispiel ist der Fahrstuhl. Erst seit es Aufzüge gibt, kann man in die Höhe bauen."

Und natürlich hat das Auto die Städte geprägt, im Guten wie im Schlechten. Manche Städte wurden extra daran ausgerichtet – Los Angeles wäre wie viele andere US-Metropolen ohne Auto nicht denkbar. Andere wurden durch die Autoflut in einer Art und

Weise verändert, die ihnen die Lebensqualität nimmt: In Peking, Karatschi oder Kathmandu etwa bestimmen verstopfte Straßen und kilometerlange Staus das tägliche Leben.

Wenn man einen Blick in die Zukunft wagt, wird – was die technische Seite angeht – die Kommunikationstechnologie wohl die bestimmende Größe sein, die die Morgenstadt prägt. Und es gibt allen Grund zur Hoffnung, dass sie die Städte besser, schöner und lebenswerter machen kann. Kann, aber nicht muss. Wie die vorhandenen technischen Möglichkeiten ausgestaltet werden, das liegt auch an denen, die es in der Hand haben, die Entwicklung einer Stadt zu steuern: den Politikern.

Fest steht: Die Morgenstadt wird in sich selbst und mit ihrer Umgebung noch viel enger vernetzt sein, als wir das heute schon kennen. Künftig wird die Energieerzeugung und -speicherung aufs engste mit der Mobilität verflochten sein, die Bauart von Häusern verändert sich mit der Art und Weise, wie wir Energie gewinnen und speichern müssen, wie wir mit unserem Wasser und Abwasser umgehen, die Luftqualität in den Städten wird unter anderem von den Ver- und Entsorgungsstrukturen bestimmt sein, und Kommunikationstechnologien werden unentbehrlich sowohl für die Verteilung von Energie als auch für die Steuerung des Verkehrs oder die Sicherheit.

Erfahrene Stadtplaner wissen das und berücksichtigen es bei ihren Vorhaben. So berichtet etwa Albert Speer: „In Shanghai haben wir für einen High-Tech-Park in einer Studie alle Infrastruktureinrichtungen vernetzt, von Wasser über Abwasser, Entsorgung, Reduktion des Verkehrs bis zu alternativen Energien, etwa Biogas. Dann kommt man zu Kreisläufen, die weniger Ressourcen verbrauchen, weniger Emissionen und weniger Müll produzieren. Das ist nachhaltig – technologisch ist das möglich, aber noch nicht verwirklicht."[152]

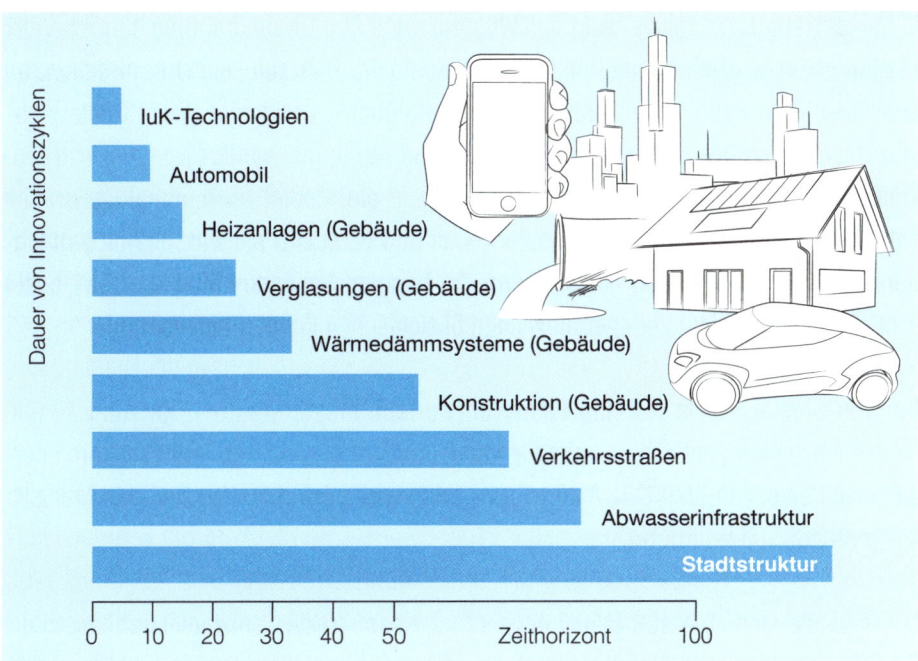

Innovationszyklen verlaufen sehr unterschiedlich. Urbane Technologien müssen daher anpassungsfähig und vorausschauend sein. Quelle: Fraunhofer IAO

Aus dieser Verknüpfung vieler Bereiche ergibt sich automatisch, dass künftig Branchen zusammenarbeiten müssen, die bisher auf eigene Faust tätig waren: „Autobauer kümmern sich nun um die Stromversorgung, Kommunikationsforscher unterstützen Stadtplaner, Informationstechniker helfen, die Energieverteilung zu optimieren", sagt Prof. Wilhelm Bauer vom IAO. „An den Schnittstellen entstehen Innovationen, die vieles verändern können." Er weist gleichzeitig darauf hin, dass man bei der Erneuerung der Städte die unterschiedlich langen Innovationszyklen im Auge behalten muss: „Die Wasserversorgung und Abwasserkanäle werden meist mehr als 100 Jahre genutzt, Gebäude 50 Jahre und mehr. Weit kurzlebiger als die Infrastruktur sind hingegen Fahrzeuge, und noch schneller ändert sich alles in der Kommunikationstechnologie, da bedeuten fünf Jahre schon mehrere Generationen." Entsprechend dieser Vorgaben muss man die Strukturen der Morgenstadt lang-, mittel- und kurzfristig planen und ihre jeweilige Erneuerung aufeinander abstimmen.

In Masdar, einem Vorzeigeprojekt des Wüstenstaats Abu Dhabi, hat man damit bereits begonnen, wenn auch momentan der Ausbau stockt. Hier soll „ein Ort entstehen, an dem Geschäfte florieren und Innovationen aufblühen", verspricht die offizielle Website.[153] „Masdar City ist eine moderne arabische Stadt, die wie ihre Vorgänger in Einklang mit ihrer Umgebung ist. Als solche ist sie ein Modell für nachhaltige urbane Entwicklung auf regionaler und globaler Skala und versucht, ein wirtschaftlich machbares Entwicklungsprojekt zu sein, das die höchste Lebensqualität und das beste Arbeitsumfeld mit dem geringst möglichen ökologischen Fußabdruck verbindet."

Der von Star-Architekt Norman Foster entworfene Musterstadtteil, für rund 47 000 Menschen geplant, soll ein Beispiel für Nachhaltigkeit werden: Die Stadt soll ihre Energie selbst erzeugen, den CO_2-Ausstoß so gering wie möglich halten und das Müllaufkommen auf Null reduzieren.

Die Gebäude sind so gestaltet und angeordnet, dass direkte Sonneneinstrahlung in die Räume vermieden wird. Damit und mit neuartigen Fassadenelementen spart man Energie für den Betrieb von Klimaanlagen, die in diesem Land mit seinen über 40 Grad Hitze im Sommer enorme Strommengen verbrauchen. Geothermieanlagen holen Energie aus tieferen Bodenschichten, und Norman Foster glaubt, dass sich allein durch den Einsatz derartiger Technologien bis zu 75 Prozent Energie einsparen lassen. Die dann noch nötige Energie wird durch große Solarkraftwerke am Rand des Stadtteils und außerhalb erzeugt.

Benzinbetriebene Autos bleiben in Parkhäusern am Stadtrand, und der Transport innerhalb Masdars wird CO_2-neutral mit Elektrofahrzeugen erfolgen. Fußgänger haben im Straßenraum Vorrang, eine enge Bebauung und teilweise auch Schattensegel, die nachts zur Kühlung geöffnet werden, schützen im Freien vor der Sonne. Ein System elektrischer Fahrzeuge für den öffentlichen Nahverkehr, die ihre Insassen autonom an ein gewünschtes Ziel bringen sollen, befindet sich planerisch noch im Anfangsstadium.

Das Projekt hat Stadtplaner auf der ganzen Welt aufgerüttelt und begeistert und einen Schub für ganzheitliches Denken bei der urbanen Planung ausgelöst. Allerdings erhebt sich auch Kritik von berufener Seite: Stadtplaner Albert Speer & Partner fragen beispielsweise, „was der Begriff ‚nachhaltig' in diesem Zusammenhang verloren hat, denn die geringe Einwohnerzahl steht in keinem Verhältnis zu den Kosten. Würden Planer das Masdar-Konzept auf die ca. 1,5 Milliarden Menschen anwenden, die in den nächsten 10 Jahren dem ‚Club Erde' beitreten, dann wären für diese Art von Nachhaltigkeit etwa 600 Billionen Dollar fällig – ziemlich viel, verglichen mit dem Weltbruttosozialprodukt, das im Jahr 2007 bei 65,5 Billionen Dollar lag … Fraglich ist, ob es überhaupt vernünftig ist, Städte in der Wüste zu bauen, ohne Hinterland, das sie versorgen könnte."[154] Gerd Hauser vom IBP meint dazu: „Deshalb beziehen wir beispielsweise beim Deutschen Gütesiegel für nachhaltiges Bauen die Ökonomie in die Betrachtung mit ein."

Masdar ist ein Experiment, und man kann aus den dort gemachten Erfahrungen lernen: Es gibt beispielsweise noch kein umfassendes klimaneutrales Wasserkonzept, Trinkwasser wird aus den Meerwasserentsalzungsanlagen an der Küste gekauft, die Solaranlagen müssen vorerst von Hand (und mit möglichst wenig Wasser) von den Salzkrusten befreit werden, die sich so nahe am Meer darauf bilden. Dennoch gehen wichtige Impulse von Masdar aus.

DAS PRINZIP DER KLEINEN ZENTREN

Wie wird die Stadt der Zukunft aussehen? „Bunt", so hofft Stadtplaner Wolfram Putz, „und pluralistisch. Ich will keine Orte, wo tagsüber nur gearbeitet wird und die abends menschenleer sind. Viel schöner sind doch gewachsene und bewährte Stadträume, wie etwa die Piazzas in Italien, an denen man wohnen und arbeiten kann, einkaufen, Kaffee trinken und plaudern und abends ausgehen. Eine durchmischte Stadt ist immer angenehmer als eine funktional getrennte, sozial segregierte Stadt."

Das vor uns liegende Jahrhundert gehört weltweit voraussichtlich einer Art von dezentralen Megacities: Sie sind aus mehreren Großstädten zusammengewachsen und haben deshalb nicht nur einen einzigen Stadtkern, sondern entsprechen einem städtischen Archipel mit vielen „Inseln". „Es sind die größten und komplexesten vom Menschen erzeugten Strukturen, die je erschaffen wurden", glaubt der Kulturökologe Herbert

Girardet, Forschungsdirektor der World Future Council Initiative in London. Begünstigt werden diese Superstrukturen, weil die Nutzung der Kommunikationstechnik preiswerter geworden ist, sowie durch ausgefeilte Transportsysteme und kulturelle Veränderungen im Lebens- und Arbeitsstil. Beispiele für diese Metropolen gibt es schon heute: Hongkong wächst mit den chinesischen Großstädten am Delta des Perlflusses zusammen, und zwischen Tokio und Osaka gibt es kaum mehr ein unbebautes Fleckchen. Rund 70 Millionen Menschen leben in dieser Megalopolis.

Auch Deutschland hat übrigens eine solche Region: den Ballungsraum Rhein-Ruhr mit 12,8 Millionen Menschen. Dort gibt es schon eine Vielzahl von Initiativen auf dem Weg zu umweltfreundlichen, nachhaltigen Städten. So hat beispielsweise Bottrop einen Wettbewerb des Initiativkreises Ruhr gewonnen und trägt nun offiziell den Titel InnovationCity. Damit ist sie Modellstadt für den Klimaschutz und soll internationalen Vorbild- und Vorzeigecharakter haben. Ziel des Projekts ist es, das gesamte Ruhrgebiet mittel- bis langfristig zu einer Niedrigenergieregion zu machen.[155] Das Fraunhofer-Institut für Umwelt-, Sicherheits- und Energietechnik UMSICHT koordiniert die Entwicklung von wissenschaftlichen Projekten. Um die Bürger mit ins Boot zu holen, gibt es eine intensive Beratung: Welche Umbauten für das Eigenheim sind sinnvoll, was kostet das, welche Zuschüsse gibt es? Auch Handwerker werden vermittelt. Dies ist ein wichtiger Teil des Projekts, denn letztlich müssen alle Bürger an der Morgenstadt mitbauen.[156]

An den Megacities zeigt es sich, ob Ansätze, die sich in kleineren Städten als erfolgreich erwiesen haben, auf große Metropolen übertragbar sind. Und so zynisch es auf den ersten Blick klingen mag: Trotz ihrer Defizite bei Hygiene und Sicherheit haben Slums manchen auf dem Reißbrett geplanten Städten einiges voraus. Sie sind organisch gewachsen, ihre Wege und Straßen dienen vor allem den Fußgängern, und viele ihrer Bewohner sammeln den Abfall der umgebenden Stadt und recyceln ihn sinnvoll. Und in ihnen gibt es nachbarschaftlichen Zusammenhalt und soziales Leben – Dinge, die in den autodominierten Großstädten häufig gar nicht mehr möglich sind. Fred Pearce glaubt deshalb, dass ein Weg zur Lösung der Versorgungsprobleme in Riesenstädten darin liegen könnte, Mechanismen aus den Slums zu studieren und in die moderne Stadtplanung zu übernehmen.

Auch Gerhard O. Braun, Leiter des Arbeitsbereichs Stadtforschung an der Freien Universität Berlin, stimmt dem durchaus zu: „Gewachsene Strukturen sind auf jeden Fall besser als das extrem schnelle Wachstum vieler Megacities, vor allem in China. Wenn Millionen von Menschen jährlich in die Städte ziehen, prallen sehr unterschiedliche Lebensstile unvermittelt aufeinander. Eine integrative Stadtentwicklung kann da kaum mehr stattfinden."

DIE TEILHABE DER BÜRGER

So wichtig die Rolle der Technik ist, die Morgenstadt muss in erster Linie eine Stadt für die Menschen sein, und das müssen ihre Bewohner auch als Chance begreifen. Die heute noch weit verbreitete Skepsis gegenüber öffentlichen Bauvorhaben oder Infrastrukturmaßnahmen lässt sich in Zukunft dadurch bekämpfen, dass der mündige Bürger teilnimmt an den Entscheidungen und den unmittelbaren Nutzen für sich und die Gemeinschaft erkennt. So lassen sich beispielsweise Windparks weit einfacher durchsetzen, wenn die Anlieger sich dort auch finanziell engagieren können und gute Gewinne erwarten. Planungen über die Köpfe der Betroffenen hinweg werden künftig ebenso umkämpft sein wie der Bahnhof Stuttgart 21. „Man muss den Bürgern die Möglichkeit geben, Dinge in die eigene Hand zu nehmen, wobei die Verwaltung diesen Prozess natürlich steuern muss"[157], weiß auch Dr. Dieter Salomon, grüner Oberbürgermeister der Stadt Freiburg.

Vor allem die Unwirtlichkeit der Städte, die durch eine reine Orientierung auf die Technik droht, lässt sich verhindern, indem man die Betroffenen mit einbezieht. „Stadtutopien, die von oben verordnet werden, sind bisher meist fehlgeschlagen", sagt Stadtplaner Wolfram Putz. „Besser ist es, Modelle zu verwirklichen, die durch die Partizipation der Bürger noch verändert werden können. Aus dem freien Spiel der Kräfte ergeben sich oft komplexe Ergebnisse." Und es muss nicht jedem alles gefallen, glaubt er: „Eine Demokratie muss das aushalten. Eine Stadt ist so groß, sie kann auch die Vielfalt der ästhetischen Vorstellungen abbilden."

Um das Ideal einer Bürgerbeteiligung in die Tat umzusetzen, haben Thorsten Reitz und sein Team vom Fraunhofer-Institut für Graphische Datenverarbeitung IGD in Darmstadt Softwaresysteme entwickelt, die alle Planungsdaten sichtbar zusammenführen. Jeder kann sich die Bilder dann entweder auf einem großen Bildschirm im Rathaus anschauen oder auf seinen PC nach Hause holen und interaktiv damit umgehen. Die italienische Stadt Bologna plant beispielsweise, in den kommenden Jahren ihr Verkehrswegekonzept zu erneuern. „Bisher ist man dort ziemlich ausschließlich aufs Auto orientiert, Rad fahren ist sehr gefährlich", sagt Reitz, dessen Software bei der Projektplanung eingesetzt wird. „Nun will die Verwaltung jedoch grüne Schneisen quer durch die Stadt anlegen und fordert ihre Bürger auf, Vorschläge zu machen, wo." Jeder kann in ein virtuelles 3D-Modell oder auf 2D-Karten eintragen, wo er künftig gern mit dem Fahrrad entlangfahren würde. Wenn genügend Leute teilnehmen, ist dies fast eine Volksabstimmung mit graphischen Mitteln.

Natürlich hilft das Werkzeug auch den Verwaltungen und den professionellen Architekten, denn hier können sie beispielsweise bei der heute so erwünschten Nachverdichtung der europäischen Städte sofort erkennen, welche Auswirkungen Eingriffe in die bestehende Substanz haben. Der CityServer des IGD zeigt auf einen Blick, wo welche Anschlüsse liegen, wo im Untergrund welche Versorgungsleitungen verlaufen oder auch wie die geologischen Verhältnisse sind. „Das gibt jedem Stadtplaner eine gute Grundlage für seine Entscheidungen", weiß Informatiker Thorsten Reitz.

Ein anderes 3D-Planungswerkzeug mit dem Namen „Virtual Cityscapes" haben Forscher an den Fraunhofer-Instituten für Arbeitswirtschaft und Organisation IAO und für Bauphysik IBP entwickelt. Der Stadtplaner geht virtuell durch eine dreidimensionale Ansicht der Stadt. Werte, die für ihn wichtig sind, zeigen sich an den zugehörigen Positionen in der 3D-Umgebung – bei Lärmdaten können sie etwa durch rote, gelbe oder grüne Kästen dargestellt sein. Probleme wie Regionen mit zu hoher Lärmbelastung lassen sich somit schnell eingrenzen. „Für die Simulationen beispielsweise der Lärmdaten haben wir Standardprogramme verwendet, die sich an EU-Richtlinien zum Lärmschutz orientieren", sagt Roland Blach vom IAO. „Die Herausforderung lag vor allem darin, unterschiedliche Simulationsergebnisse nutzerfreundlich darzustellen."

Weitere Anwendungsszenarien liegen im Baubereich: Ein Planungsdemonstrator hilft bei der Entwicklung von Gebäuden und Stadtstrukturen.[158]

Wie die Transformation des Energiesystems einer bereits bestehenden Stadt oder Kommune konkret vor sich gehen könnte, präzisiert Gerhard Stryi-Hipp, Marktbereichsleiter Smart Energy Cities am Fraunhofer-Institut für Solare Energiesysteme ISE: „Es erfordert ein systematisches und planmäßiges Vorgehen sowohl in der Identifizierung des optimalen nachhaltigen Energiesystems und der Maßnahmenplanung als auch in der Einbeziehung der Bürger und aller anderen relevanten Akteure und Gruppen." Dazu hat er zusammen mit Kollegen ein detailliertes Flussdiagramm mit vielen Rückkopplungen und Regelkreisen erarbeitet, das als Konzept für die Einbeziehung von Unternehmen und Stadtwerken ebenso dient wie von Kommunen, Verwaltungen, Bürgern, Banken und Medien. „Der Umbau des Energiesystems beginnt lokal, indem immer mehr Städte und Kommunen entsprechende Ziele setzen und Maßnahmen umsetzen. Natürlich spielen dabei Förderprogramme und die politische Unterstützung eine große Rolle", so der Forscher. Dass es so funktioniert, zeigt sich schon in verschiedenen Modellstädten und -regionen, sei es in Freiburg, Hannover, Neckarsulm, im niederländischen Almere oder im französischen Nantes.

Es geht aber nicht nur um den energetischen Umbau, sondern insgesamt um die Ertüchtigung unserer Städte für die Zukunft. Als Mittel der Wahl wird dabei oft eine Verdichtung der städtischen Räume angesehen. Sie verhindert, dass weitere landwirtschaftliche oder Erholungsflächen versiegelt werden, und erhält natürliche Lebensräume außerhalb der Stadt. Dass diese Strategie zu guten Ergebnissen führen kann, berichtet Martin Haas von Behnisch Architekten: Bei den Plänen des Büros zum Projekt Riverparc Pittsburgh spricht er von „qualitätvoller Dichte".[159] Er und seine Kollegen haben sich sehr genau darüber Gedanken gemacht, wie die geplante Umgebung auf die Menschen erlebt wird. Sie stellten sich außerdem Fragen wie: „Warum wollen Menschen in den Riverparc kommen? Wie kann er ein Teil des Stadtzentrums werden? Und wie kann man dort unterschiedliche Lebensstile integrieren?

Gerade das ist eine Herausforderung an die Stadtplaner. Denn je stärker die städtischen Räume verdichtet werden, desto schwieriger wird es, die Interessen von Einzelinvestoren unter einen Hut zu bringen. Das führt oft zu gesichtslosen Hochhauswüsten nach dem Motto „friss oder stirb". Wolfram Putz von GRAFT hält jedoch eine ganz konkrete Art von Bürgerbeteiligung für ein Erfolgsmodell in der Morgenstadt: „Neuerdings gewinnen Baugruppen in Großstädten wie beispielsweise Berlin enorm an Bedeutung", sagt der Architekt. „Bei diesem noch relativ jungen Phänomen tun sich mehrere Bauherren zusammen und investieren gemeinsam in ein Mehrfamilienhaus nach ihren individuellen Wünschen und Bedürfnissen, der Architekt ist eigentlich nur der Moderator. Da gibt es natürlich viel Chaospotenzial, aber es hat sich gezeigt, dass dieses Modell in der Lage ist, die Städte wieder bunter zu machen, denn jeder kann hier in gewissen Grenzen seine eigenen Träume verwirklichen."

ALT CONTRA NEU

Eine vielfältige und identitätsstiftende Stadt wünscht sich auch Dr. Britta von Rettberg, die am IBP für das Thema Denkmalpflege zuständig ist. „Individuelle ganzheitliche Lösungen sind immer dem Standard vorzuziehen. Natürlich lässt sich Altes und Neues kombinieren, denn eine Stadt ist kein Museum und kann sich weiterentwickeln." Das schließt nicht aus, dass man die alte Bausubstanz technisch modernisiert und beispielsweise energetisch saniert und gleichzeitig erhält. „Aber ob man nun unbedingt Solarzellen auf ein barockes Kirchendach montieren muss, lässt sich in Frage stellen. Hier sollte man andere Alternativen in Betracht ziehen", sagt die Kunsthistorikerin. Es gibt andere und bessere Lösungen, die jetzt zusammen mit 22 weiteren Partnern im EU-Projekt EFFESUS entwickelt und erprobt werden sollen. Qualitätvolle Altbauten und Gebäude mit historischem Wert in mehreren europäischen Großstädten — etwa in Bamberg — dienen als Exempel.

Sind alte Gebäude überhaupt erhaltenswert, oder stören sie nur, wenn wie in Shanghai im Herzen der Stadt völlig neue Quartiere hochgezogen werden? „In der Tat verändert sich die Stadt", schreibt Vittorio Magnago Lampugnani, Professor für Geschichte des

Städtebaus an der ETH Zürich[160], „weil sie sich rüsten muss, die neuen Aufgaben zu erfüllen, die ihr die verschiedenen politischen, wirtschaftlichen und sozialen Strategien auftragen. Deswegen braucht sich allerdings noch nicht ‚jede Generation ihre eigene Stadt zu bauen‘, wie die Futuristen meinten. Jede Generation wird vielmehr die Stadt, die sie ererbt hat, auf eigene Weise gebrauchen, ihren Ansprüchen gemäß modifizieren und in ihrer Identität sorgfältig bewahren müssen. Diese Identität besteht aus Denkmälern, Plätzen, Straßen und wichtigen Gebäuden." Neben der gebauten Identität spielt es aber auch eine Rolle, wie die Stadt sich die neuen Technologien zunutze macht, wie sie ihren Energiebedarf mindert und Energie regenerativ erzeugt, Mobilität sicherstellt und ihren Bewohnern — auch den älteren — ein lebenswertes und sicheres Umfeld bietet.

So kann beispielsweise die neuentwickelte Stadt Masdar in Abu Dhabi als Anstoß und Utopie dienen, auch wenn sie bisher unvollendet ist und bei ihrer Realisierung noch viele Probleme ungelöst sind. Sie integriert herkömmliche arabische Stilelemente in die neuentwickelten Fassaden. Ebenso wie eine neu entstehende Stadt können aber auch unsere alten und langsam gewachsenen Städte Vorbild sein, wenn wir Mittel und Wege finden, sie für die Anforderungen der Zukunft fit zu machen.

Vittorio Magnago Lampugnani zeigt sich in seinen Essays optimistisch, dass man bei dieser Umgestaltung auf einen „neuen Menschen" zählen kann: „Ein Mensch, der an das Ideal der sozialen Gerechtigkeit als Voraussetzung für Frieden und Wohlstand glaubt und bereit ist, die Reichtümer unserer Welt mit seinen Nachbarn zu teilen. Der den Fortschritt der Technik bejaht, ohne deshalb zu versäumen, die daraus entstehenden Folgen für das Leben des Menschen und das Schicksal unseres Planeten aufmerksam abzuwägen."[161]

VISIONEN FÜR DIE MORGENSTADT

Trotz aller technischen und organisatorischen Fortschritte für nachhaltige Stadtsysteme sind wir noch lange nicht am Ziel. Die heute bereits umgesetzten Lösungen können nur erste Schritte in Richtung der Zukunftsvision Morgenstadt sein. Diese soll in ihrer gesamten Struktur und in allen Prozessen vollständig CO_2-neutral, hochgradig energieeffizient, klimaangepasst und für alle Bewohner lebenswert sein. Doch wie kann es gelingen, unsere über viele Jahrhunderte gewachsenen und die neu entstehenden Städte in allen Teilen der Welt zu dieser Vision hin zu transformieren?

Die heutige Ausgangslage scheint vielversprechend, da wir nie zuvor in der Geschichte der Menschheit eine solche Vielfalt an Wissen und technischen Errungenschaften vorweisen konnten. Technologien wie dezentralisierte Energieerzeugung und Energiespeicher, mobiles Internet und Echtzeitkommunikation oder Elektromobilität und intermodale Verkehrssysteme haben das Potenzial, unsere Städte nachhaltig – und damit langfristig – zu verändern. Doch um diese Potenziale nutzen zu können, müssen neue Denkweisen, Modelle und Methoden[162] in einem integrierten Systemansatz entwickelt und bedarfsorientiert umgesetzt werden. Angestrebt sind Nachhaltigkeitsinnovationen, die einen ökologischen, ökonomischen und sozialen Mehrwert für das bestehende System und den Betreiber als Win-Win-Situation erzeugen. Nur wenn es gelingt, revolutionäre Ideen zusammen mit neuen Geschäfts-, Betreiber- oder Lebenszyklusmodellen zu entwickeln, kann dies glücken. Allein nachhaltige Produkte im Blick zu haben, führt unweigerlich in eine Sackgasse.

„Die Natur zeigt uns schon lange einen Weg auf, wie auch Städte in Zukunft organisiert sein könnten: komplexe Ökosysteme, die Heimat für eine unglaubliche Artenvielfalt sind, die vollkommen autark funktionieren, geschlossene Ressourcenkreisläufe bilden, äußerst anpassungsfähig gegenüber externen und internen Einflüssen sind und evolutionär für jedes Problem eine Lösung entwickeln. Die Morgenstadt könnte dies nachahmen – als lebender Organismus aus Wohn-, Arbeits-, Produktions-, Transport- und Versorgungssystemen, die den Erhalt der ‚Stadt' und damit auch von uns Menschen in Einklang mit der Umwelt gewährleisten", sagt Steffen Braun vom IAO, zuständig für die Forschungskoordination innerhalb der Morgenstadt-Initiative.

Der Vergleich der Morgenstadt mit einem naturangepassten Ökosystem mag für das heutige Verständnis etwas weit gegriffen sein, scheint aber als langfristige Konsequenz eine logische Argumentation für die Zukunft unserer Städte. Bereits heute lassen sich zahlreiche Trends und Signale erkennen, die eine Verschmelzung organischer, technischer und digitaler Systeme in der Stadt der Zukunft in neuen Ausmaßen erwarten lassen.

Es ist die große Herausforderung — ausgehend von dieser Vision oder Utopie —, konkrete Handlungsempfehlungen oder Leitlinien für die Zukunft unserer Städte abzuleiten. Die Ära der städtebaulichen Leitbilder endet momentan bei der Leipzig-Charta[163] mit dem Fokus auf die nachhaltige europäische Stadt. Um wissenschaftliche Grundlagen und Diskussionsimpulse für eine solche Leitvision zu schaffen, hat die Fraunhofer-Gesellschaft in ihrer Initiative „Morgenstadt"[164] einen multidisziplinären Szenarioprozess initiiert. 12 Fraunhofer-Institute haben unter der Leitung des IAO ihre Kompetenzen in den Bereichen Technologie-, Prozess- und Bedarfsfelder für die Stadt der Zukunft gebündelt, um mögliche Entscheidungsschritte und Forschungsthemen auf dem Weg hin zur Morgenstadt aufzuzeigen. „Wir leiten mit diesen Szenarien einen umfassenden und multidisziplinären Ansatz zur Unterstützung dieser Initiative ein", sagt Michael Bucher vom IAO. „Unsere Vorstellung und unser Leitbild ist die nachhaltige, lebenswerte und wandlungsfähige Stadt. Wir möchten damit das Nachdenken über mögliche Entwicklungspfade und die Ausgestaltung anregen." Dafür haben die Wissenschaftler drei Szenarien entwickelt, die in sich konsistente Zukunftsbilder aufzeigen.

Sie tragen die Titel „Starke Stadt", „Starke Bürger" und „Starke Stadtteile" und beschreiben wahrscheinliche Entwicklungen, wie sich unsere mitteleuropäischen gewachsenen Städte in Deutschland und Europa in den nächsten 20 bis 30 Jahren verändern können, Zukunftsszenarien zu anderen Regionen sollen folgen. Sie sollen identifizieren, bei welchen Technologien noch Nachholbedarf besteht, und Antworten geben, welche Akteure die Verantwortung für die nachhaltige Transformation unserer Städte übernehmen. Im ersten ist es die Stadtverwaltung als zentraler Koordinator der kommunalen Energiewende, unterstützt durch Systempartner aus der Industrie, im zweiten die Bürger als unabhängige und selbständige Verbraucher und Erzeuger, die digital vernetzt ihren ökologischen Fußabdruck minimieren, und im dritten eine neue Unabhängigkeit einzelner Stadtteile, möglich gemacht durch dezentrale Energieversorgungskonzepte und gemeinwohlorientierte Genossenschaftsmodelle.[165]

Je nach Szenario gilt es, unterschiedliche Technologien, Prozessinnovationen und Planungswerkzeuge systematisch zu entwickeln, um Stadtsysteme im Hinblick auf Energie, Mobilität, Kommunikation, Produktion, Logistik, Gebäude und Sicherheit langfristig zu transformieren. Denn die zentrale Frage für die Zukunft unserer Städte muss lauten: „Wie wollen wir in der Morgenstadt leben und arbeiten?" Wenn es uns gelingt, dafür ein gemeinsames und bedarfsorientiertes Leitbild zu entwickeln, werden wir diese Vision auch erreichen.

ENDNOTEN

1 Sukhdev Sandhu: London, in: Alex Rühle (Hg.): Megacitys, C. H. Beck 2008, Seite 27

2 Paul Blazek: „Megastädte im pazifischen Asien", *Pacific News* 11, September/Oktober 1998

3 United Nations Population Division, 2011, zitiert nach: Konzept für eine Fraunhofer-Systemforschung „Morgenstadt", Seite 7

4 Doug Sanders: Arrival City, Blessing 2011

5 Albert Speer: „Hohe Vernetzung schafft Nachhaltigkeit", in: Pictures of the Future, Herbst 2006, Siemens AG, Seite 20

6 Living Planet Report, WWF, 2010, zitiert nach Konzept für eine Fraunhofer-Systemforschung „Morgenstadt", Seite 8

7 Quelle Sestatis 2010 (Statistisches Bundesamt), http://www.destatis.de/jetspeed/portal/cms/Sites/destatis/Internet/DE/Presse/pm/2010/04/PD10__153__124,templateId=renderPrint.psml

8 Grüne Städte – Sustainable Cities**,** Wirtschaftsthemen 15. 10. 2009, http://www.fraunhofer.de/de/presse/presseinformationen/2009/10/gruene-staedte.html

9 http://www.siemens.com/entry/cc/features/urbanization_development/de/de/pdf/study_megacities_de.pdf

10 Albert Speer, Benediktbeurer Gespräche der Allianz Umweltstiftung 2011, Seite 23

11 Manfred Ertel: „Grün, grüner, Seoul", in: *Der Spiegel*, 5. 2. 2010 http://www.spiegel.de/reise/fernweh/0,1518,676024,00.html

12 Energy Consumption in Cities, Source: UN-HABITAT Global Urban Observatory 2008
Note: Data from various sources, 1999–2004, http://www.rrojasdatabank.info/statewc08093.4.pdf

13 Richard Honegger: Las Vegas und seine Casinos sind die größten Stromfresser der Welt, http://www.help.ch/newsflashartikel.cfm?art=News&key=13873&parm=detail

14 Energie-Control GmbH, Wien: Die Versorgungssicherheit am österreichischen Strommarkt bis 2018, Seite 5, http://www.e-control.at/portal/page/portal/medienbibliothek/strom/dokumente/pdfs/Monitoring_2018v2.pdf

15 dpa, Verivox | 09.03.2008, http://www.verivox.de/nachrichten/rekord-stromverbrauch-in-new-york-flachbildfernseher-schuld-22722.aspx

16 Energy Consumption in Cities, Source: UN-HABITAT Global Urban Observatory 2008
Note: Data from various sources, 1999–2004, http://www.rrojasdatabank.info/statewc08093.4.pdf

17 http://www.fvee.de/fileadmin/politik/10.06.vision_fuer_nachhaltiges_energiekonzept.pdf

18 Energiekonzept 2050, Erstellt vom Fachausschuss „Nachhaltiges Energiesystem 2050" des Forschungsverbunds Erneuerbare Energien http://www.fvee.de/fileadmin/politik/10.06.vision_fuer_nachhaltiges_energiekonzept.pdf

19 Pressemeldung „Die Verantwortung wächst", BDEW (Bundesverband der Energie- und Wasserwirtschaft e. V.), 16. 12. 2011, zitiert nach: Dr. Harry Wirth, Fraunhofer ISE: Aktuelle Fakten zur Photovoltaik in Deutschland, 2. 3. 2011

20   Dr. Harry Wirth, Fraunhofer ISE: Aktuelle Fakten zur Photovoltaik in Deutschland, 8. 12. 2011

21   ebenda

22   1 Terawattstunde entspricht 1 Million Megawattstunden

23   http://www.wind-energie.de/fileadmin/dokumente/Themen_A-Z/Potenzial%20der%20EE/IWES_
     Potenzial_onshore_2011.pdf

24   Jan Erik Nielsen: M. Sc., Head of Dept. PlanEnergi, Smart District Heating

25   Beispiel: http://www.solarmarstal.dk

26   http://www.ackermannbogen.de/wiki/Solarwaermeprojekt

27   Frost & Sullivan: European Smart Meter Markets (M6BD-14), http://www.frost.com/prod/servlet/
     press-release.pag?docid=253996196

28   eTelligence: Neue Energien brauchen neues Denken, Projektbericht November 2011

29   ebenda, Seite 17

30   Pressemitteilung: 2012-02-02, Cuxhavener helfen beim Umbau der Energiesysteme, http://www.
     etelligence.de/presse.php

31   http://www.fraunhofer.de/de/presse/presseinformationen/2009/10/klimaschutzpreis.html

32   http://www.umsicht.fraunhofer.de/de/presse-medien/pressemitteilungen/2011/hybride_stadtspei
     cher.html

33   http://www.freiamt.de/erneuerbare_energien.php

34   Heute Fraunhofer-Institut für Optronik, Systemtechnik und Bildauswertung IOSB

35   Beijing Water Authority BWA wurde am 19. Mai 2004 gegründet.

36   *China Daily*, 8. 10. 2011, http://www.chinadaily.com.cn/china/2011-10/08/content_13851695.htm

37   Anjun Pan: Water Management in Beijing, http://www.un.org/esa/sustdev/sdissues/water/workshop_
     asia/presentations/pan.pdf,

38   UNO Wasserbericht 2003, Seite 8, http://www.unesco.org/bpi/wwdr/World_Water_Report_exsum_
     ger.pdf

39   zitiert nach: http://www.wassermangel.eu/wassermangel.html

40   Quelle: Internet-Site des Regionalbüros von UNESCO/IHP für Lateinamerika und die Karibik, zitiert
     nach: UNO-Wasserbericht 2003.

41   Dt.: „Große Städte. Großes Wasser. Große Herausforderungen"

42   Pressemitteilung des WWF Deutschland am 21. 8. 2011, http://www.wwf.de/presse/details/news/
     mega_cities_in_der_wasserkrise/

43   UNO Wasserbericht 2003, Seite 8

44   ebenda

45   Fraunhofer IGB, thermische Wasseraufbereitung, zukunftsfähige und nachhaltige Verfahren, Seite 6

46   Kanalumfrage der DWA 2009, http://www.kanalumfrage.dwa.de/portale/kanalumfrage/kanalumfrage.
     nsf/home?readform&objectid=C23FF003E76DFB00C125767A0042AEBA&editor=no&&submenu
     =_1_2_2&&treeid=_1_2_2&

47   http://isi.fraunhofer.de/isi-de/n/projekte/akwa_dahler_feld.php

48   Silke Geisler et al.: Verband übernimmt Wartung und Betrieb, WWt 6/2008, Seite 10 ff.

49   siehe „Der Kißlegger" vom 4. August 2011, http://www.schwaebische.de/cms_media/module_mm/
      75/37546_1_20110804_TF_WGKl.pdf

50   Smith, Barry E.: „Nitrogenase reveals its inner secrets", *Science*, 2002, 297(5587), p. 1654 – 1655;
      Smil, V. (2004): Enriching the Earth: Fritz Haber, Carl Bosch, and the Transformation of World Food
      Production, The MIT Press

51   http://www.deus21.de/index.php?id=3

52   Marius Mohr: Betrieb eines anaeroben Membranbioreaktors vor dem Hintergrund der Zielstellung
      des vollständigen Recyclings kommunalen Abwassers und seiner Inhaltsstoffe, Fraunhofer IGB,
      Berichte aus Forschung und Entwicklung, Nr. 040

53   Harald Hiessl, Thomas Hillenbrand: DEzentrales Urbanes InfrastrukturSystem DEUS 21, Abschluss-
      bericht Fraunhofer-Institut für System- und Innovationsforschung, November 2010

54   Anjun Pan: Water Management in Beijing, http://www.un.org/esa/sustdev/sdissues/water/workshop_
      asia/presentations/pan.pdf

55   Oliver Stefani, Milind Mahale, Achim Pross, Matthias Bues: SmartHeliosity: Emotional ergonomics
      through coloured light, Lecture Notes in Computer Science, 2011, Volume 6779/2011, 226 – 235

56   Christian Cajochen, Sylvia Frey, Doreen Anders, Jakub Späti, Matthias Bues, Achim Pross, Ralph Ma-
      ger, Anna Wirz-Justice, Oliver Stefani: „Evening exposure to a light emitting diodes (LED)-backlit com-
      puter screen affects circadian physiology and cognitive performance", *Journal of Applied Physiology*
      jap.00165.2011, published ahead of print March 17, 2011 | doi:10.1152/japplphysiol.00165.2011

57   *Journal of Neuroscience*, 15. August 2001, 21(16):6405 – 6412

58   lichtemittierende Dioden

59   siehe auch Pressemitteilung des IPMS http://www.comedd.fraunhofer.de/de/news/press/2011/
      2011-12-15.html

60   vgl. http://www.deutscher-zukunftspreis.de/content/team-2-13

61   International Energy Association, auf weltweiter Basis, im Jahr 2002

62   Dena Congress, Berlin, 2008

63   Entwurf Energiekonzept BMWi/BMU, zitiert nach: Grinewitschus: Smart Homes, Status und Zukunfts-
      trends, 10. Symposium zur Versorgungswirtschaft in Schleswig-Holstein

64   Klaus Sedlbauer: Raumklima, in: Hans-Jörg Bullinger (Hg.): Technologieführer, S.388

65   V. Viereck, Q. Li, A. Jäkel, S. Werner, J. Ackermann, N. Dharmarasu, H. Hillmer: Innovative Lichtlenk-
      systeme zur Tageslichtnutzung und zur Wärmeregulierung in Gebäuden auf der Basis von Mikrospie-
      gelarrays; siehe auch http://te.ina-kassel.de/index.php/mikrospiegel.html

66   Landeshauptstadt Stuttgart (Hg.): PlusEnergieschule, Die Uhlandschule erzeugt mehr Energie, als
      sie verbraucht

67   Einzelheiten dazu siehe im Kapitel „Energie"

68   ppm = part per million, ein millionstel Teil

69   http://www.japantrends.com/tokyos-eco-office-pasona-urban-farm/

70 Volkmar Keuter: inFARMING, harvesting on urban rooftops, Vortrag auf der Konferenz Urbantec, 26.10.2011

71 Stern Klimabericht für die britische Regierung 2006

72 ebenda

73 siehe dazu auch http://www.fallakte.de/

74 Arif Hasan and Mansoor Raza: Motorbike Mass Transit, http://www.urckarachi.org/IIED-Motorbike_Transit_Study_With_Photos__Draft_25_April_2011_.pdf

75 http://www.metrasys.de/index_2/index.html

76 Spiegel Online, 27.4.2008, http://www.spiegel.de/wirtschaft/0,1518,549743,00.html

77 http://www.acatech.de/fileadmin/user_upload/Baumstruktur_nach_Website/Acatech/root/de/Aktuelles___Presse/Dossiers/Dossier_Mobilitaet/Dossier_Mobilitaet.pdf

78 alle Zahlen aus: Individual Mobility: Opportunities vs. Challenges, Prof. Dr. Jürgen Leohold, Group Research Volkswagen AG, Vortrag gehalten auf der 1st International Cologne Megacities Conference

79 FTD, 27.2.2012, http://www.ftd.de/it-medien/it-telekommunikation/:interview-mit-aufsichtsratschef-ford-warnt-vor-verkehrsinfarkt/60174749.html

80 Roadmap – Elektromobile Stadt, http://www.inkoop.iao.fraunhofer.de/Images/RoadmapES_2011-11-25_final_tcm82-98811.pdf

81 siehe dazu die ifmo-Studie Zukunft der Mobilität, Szenarien für das Jahr 2030, Zweite Fortschreibung: http://ifmo.de/basif/content/publikationen.htm; siehe auch Wolfgang Schade et al.: Visionen für nachhaltigen Verkehr in Deutschland, Fraunhofer ISI, 3/2011

82 ebenda, Seite 38

83 http://eur-lex.europa.eu/LexUriServ/LexUriServ.do?uri=COM:2011:0144:FIN:DE:PDF

84 http://www.tfl.gov.uk/roadusers/congestioncharging/6723.aspx

85 siehe dazu auch die Homepage von car2go: http://www.daimler.com/dccom/0-5-1392621-49-1392612-1-0-0-0-0-0-7165-0-0-0-0-0-0-0.html

86 siehe dazu auch http://www.dvb.de/de/Aktuelles/DVB-Projekte/Smart-Way/

87 Mobiler Lotse für Bus und Bahn, Fraunhofer Mediendienst 07-2011 /Thema 1

88 Anne Gold: „Hong Kong's Mile-Long Escalator System Elevates the Senses: A Stairway to Urban Heaven", in: *New York Times*, 6. Juli 2001

89 siehe auch Wikipedia: Hongkong

90 http://www.octopus.com.hk/about-us/corporate-profile/services-in-hong-kong/en/index.html

91 http://www.handyticket.de/publikationen_fotos/pilotdokumentation.pdf

92 http://www.ivi.fraunhofer.de/content/dam/ivi/de/documents/Flyer_HandyTicket_deut.pdf

93 siehe auch http://www2.ffg.at/verkehr/projekte.php?id=726&lang=de&browse=programm

94 Roadmap – Elektromobile Stadt, Seite 2, http://www.inkoop.iao.fraunhofer.de/Images/RoadmapES_2011-11-25_final_tcm82-98811.pdf

95 *Bild* vom 14.2.2012, http://www.bild.de/news/inland/verkehrsunfall/a57-feuerteufel-kappen-pendler-schlagader-22631376.bild.html

96 Quelle: Fraunhofer EMI, Terrorist Event Database

97 www.eea.europa.eu/data-andmaps/figures/natural-disasters-in-europe1980-2007, www.emdat.be/natural-disasters-trends, UN-Habitat:Global Report on Human Settlements 2007 – Enhancing Urban Safety and Security

98 Sicherheit und Ordnung in der Stadt. Positionspapier des Deutschen Städtetages, 3. Mai 2011

99 Vitruv: De architectura, ca. 40 v. Chr.

100 http://www.ipm.fraunhofer.de/de/presse_publikationen/Pressemitteilungen/pressemitteilung 12122011.html

101 http://www.orima-projekt.de/index.html

102 Bundesministerium für Bildung und Forschung: Forschung für die zivile Sicherheit, http://www.bmbf.de/de/11773.php

103 Siemens AG: Paradigm Shift. Siemens Office, Guideline, 2010

104 Phyllis Korkki: „Finding Ways to Counter Loneliness in the Workplace", *The New York Times*, 20. 2. 2012

105 Siehe auch das Interview mit Matthias Peissner in der *Stuttgarter Zeitung* vom 5. 3. 2012: „Nicht alles, was geht, kommt"

106 siehe auch http://www.care-o-bot.de/

107 Fraunhofer-Forum „Ressourceneffizient produzieren", 5. 12. 2011

108 siehe auch https://www.press.bmwgroup.com/pressclub/p/de/pressDetail.html?outputChannelId=7&id=T0122946DE&left_menu_item=node__2207

109 siehe auch das Interview mit Manfred Dangelmaier in: *Technicity, Magazin für Innovation, Technologie, Mobilität* I/2010, http://www.daimler-technicity.de/interview-manfred-dangelmaier-fraunhofer-institut-kaiserslautern/

110 ebenda

111 siehe dazu auch den Vortrag von Jörg Hanser, DHL, auf der UrbanTec, 21 October, 2011: Solutions & Innovations, City Logistics – Better Life for Ten Million People and Beyond

112 Der KEP-Markt in Deutschland, MRU GmbH, Juli 2011, http://www.bdkep.de/pdf/Kurzstudie%2011.pdf

113 Andreas Roeren: Transporter – flexible Träger für den Wirtschaftsverkehr der Zukunft

114 http://www.youtube.com/watch?v=UITMIFjK2ak

115 siehe dazu auch Michaela Geiger: „In die Röhre geschaut", *Süddeutsche Zeitung* vom 2. 1. 2012, Seite 25

116 Wolfgang Schade et al.: Vision für nachhaltigen Verkehr in Deutschland, Seite 42

117 siehe auch http://www.city-marketing-fahrrad.de/index.php?id=72

118 Horst Güntheroth: „Ein Strom, der nie versiegt", in: *Stern* 50/2011, Seite 48

119 Bundesgütegemeinschaft Kompost e. V. (BGK), http://www.kompost.de/uploads/media/HuK_07_08_ARL_S8-9-end.pdf

120 http://www.euractiv.de/ressourcen-und-umwelt/artikel/europas-abfall-niederlaender-muellchampions-004735

121 Markus Balser: „Der Schatz im Schredder", *Süddeutsche Zeitung*, 21. 2. 2012, Seite 28

122 Dr. Thomas Probst: „Grenzen setzt die Farbigkeit", *Recycling Technology* 10/2009, Seite 25

123 Martin Schlummer, Andreas Mäurer und Karin Agulla: „Das ist die Lösung", in: *Kunststoffe* 12/2008, Seite 89

124 Achzet B., Reller A., Zepf V., University of Augsburg, Rennie C., BP, Ashfield M. and Simmons J., ON Communication (2011): Materials critical to the energy industry. An introduction, Seite 6

125 IZT und ISI: Rohstoffe für Zukunftstechnologien. Einfluss des branchenspezifischen Rohstoffbedarfs in rohstoffintensiven Zukunftstechnologien auf die zukünftige Rohstoffnachfrage. Schlussbericht, Mai 2009

126 http://www.bmu.de/abfallwirtschaft/abfallarten_abfallstroeme/elektro-/elektronikaltgeraete/doc/41156.php

127 Siehe auch „Giftiges Gold", *NZZ* vom 25.4.2010, http://www.nzz.ch/nachrichten/hintergrund/wissenschaft/giftiges_gold_1.5547679.html

128 http://iwwa.eu/

129 siehe dazu auch Lisa Viertel und Bruno Ulrich: Recycling – und Wiederverwertungsstrukturen in Dakar, Senegal, http://www.justicef.org/projekte/asa/Recycling_in_Dakar2.pdf

130 Alle Beispiele aus http://senseable.mit.edu/livesingapore/press.html

131 Quelle Bitkom, Eurostat, zitiert nach: *Der Spiegel*, 15/2012, Seite 16

132 http://flowingdata.com/2009/10/19/when-twitter-says-good-morning-around-the-world/

133 siehe dazu auch Carlo Ratti, Assaf Bidermann, Christine Outram: „SENSEable Cities – Das digitale Netz der Stadt", *Bauwelt* 24, 2011, Seite 68 ff.

134 Dirk Hecker: Mit Mobility Mining Mobilitätsdaten erschließen, Interview mit Katrin Berkler, IAIS Jahresbericht 2010/2011

135 http://www.ict-smart-cities-center.com/kommunikation

136 Konzept für eine Fraunhofer-Systemforschung Morgenstadt, September 2011, Seite 29

137 siehe BSU Presseinformation: Kochen auf dem Monitor. Neue Designkonzepte ermöglichen die Integration moderner Technik in der Küche

138 http://daten.berlin.de

139 Florian Marienfeld, Jens Klessmann, Prof. Dr.-Ing. Ina Schieferdecker: Open Data in Berlin

140 http://www.themenportal.de/it-hightech/buergerbeteiligung-der-faehrtensucher-im-gesetzes dschungel-24732

141 Näheres siehe in *weiter.vorn 1.10*: Frank Grotelüschen: Virtueller Museumsführer

142 ebenda

143 http://www.hhi.fraunhofer.de/de/press/press-archive/press-releases-2009/virtual-mirror/

144 siehe dazu auch http://www.fraunhofer.de/de/presse/presseinformationen/2011/januar/inter aktives-schaufenster.html

145 siehe dazu auch http://wiki.iao.fraunhofer.de/index.php/Fraunhofer_Challenge_Projekt:_augmen ted_identity_-_a.id

146 Erika Jonietz: „Augmented Identity", *Technology Review*, 25.2.10, http://www.heise.de/tr/artikel/Augmented-Identity-938137.html

147 http://www.igd.fraunhofer.de/Institut/Abteilungen/Informationsvisualisierung-und-Visual-Analytics/AktuellesNews/CeBIT-2012-Markta

148 http://www.fkie.fraunhofer.de/de/forschungsbereiche/cyber-defense.html

149 http://www.mobilesitter.de/de/loesung.htm

150 siehe dazu Näheres auch unter Alexander Tsolkas: Sicherer Passwortmanager fürs IPhone, http://sectank.net/?p=3119

151 Ein weiteres Beispiel: Seit drei Jahren erarbeitet das IBP in der Region Gauteng und an den Universitäten Johannesburg und Stuttgart einen Masterplan für eine sichere und effiziente Energieversorgung. BMBF-Megacities-Projekt Enerkey, http://www.enerkey.info/

152 Albert Speer: „Hohe Vernetzung schafft Nachhaltigkeit", in: *Pictures of the Future*, Herbst 2006, Siemens AG, Seite 21

153 http://www.masdarcity.ae/en/27/what-is-masdar-city-/

154 Jeremy Gaines und Stefan Jäger: Albert Speer&Partner. Ein Manifest für nachhaltige Stadtplanung, Prestel Verlag 2011

155 Näheres dazu siehe auch http://www.bottrop.de/microsite/ic/idee/index.php

156 Die Experten von UMSICHT und IBP setzen auch im Forschungsprogramm „Energieeffiziente Stadt" Forschungsprojekt BMWi http://www.eneff-stadt.info/ bereits mehr als 40 Siedlungsprojekte um.

157 Dieter Salomon, Benediktbeurer Gespräche der Allianz Umweltstiftung 2011, Seite 36

158 siehe dazu auch http://www.iao.fraunhofer.de/geschaeftsfelder/engineering-systeme/937.html?lang=de

159 Martin Haas, Behnisch Architekten: Anforderungen an eine nachhaltige Stadtentwicklung. Vortrag, gehalten auf der Urbantec 2009

160 Vittorio Magnago Lampugnani: Die Modernität des Dauerhaften, Wagenbach Verlag, Berlin 1995, Seite 56

161 ebendort, Seite 101

162 Hans-Jörg Bullinger et al.: Bericht der Promotorengruppe Klima/Energie, Forschungsunion Wirtschaft-Wissenschaft, 2011

163 Europäisches Leitpapier zu Strategien für nachhaltige europäische Städte, siehe dazu mehr unter http://www.bmv.de/SharedDocs/DE/Artikel/SW/leipzig-charta-zur-nachhaltigen-europaeischen-stadt.html?nn=35776

164 http://www.fraunhofer.morgenstadt.de/

165 siehe auch www.morgenstadt.fraunhofer.de

INDEX

H